全国优秀数学教师专著系列

三角与平面向量

Triangle and Plane Vector

甘志国 著

哈爾濱工業大學出版社
HARBIN INSTITUTE OF TECHNOLOGY PRESS

内容简介

本书是一部高中数学教学参考用书,包括三角、平面向量两个部分的文章、试题共 38 篇,系统、详尽地阐述了高中数学解题技巧,有理论、有实践.本书注重科学性、系统性和趣味性,每篇文章各自独立成文,所以本书可系统性地研读,也可有选择性地阅读.本书可作为高三复习备考用书,也可供中学、大学师生及初等数学爱好者研读,或作为高中数学竞赛辅导资料和师范大学数学教材教法方面的教材.

图书在版编目(CIP)数据

数学解题与研究丛书.三角与平面向量/甘志国著.—哈尔滨:哈尔滨工业大学出版社,2014.1(2015.4 重印)
ISBN 978-7-5603-4424-9

Ⅰ.①数… Ⅱ.①甘… Ⅲ.①中学数学课-高中-教学参考资料 Ⅳ.①G634.603

中国版本图书馆 CIP 数据核字(2013)第 274066 号

策划编辑	刘培杰　张永芹
责任编辑	张永芹　张　佳
封面设计	孙茵艾
出版发行	哈尔滨工业大学出版社
社　　址	哈尔滨市南岗区复华四道街 10 号　邮编 150006
传　　真	0451-86414749
网　　址	http://hitpress.hit.edu.cn
印　　刷	哈尔滨市石桥印务有限公司
开　　本	787mm×1092mm　1/16　印张 13.5　字数 242 千字
版　　次	2014 年 1 月第 1 版　2015 年 4 月第 2 次印刷
书　　号	ISBN 978-7-5603-4424-9
定　　价	28.00 元

(如因印装质量问题影响阅读,我社负责调换)

◎ 序言

我在读小学时,就喜欢上数学课,喜欢做数学题.喜欢的原因很简单(学数学只需一张纸、一支笔和一个不太聪明的大脑就行了),从做题中也体验到了成功的喜悦;到了读中学时,这种兴趣就更强烈了,每天除了完成学习任务之外,就是到学校图书室去借阅各种数学习题集作,也翻阅《数学通报》、《数学通讯》等数学杂志;到了参加工作时,更是酷爱数学这门科学了,一边进行数学教学,一边攻读大学数学课程和研究生课程,还利用一切业余时间进行初等数学研究,并有不少论文发表(几乎每周都有论文发表在期刊上),哈尔滨工业大学出版社分别于2008、2009年出版了我的专著《初等数学研究(Ⅰ)》、《初等数学研究(Ⅱ)》(总计230万字),这两部书也很受读者喜爱,有网友说它们是数学教学中的"圣经",也有网友留言"他确实是我相当佩服的老师,如果高中时他能教我那该多好啊!可惜我现在已经到了大学,不过我还是对初等数学充满了强烈的兴趣,他的《初等数学研究》让我十分着迷".

我是如何学数学并获得一些快乐的,从哈尔滨工业大学出版社第一编辑室主任刘培杰在《初等数学研究(Ⅰ)》(哈尔滨工业大学出版社,2008)中所写的序言(这篇《序言》也被《中学数学教学参考》(上旬)2008年第10期转载)里可以找到部分答案:

甘先生的研究历程带给我的感受有三点.

一是坚持的重要.甘先生如同中国象棋中的小卒,一直向前拱到底线终成大器.一位青年数学教师写一篇小文章并不难,难的是坚持数十年,由青年而至中年,一篇积成几百篇,这就要有一种精神了,这可能就是湖北人的韧劲.甘先生不是天才,但勤奋有加,靠后天努力终成正果.

二是定位的自觉.搞研究定位十分重要,它决定着将来学问的规模,层次与格调,有些人眼高手低,非世界难题不搞,结果与自身能力不相配匹,终落得"壮志未酬身先死".单墫教授曾有比喻,二流人才搞三流问题,结果必是一流的,而二流人才搞一流问题,其结果必是三流的.甘先生定位准确,结合本职工作,立足岗位成材,主攻初等数学研究,终于取得了可喜的成果.

三是对事业的热爱.曾国藩曾在其家书中告诫自己的后代,交友一定要交有嗜好有癖之人.后代不解,追问没有嗜好没有癖的人有何不可,曾国藩说:"其没有深情也!"对某项事业、某种物件、某位佳人一往情深是一个人幸福的基础,也是事业成功的必要条件.甘先生就是一位对初等数学情有独钟,嗜数如命的青年教师.曾经贫穷过,曾经疾病过,但都不改初衷,坚持钻研,并从中得到了乐趣.法国数学家泊松(Poisson Simeon Denis Baron, 1781—1840)有一句名言:人生最大的乐趣有二,一为数学的发现,一为数学的教学.甘先生兼而有之想必人生充满乐趣.

一位教育专家曾说,教师有两种类型:一类是"为生存而教育",一类是"为教育而生存".甘先生显然是后者.现在随着国家对教育的重视,中学教师特别是数语外教师靠自己的知识和劳动也跻身于中产阶级行列.享受生活成为了这一阶层的生活核心,如 C·赖特·密斯瓦所说:"中产阶级的气质意味着对自己的生活感到满意,意味着形而上学的情思的枯竭,意味着人生的终极关怀的丧失,意味着探索精神之路的断绝."我们很高兴看到甘志国式的青年教师有追求有理想有成果.1996 年美国"数学与美国未来全国委员会"发表了引发转折的标志性报告《至关重要:美国未来的数学》,其中提出"高胜任教师"(highly qualified teacher)的概念.可以断言,只有不断钻研初等数学的中学数学教师才能是一位新时代的高胜任教师.

英国《泰晤士报》曾刊发过一篇题为《未来是橙色的》的署名文章.其中介绍了一个奇特现象,那就是北纬53°盛产数学家.据安德鲁斯大学研究人员计算得出:过去的 400 年中,54%的数学家出生在北纬53°

的地方.这个国外的研究结论在中国是否适用不得而知,但中国有句俗语:"天上九头鸟,地上湖北佬".湖北人聪明勤奋,数学自然不弱,读完甘先生的大作相信你一定会有这样的感觉:唯楚有才!

我喜欢轻松与享受,例如,倾听优美的音乐与品尝可口的美味,但是许多科学实验已经证明,永远的"轻松与享受"的代价就是寿命的减短,因此生物的本性需要在"轻松与享受"和"劳累和克服"之间来回振荡.我认为,如果一本书能在轻松之间让读者对某种对象产生了兴趣,虽然是一种成功,但如果到此为止,就有些不够.这就像一位人士被你说得胃口大开,正想去实际品尝一下,却不知餐馆在何处一样.所以我的愿望是既让你有了胃口,又要能让你吃到一些真实的菜.即使这道菜以你目前的水平还不能享受,但是经过努力学习后,就随时可以享用了.

我还想回答一个问题,就是学习数学是需要吃一些苦的,是需要克服一些困难的,克服这些困难实际上是对自己的一种磨练,是自己对自己的强制与要求.于是有的人就要问,那你为什么要受这种苦?值得吗?我的回答是:爱什么是不需要任何理由的!甘愿吃苦的原因和动力来自对数学的喜爱,就因为你就是这种人,你的回报就在于你每一次得知答案时的满足和享受.

你可以不受这些苦,但你也就体会不到那种快乐.

我认真研读过冯贝叶编著的《数学拼盘和斐波那契魔方》(哈尔滨工业大学出版社,2010),该书《序言》末的一首小诗也写出了我对数学的挚爱,现抄录下来(略有改动)供数学爱好者欣赏:

美丽的数学女神

你就像一个蒙着神秘面纱的美丽女神,
面纱的后面总是闪耀着宝石的光芒;
红宝石,蓝宝石,绿宝石,
多姿多彩,吸引着我去摘取.

但是,当我想揭开这面纱,
摘取这些迷人的宝石的时候,
我却发现,
这里有很多机关.
我必须,先回答一些问题,

找出答案后,
才能获得你的微笑.
伴随着你的微笑,
一颗带着芳香的小宝石,
轻轻落入我的手心.
啊！多么美丽,多么雅致,
像有一股可口的清泉,滋润着我的心田.
我用一个精致的盒子将这颗宝石收藏,
作为永久的纪念.

我是这样的贪心,
得到一颗宝石之后,
还想立即摘取下一颗,
而你的问题就愈加困难.

随着我收藏的宝石的增多,
这困难就成了折磨,
但我甘愿忍受你的折磨,
因为,不让我忍受你的折磨,
本身就是一种更大的折磨.

这宝石,我不时拿出来欣赏,
每当此时,就是我最大的快乐.
不要问我,
这宝石值多少钱？
可能在你看来,它一钱不值,
但是对我来说,
它却是无价之宝.

美丽的女神,
经过一生的追求,
我才知道,
你的魅力,
就在于,
蒙在你脸上的面纱,

永远不可能彻底揭开.
但是,你又是那样慷慨,
只要对你有追求,
你就有无穷的宝石,
伴随着你的微笑,
再次落到我的手中.
所以,我要永远追求你,
永远享受着你的折磨.

我还想敬告本书的部分读者——高中生,学习数学一定要建立在喜欢的基础上,也就是要培养浓厚的兴趣.同学们要深信以下三点:

第一,数学是有用的.

宇宙之大,粒子之微,火箭之速,化工之巧,地球之变,生物之谜,日用之繁,无处不用数学.

——华罗庚

数学是科学的女皇.

——高 斯

一门科学只有成功地运用数学,才算达到真正完善的地步.

——马克思

发表在《人民日报》的文章《数学——撬起未来的杠杆》(该文曾选入高一(下)语文自读课本)中写道:"数学家们还介绍,美国国家研究委员会从1984年起,向美国政府提出了四份关于美国数学和数学教育的报告.报告指出:高技术的出现把我们的社会推到了数学技术的新时代,'很少有人认识到,被如此称颂的高技术,本质上是数学技术'.报告说:未来社会最好的工作和岗位,属于准备好了处理数学问题能力的人;数学已不单是一门学科,而且是重要的潜在资源;现今技术发达的社会里,扫除'数学盲'的任务已取代了扫除'文盲'的任务."

这些名言及论述都说明了数学的重要性和作用.

我们来举一个漂洗衣服的例子吧:

在洗衣服时,衣服上已打好了肥皂,揉搓得很充分了,再拧一拧,当然不能把水全部拧干,设衣服上还有残留污物的水 1 kg,用 20 kg 的清水来漂洗,怎样才能漂洗得更干净?

方案 1 如果把衣服一下子放到 20 kg 的清水中,那么连同衣服上那 1 kg 水,一共 21 kg 水.让污物均匀分布到这 21 kg 水中,拧"干"后,衣服上还有 1 kg 水,所以污物残留量是原来的 1/21.

方案 2 通常我们会把 20 kg 水分两次用,比如,第一次用 5 kg,可使污物减少到 1/6;再用 15 kg 水,污物又减少到 1/6 的 1/16,即 1/96.分两次漂洗,效果好多了!

方案3 同样分两次漂洗,也可以每次用10 kg水,每次可使污物减少到原来的1/11,两次漂洗后,污物减少到原有量的1/121.

多学点数学,并用数学的眼光看世界,将会使你的生活更美好!(可见笔者发表于《中学数学杂志》2010(11)第57~60页的文章《数学,让你生活得更美好》)

第二,学数学是需要花时间的.

在欧几里得(Euclid,约前325—前265)的时代,学点几何学是很时髦的事.国王托勒密二世(前308—前246)也来请欧几里得教他学几何,但没学多久,国王就不耐烦了,问欧几里得,学习几何有没有更简便的方法.欧几里得答道:"学习几何无王者之道!"意思是,在几何学里,没有专门为国王铺设的康庄大道!

数学以计算为主,所以,做一道题是需要花时间的,比如,做一道解析几何题就要花半个小时,小学生做"36×37"这样的一道题也要花一两分钟,而做一道文科的选择题可能只需一瞬间.当然,这里不是说学数学要花很多时间,我们干任何事情都要争取达到"会者不难"的一种境界,只是在打好数学基础时肯定要花时间,甚至是大量的时间.学好数学必须作题,并且是有效率地作题,我曾经发表过"思探练变题"的解题法(见《中小学数学》(高中)2009(12):7),值得大家在学习高中数学时借鉴.学数学,要打好基础,绝不可只顾盲目作题,要反思、要总结.

本书中的练习题都是我在二十多年的高中数学教学中积累下来的.我善于积累,在平时的教学中,遇到一道好题,认真研究后记载下来,供以后教学时使用.这就是本书中练习题的来历,所以本书中的习题,读者应抽出时间认真完成(可作为考试来对待),这样,你才会有大的收效.

学数学,要特别重视思考,且不能急于求成.我有时想一道题,要想几年(当然是间断地想)才获解决.

第三,不要畏惧数学,因为数学好学.

我认为,数学学科的规律性最强,题意清楚明白,不会出现模棱两可的现象,有公式可套,有例题可仿,打好基础、适当训练、循序渐进、注重反思,就可学好数学.

最后,作为一名经常战斗在高三教学第一线的数学老师,多次亲历了学子们的顽强战斗.也作为你们的朋友,针对你们的高考复习备考,我想对你们说几句知心话.

吃苦耐劳,无怨无悔. 诚然,高中学习是够累的,没有双休日,很少有节假日,早上6:30就开始起床,晚上10:30还不能上床休息,用"披星戴月"这个词来形容是再恰当不过的了.但是,要把学习搞好,必须有充足的学习时间,谁在时间上拥有了优先权,谁就可能在学习上赢得竞争的胜利.同学们,别以为人生漫长,美国人是这样算出一生的学习时间的:一生以 60 年计,穿衣梳洗 5 年,路途旅行 5 年,娱乐 8 年,生病 3 年,打电话 1 年,照镜子 70 天,擤鼻涕 10 天,……这样,即使一个人终生学习,学习时间也不足 12 年,不够 4 300 天.高中三年更是求学的黄金时期,千万不要浪费每一点时间.同学们,也别埋怨求学时间短暂,雷巴柯夫曾强调:"时间是一个常数,但对勤奋者来说,又是一个变数,用'分'来计算时间的人比用'时'来计算时间的人时间多 59 倍."如何争取时间,也听两首通俗的诗吧:一首是"无事此静卧,一日算半日,若活七十岁,只算三十五."另一首是"无事此静坐,一日算两日,若活七十岁,便是百四十."有迟到习惯的同学,你还能天天迟到吗?

康熙皇帝是中国历史上很有作为的一位帝王,在位长达 61 年之久.他一生不仅勤勉为政,还酷爱自然科学.康熙皇帝 14 岁时,看到新旧历法之争相当激烈,自己因对自然科学知之不多,而无法判明是非,于是暗下决心要努力学习自然科学,并拜请比利时传教士南怀仁(Ferdinand Verbiest,1623—1688)为师.因每日需早朝,故只能把学习时间安排在早朝前,命南怀仁半夜起床赶到宫中上课,小康熙刻苦学习、虚心请教,按时交纳作业.一位封建帝王竟如此好学,我们高中生还能懒惰吗?

鼓足信心,扬起理想风帆.斗转星移,以前每次考试成绩的酸甜苦辣都将与我们一一作别,或是成功,或是失败,或是顺航,或是逆流,都成了无可挽留的昨天.古人云:"弃我去者,昨日之日不可留.为什么你总对过去纠缠不休而耿耿于怀呢?"从今天开始,让我们带着灿烂的、甜蜜的笑脸,怀揣超脱喜悦的心情,重新打扮一下自己,你便是一个全新的你:有信心,有理想,自然就会有抱负,有作为.

勤奋拼搏,弹奏壮丽凯歌.同学们一定从电视上欣赏过体育竞赛的激动场面,上千人上万人的体育运动会都是有的,运动员的拼搏精神值得我们认真学习.我们要努力,我们要拼搏.人生难得几回搏,此时不搏,更待何时?

成长不可无书,成功不能无知.据说美国历史上曾有这样的两个家族,一个是爱德华家族,其始祖爱德华是位满腹经纶的哲学家,他的八代子孙中出了 13 位大学校长,100 多位教授,20 多位文学家,20 多位议员和一位副总统;另一个家族的始祖叫珠克,他是个缺乏文化修养的赌徒和酒鬼,他的八代子孙中有 300 多位乞丐,7 个杀人犯和 60 多个盗窃犯.同学们,一个人有没有文化修养,竟能产生如此源远流长的影响.你是作一个造福子孙的"拼搏者",还是作一个遗臭万年的"懒汉"呢?

同学们,你们是凭才学才选择并实现读××高中的,××高中每年都要走出数以千计的大学生,很多大学生又要通过自己的刻苦努力在知识上成为金字塔尖上的佼佼者.实际上,你们离这些佼佼者并不遥远,在高考前的这一阶段,再努一把力,调整好心态,你也可以同他们一样成为佼佼者.

下面,也赋诗一首《奔向远方》与你们共勉:

满怀青春的憧憬与幻想,我匆匆前行.
我仿佛听见远方的呼唤:
走吧,朋友!让我们鼓起风帆,去搏击狂风去搏击恶浪去搏击苦涩的日子吧!远方有旖旎的风光,远方有壮丽的辉煌,远方是太阳升起的地方.
走吧,朋友!放飞你蓝色的梦,去讴歌生命去讴歌壮丽去讴歌远方的风景吧!不要再贪恋港湾的温馨了,它不过是暂时栖息的地方;不要采撷往日的绿叶,它已随秋风舞落在地,不要回眸身后孤寂的足迹,它已被涨起的海潮冲得无影无踪.
走吧,朋友!只要我们不息地奋斗,我们都能达到那理想的绿地!

祝高三学子在高考中取得优异成绩!
谢谢大家!

在本书出版之际,作者还要感谢中科院张景中院士、北师大王世强教授、华中师大毛经中教授、曲阜师大李吉宝教授、广东连平县忠信中学严文兰老师、浙江余姚市三中朱世杰老师、上海市南洋中学耿亮老师对作者在初等数学研究方面的指导、勉励和无私帮助!感谢养育我成长的爸爸甘武关、妈妈袁秀芬及妻子张琳、儿子甘超一对我生活的体贴照料,你们辛苦多多!表扬我近年任教的陈朝鹏、王金宇、杨昆、王相谋、曹云飞、刘家桐、张陶等一大批莘莘学子,他们酷爱数学、各科成绩优异、品学兼优,一直支持着作者的教学工作!

甘志国
北京丰台二中
2013 年 8 月 1 日

目录

第1章 三角 // 1

§1. 对2005年高考上海卷一道大题解法的研究 // 1

§2. 对教科书中一道习题的研究 // 5

§3. 对一道课本例题的深入研究 —— 已知扇形内接矩形的面积和周长的取值范围 // 7

§4. 勾股定理的几个类似 // 11

§5. 教科书中一道习题的直接解法和简洁解法 // 12

§6. 例谈用正、余弦定理及三角形面积公式证明平面几何题 // 14

§7. 求函数 $y = A\sin(\omega x + \varphi)$ 的单调区间时应注意"同增异减" // 18

§8. 一题六探 // 20

§9. 这道三角函数题的第11种解法 // 23

§10. 正、余弦定理与海伦公式之间的联系 // 24

§11. 用面积法证明平面几何问题很给力 // 26

§12. 也谈一道三角题的解答 // 32

§13. 谈谈课本上的两个公式 // 36

§14. 对《选修2−2》中一道习题的研究 // 40

§15. 你会解方程 $x^3 - 3x + 1 = 0$ 吗 // 43

§16. 谈一道选择题的解法 // 44

§17. 整数角度的三角函数值何时是有理数 // 46

§18. 有理数角度的三角函数值何时是有理数 // 51

§19. 斜抛运动的最佳抛射角 // 56

§20. 爱拼才会赢 // 60

§21. 对一道课本复习参考题的简解　// 62
§22. 正、余弦定理及其应用的突破　// 65
§23. 记住积化和差、和差化积公式等于做十道难题！　// 72
§24. 对一道课本习题的研究　// 79
§25. 谈一道高考模拟题　// 85
§26. 订正公式 $a\sin\theta + b\cos\theta = \sqrt{a^2+b^2}\sin\left(\theta + \arctan\dfrac{b}{a}\right)(ab \neq 0)$　// 90
§27. 快求一类三角函数值的和　// 93
§28. 由图象求解析式 $y = A\sin(\omega x + \varphi)$ 时无需限定"$(A > 0, \omega > 0, 0 \leqslant \varphi < 2\pi)$"　// 94
§29. 三边长均为有理数且有内角度数是正整数的三角形边长的求法　// 97
§30. 定义域是区间的函数 $f(x) = a\sin x + b\cos x$ 何时为常数函数　// 102
§31.《三角》练习题　// 104

第2章　平面向量　// 161

§1. 一类三角形的面积比问题　// 161
§2. 对一道测试题的思考　// 163
§3. 还是建系为好　// 164
§4. 在数学教学中要谨防循环论证　// 168
§5. 用平面向量共线基本定理简解一类题　// 172
§6. 介绍两道类题　// 175
§7.《平面向量》练习题　// 177

编辑手记　// 190

三角

第1章

§1 对2005年高考上海卷一道大题解法的研究

高考题1 （2005·上海·理·21(3)）对定义域分别是 D_f, D_g 的函数 $y=f(x), y=g(x)$，规定函数

$$h(x) = \begin{cases} f(x) \cdot g(x) & \text{当 } x \in D_f \text{ 且 } x \in D_g \\ f(x) & \text{当 } x \in D_f \text{ 且 } x \notin D_g \\ g(x) & \text{当 } x \notin D_f \text{ 且 } x \in D_g \end{cases}$$

若 $g(x)=f(x+\alpha)$，其中 α 是常数，且 $\alpha \in [0,\pi]$，请设计一个定义域为 **R** 的函数 $y=f(x)$ 及一个 α 的值，使得 $h(x)=\cos 4x$，并予以证明。

分析 题意即寻求定义域为 **R** 的函数 $y=f(x)$ 及常数 $\alpha \in [0,\pi]$，使

$$f(x) \cdot f(x+\alpha) = \cos 4x \quad (x \in \mathbf{R})$$

解法1 可证 $f(x)=\cos 2x + \sin 2x\,(x \in \mathbf{R})$，$\alpha=\dfrac{\pi}{4}$ 满足题设

$$f(x+\alpha) = \cdots = \cos 2x - \sin 2x$$
$$f(x) \cdot f(x+\alpha) = \cdots = \cos 4x \quad (x \in \mathbf{R})$$

1

解法 2 可证 $f(x)=1+\sqrt{2}\sin 2x(x\in \mathbf{R}),\alpha=\dfrac{\pi}{2}$ 满足题设

$$f(x+\alpha)=\cdots=1-\sqrt{2}\sin 2x, f(x)\cdot f(x+\alpha)=\cdots=\cos 4x \quad (x\in \mathbf{R})$$

高考题 2 (2005·上海·文·22(3)) 对定义域分别是 D_f, D_g 的函数 $y=f(x), y=g(x)$，规定函数

$$h(x)=\begin{cases} f(x)\cdot g(x) & \text{当 } x\in D_f \text{ 且 } x\in D_g \\ f(x) & \text{当 } x\in D_f \text{ 且 } x\notin D_g \\ g(x) & \text{当 } x\notin D_f \text{ 且 } x\in D_g \end{cases}$$

若 $g(x)=f(x+\alpha)$，其中 α 是常数，且 $\alpha\in[0,\pi]$，请设计一个定义域为 $\mathbf{R}$ 的函数 $y=f(x)$ 及一个 α 的值，使得 $h(x)=\cos 2x$，并予以证明.

分析 题意即寻求定义域为 $\mathbf{R}$ 的函数 $y=f(x)$ 及常数 $\alpha\in[0,\pi]$，使
$$f(x)\cdot f(x+\alpha)=\cos 2x \quad (x\in \mathbf{R})$$

解法 1 可证 $f(x)=\cos x+\sin x(x\in \mathbf{R}),\alpha=\dfrac{\pi}{2}$ 满足题设

$$f(x+\alpha)=\cdots=\cos x-\sin x, f(x)\cdot f(x+\alpha)=\cdots=\cos 2x \quad (x\in \mathbf{R})$$

解法 2 可证 $f(x)=1+\sqrt{2}\sin x(x\in \mathbf{R}),\alpha=\pi$ 满足题设，证明如下
$$f(x+\alpha)=\cdots=1-\sqrt{2}\sin x, f(x)\cdot f(x+\alpha)=\cdots=\cos 2x \quad (x\in \mathbf{R})$$

以上解法均很简洁：只是验证. 但答案是怎么想出来的，却不清楚，下面将解决这一疑问.

对高考题 1 解法的研究：

(1) $h(x)=\cos 4x=(\cos 2x+\sin 2x)(\cos 2x-\sin 2x)=$
$$\sqrt{2}\sin\left(\dfrac{\pi}{4}+2x\right)\cdot\sqrt{2}\sin\left(\dfrac{\pi}{4}-2x\right)$$

可选 $f(x)=\sqrt{2}\sin\left(\dfrac{\pi}{4}+2x\right)(x\in \mathbf{R}), f(x+\alpha)=\sqrt{2}\sin\left(\dfrac{\pi}{4}+2x+2\alpha\right)=\sqrt{2}\sin\left(\dfrac{\pi}{4}-2x\right)(x\in \mathbf{R})$，这等价于

$$\sin\left(\dfrac{\pi}{4}+2x+2\alpha\right)-\sin\left(\dfrac{\pi}{4}-2x\right)=0 \quad (x\in \mathbf{R})$$

$$2\cos\left(\dfrac{\pi}{4}+\alpha\right)\sin(2x+\alpha)=0 \quad (x\in \mathbf{R})$$

$$\cos\left(\dfrac{\pi}{4}+\alpha\right)=0 \quad (0\leqslant\alpha\leqslant\pi)$$

$$\alpha=\dfrac{\pi}{4}$$

这就说明选 $f(x)=\sqrt{2}\sin\left(\dfrac{\pi}{4}+2x\right)(x\in \mathbf{R})$ 即选 $f(x)=\cos 2x+\sin 2x(x\in$

$\mathbf{R}$), $\alpha = \dfrac{\pi}{4}$ 满足题设.

可选 $f(x) = \sqrt{2}\sin\left(\dfrac{\pi}{4} - 2x\right)$ $(x \in \mathbf{R})$, $f(x + \alpha) = \sqrt{2}\sin\left(\dfrac{\pi}{4} - 2x - 2\alpha\right) = \sqrt{2}\sin\left(\dfrac{\pi}{4} + 2x\right)$ $(x \in \mathbf{R})$, 这等价于

$$\sin\left(\dfrac{\pi}{4} + 2x\right) + \sin\left(2x + 2\alpha - \dfrac{\pi}{4}\right) = 0 \quad (x \in \mathbf{R})$$

$$2\sin(2x + \alpha)\cos\left(\alpha - \dfrac{\pi}{4}\right) = 0 \quad (x \in \mathbf{R})$$

$$\cos\left(\alpha - \dfrac{\pi}{4}\right) = 0 \quad (0 \leqslant \alpha \leqslant \pi)$$

$$\alpha = \dfrac{3}{4}\pi$$

这就说明选 $f(x) = \sqrt{2}\sin\left(\dfrac{\pi}{4} - 2x\right)$ $(x \in \mathbf{R})$ 即选 $f(x) = \cos 2x - \sin 2x$ $(x \in \mathbf{R})$, $\alpha = \dfrac{3}{4}\pi$ 满足题设.

(2) $h(x) = \cos 4x = (1 + \sqrt{2}\sin 2x)(1 - \sqrt{2}\sin 2x)$.

可选 $f(x) = 1 + \sqrt{2}\sin 2x$ $(x \in \mathbf{R})$, $f(x + \alpha) = 1 + \sqrt{2}\sin(2x + 2\alpha) = 1 - \sqrt{2}\sin 2x$ $(x \in \mathbf{R})$, 这等价于

$$\sin(2x + 2\alpha) + \sin 2x = 0 \quad (x \in \mathbf{R})$$

$$2\sin(2x + \alpha)\cos \alpha = 0 \quad (x \in \mathbf{R})$$

$$\cos \alpha = 0 \quad (0 \leqslant \alpha \leqslant \pi)$$

$$\alpha = \dfrac{\pi}{2}$$

这就说明选 $f(x) = 1 + \sqrt{2}\sin 2x$ $(x \in \mathbf{R})$, $\alpha = \dfrac{\pi}{2}$ 满足题设.

可选 $f(x) = 1 - \sqrt{2}\sin 2x$ $(x \in \mathbf{R})$, $f(x + \alpha) = 1 - \sqrt{2}\sin(2x + 2\alpha) = 1 + \sqrt{2}\sin 2x$ $(x \in \mathbf{R})$, 这等价于

$$\sin(2x + 2\alpha) + \sin 2x = 0 \quad (x \in \mathbf{R})$$

上面已得

$$\alpha = \dfrac{\pi}{2}$$

这就说明选 $f(x) = 1 - \sqrt{2}\sin 2x$ $(x \in \mathbf{R})$, $\alpha = \dfrac{\pi}{2}$ 满足题设.

(3) $h(x) = \cos 4x = (\sqrt{2}\cos 2x + 1)(\sqrt{2}\cos 2x - 1)$.

可选 $f(x)=\sqrt{2}\cos 2x+1(x\in \mathbf{R})$,$f(x+\alpha)=\sqrt{2}\cos(2x+2\alpha)+1=\sqrt{2}\cos 2x-1(x\in \mathbf{R})$,这等价于
$$\cos(2x+2\alpha)-\cos 2x=-\sqrt{2} \quad (x\in \mathbf{R})$$
$$2\sin(2x+\alpha)\sin \alpha=\sqrt{2} \quad (x\in \mathbf{R})$$
得此式在 $x=\dfrac{\pi}{4}$ 时也成立,所以 $\sin 2\alpha=\sqrt{2}$,这不可能!所以此时没有得到求解方法.

同理,选 $f(x)=\sqrt{2}\cos 2x-1(x\in \mathbf{R})$,也不能得到求解方法.

综上所述,选 $f(x)=\cos 2x+\sin 2x(x\in \mathbf{R})$,$\alpha=\dfrac{\pi}{4}$;$f(x)=\cos 2x-\sin 2x(x\in \mathbf{R})$,$\alpha=\dfrac{3}{4}\pi$;$f(x)=1+\sqrt{2}\sin 2x(x\in \mathbf{R})$,$\alpha=\dfrac{\pi}{2}$;$f(x)=1-\sqrt{2}\sin 2x(x\in \mathbf{R})$,$\alpha=\dfrac{\pi}{2}$ 均满足题设.

对高考题 2 解法的研究 同上可得,选 $f(x)=\cos x+\sin x(x\in \mathbf{R})$,$\alpha=\dfrac{\pi}{2}$;$f(x)=1+\sqrt{2}\sin x(x\in \mathbf{R})$,$\alpha=\pi$;$f(x)=1-\sqrt{2}\sin 2x(x\in \mathbf{R})$,$\alpha=\pi$ 均满足题设.

问题 对于以上高考题 1,2,请读者能找出其他答案.

§2 对教科书中一道习题的研究

普通高中课程标准实验教科书《数学 4·必修·A 版》(人民教育出版社，2007 年第 2 版)第 144 页习题 3.2B 组第 5 题是：

设 $f(\alpha)=\sin^x\alpha+\cos^x\alpha$，$x\in\{n\mid n=2k,k\in\mathbf{N}_+\}$. 利用三角变换，估计 $f(\alpha)$ 在 $x=2,4,6$ 时的取值情况，进而对 x 取一般值时 $f(\alpha)$ 的取值范围作出一个猜想.

与教科书配套使用的《教师教学用书》第 127 页给出的解答是：

当 $x=2$ 时，$f(\alpha)=\sin^2\alpha+\cos^2\alpha=1$；

当 $x=4$ 时，$f(\alpha)=\sin^4\alpha+\cos^4\alpha=(\sin^2\alpha+\cos^2\alpha)^2-2\sin^2\alpha\cos^2\alpha=1-\frac{1}{2}\sin^2 2\alpha$，此时有 $\frac{1}{2}\leqslant f(\alpha)\leqslant 1$；

当 $x=6$ 时，$f(\alpha)=\sin^6\alpha+\cos^6\alpha=(\sin^2\alpha+\cos^2\alpha)^3-3\sin^2\alpha\cos^2\alpha(\sin^2\alpha+\cos^2\alpha)=1-\frac{3}{4}\sin^2 2\alpha$，此时有 $\frac{1}{4}\leqslant f(\alpha)\leqslant 1$.

由此猜想，当 $x=2k,k\in\mathbf{N}_+$ 时，$\frac{1}{2^{k-1}}\leqslant f(\alpha)\leqslant 1$.

本节将给出此题的深入研究.

研究 1 通过计算，猜测出 $f(\alpha)$ 的取值范围.

记 $f_k(\alpha)=\sin^{2k}\alpha+\cos^{2k}\alpha(k\in\mathbf{N}_+)$，可得：

$f_1(\alpha),f_2(\alpha),f_3(\alpha)$ 的情形见《教师教学用书》的内容；

$f_2(\alpha)=1-\frac{1}{2}\sin^2 2\alpha$，所以 $\frac{1}{2}\leqslant f_2(\alpha)\leqslant 1$；

$f_3(\alpha)=1-\frac{3}{4}\sin^2 2\alpha$，所以 $\frac{1}{4}\leqslant f_3(\alpha)\leqslant 1$；

$f_4(\alpha)=1-\sin^2 2\alpha+\frac{1}{8}\sin^4 2\alpha$，所以 $\frac{1}{8}\leqslant f_4(\alpha)\leqslant 1$；

$f_5(\alpha)=1-\frac{5}{4}\sin^2 2\alpha+\frac{5}{16}\sin^4 2\alpha$，所以 $\frac{1}{16}\leqslant f_5(\alpha)\leqslant 1$；

$f_6(\alpha)=1-\frac{3}{2}\sin^2 2\alpha+\frac{9}{16}\sin^4 2\alpha-\frac{1}{32}\sin^6 2\alpha$，所以 $\frac{1}{32}\leqslant f_6(\alpha)\leqslant 1$(设 $\sin^2 2\alpha=t$，得 $0\leqslant t\leqslant 1$，$f_6(\alpha)=1-\frac{3}{2}t+\frac{9}{16}t^2-\frac{1}{32}t^3$，用导数可证得 $f_6(\alpha)$ 是 $[0,1]$ 上的减函数).

计算 $f_k(\alpha)$，用以下递推关系很方便(容易直接验证下式成立)

$$f_{k+2}(\alpha) = f_{k+1}(\alpha) - \frac{1}{4}\sin^2 2\alpha \cdot f_k(\alpha) \quad (k \in \mathbf{N}_+) \qquad ①$$

容易猜测出 $f(\alpha)$ 的取值范围是:当 $x = 2k, k \in \mathbf{N}_+$ 时,$\frac{1}{2^{k-1}} \leqslant f(\alpha) \leqslant 1$.

问题 用递推关系 ① 求出 $f_k(\alpha)$ 的表达式($f_k(\alpha)$ 是关于 $\sin^2 2\alpha$ 的多项式).

研究 2 猜测的证明.

要证明猜测(设 $a = \sin^2\alpha, b = \cos^2\alpha$),即证:当 $a \geqslant 0, b \geqslant 0, a + b = 1, n \in \mathbf{N}_+$ 时,$\frac{1}{2^{n-1}} \leqslant a^n + b^n \leqslant 1$.

证明 因为 $a^n \leqslant a, b^n \leqslant b$,所以 $a^n + b^n \leqslant a + b = 1$.

下证 $\frac{1}{2^{n-1}} \leqslant a^n + b^n$,即证 $\frac{a^n + b^n}{2} \geqslant \left(\frac{a+b}{2}\right)^n (n \geqslant 2)$,这只需证明函数 $g(x) = x^n (n \geqslant 2)$ 是下凸函数,而这用导数易证.

研究 3 研究一般情形.

以上问题的一般情形是:设 $a, b \in (0, 1), a + b = 1$,对于已知的实数 t,求式子 $a^t + b^t$ 的取值范围.

解 设 $g(x) = x^t, x \in (0, 1)$,得 $g''(x) = t(t-1)x^{t-2}$,所以:

当 $t < 0$ 或 $t > 1$ 时,$g''(x) > 0, g(x)$ 是下凸函数,得 $\frac{a^t + b^t}{2} \geqslant \left(\frac{a+b}{2}\right)^t = \frac{1}{2^t}, a^t + b^t \geqslant 2^{1-t}$;

当 $0 < t < 1$ 时,$g''(x) < 0, g(x)$ 是上凸函数,得 $\frac{a^t + b^t}{2} \leqslant \left(\frac{a+b}{2}\right)^t = \frac{1}{2^t}$,$a^t + b^t \leqslant 2^{1-t}$.

所以有以下结论成立:

(1) 当 $t < 0$ 时,$a^t + b^t$ 的取值范围是 $[2^{1-t}, +\infty)$;

(2) 当 $t = 0$ 时,$a^t + b^t$ 的取值范围是 $\{2\}$;

(3) 当 $0 < t < 1$ 时,$a^t + b^t$ 的取值范围是 $(1, 2^{1-t}]$(因为 $a^t > a, b^t > b$,所以 $a^t + b^t > a + b = 1$);

(4) 当 $t = 1$ 时,$a^t + b^t$ 的取值范围是 $\{1\}$;

(5) 当 $t > 1$ 时,$a^t + b^t$ 的取值范围是 $[2^{1-t}, 1)$.

§3 对一道课本例题的深入研究
—— 已知扇形内接矩形的面积和周长的取值范围

普通高中课程标准实验教科书《数学 4·必修·A 版》(人民教育出版社, 2007 年第 2 版)第 141 页的例 4 是：

已知扇形的半径为 1，圆心角为 $\dfrac{\pi}{3}$，求此扇形内接矩形（且此矩形有一条边在已知扇形的边界上）的最大面积.

本节将对此题作一些深入研究.

约定：本节中的扇形记作扇形 Ψ，其半径为 1，圆心角为 $\alpha (0 < \alpha \leqslant \pi)$. 通过画图实验可知，当 $\alpha \in \left(0, \dfrac{\pi}{2}\right]$ 时，扇形 Ψ 的内接矩形只有图 1、图 2 两种情形；当 $\alpha \in \left(\dfrac{\pi}{2}, \pi\right]$ 时，扇形的内接矩形只有图 2 一种情形. 把图 1 的内接矩形记作矩形 $\Xi 1$，把图 2 的内接矩形记作矩形 $\Xi 2$.

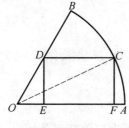

图 1

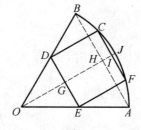

图 2

问题 1 求扇形 Ψ 的内接矩形面积的取值范围.

解 当 $\alpha \in \left(0, \dfrac{\pi}{2}\right]$ 时，有图 1、图 2 两种情形：

在图 1 中，设 $\angle AOC = \theta (0 < \theta < \alpha)$，得

$$CF = OC \sin \theta, EF = OF - OE = OC \cos \theta - OC \sin \theta \cot \alpha, OC = 1 \quad ①$$

$$S_{\Xi 1} = S_{\text{矩形} CDEF} = \sin \theta (\cos \theta - \sin \theta \cot \alpha) =$$

$$\dfrac{1}{2}\left[\sin 2\theta - \cot \alpha (1 - \cos 2\theta)\right] =$$

$$\dfrac{1}{2\sin \alpha}(\sin \alpha \sin 2\theta + \cos \alpha \cos 2\theta) - \dfrac{1}{2}\cot \alpha =$$

$$\dfrac{1}{2\sin \alpha}\cos(2\theta - \alpha) - \dfrac{1}{2}\cot \alpha \quad ②$$

有 $2\theta - \alpha \in (-\alpha, \alpha)$，所以 $S_{\Xi 1} \in \left(0, \dfrac{1}{2}\tan\dfrac{\alpha}{2}\right]$（当且仅当 $\theta = \dfrac{\alpha}{2}$ 时，$S_{\Xi 1} =$

$\frac{1}{2}\tan\frac{\alpha}{2}$).

在图 2 中，设 $\angle AOF = \varphi (0 < \varphi < \frac{\alpha}{2})$，得

$$\angle JOF = \frac{\alpha}{2} - \varphi, CF = 2IF = 2\sin\left(\frac{\alpha}{2} - \varphi\right)$$

$$EF = OI - GE\cot\frac{\alpha}{2} = \cos\left(\frac{\alpha}{2} - \varphi\right) - \sin\left(\frac{\alpha}{2} - \varphi\right)\cot\frac{\alpha}{2} = \frac{\sin\varphi}{\sin\frac{\alpha}{2}} \quad ③$$

$$S_{图2} = S_{矩形CDEF} = 2\sin\left(\frac{\alpha}{2} - \varphi\right) \cdot \frac{\sin\varphi}{\sin\frac{\alpha}{2}} = \frac{\cos\left(2\varphi - \frac{\alpha}{2}\right) - \cos\frac{\alpha}{2}}{\sin\frac{\alpha}{2}} \quad ④$$

有 $2\varphi - \frac{\alpha}{2} \in \left(-\frac{\alpha}{2}, \frac{\alpha}{2}\right)$，所以 $S_{图2} \in \left(0, \tan\frac{\alpha}{4}\right]$（当且仅当 $\varphi = \frac{\alpha}{4}$ 时，$S_{图2} = \tan\frac{\alpha}{4}$）.

又由 $\alpha \in \left(0, \frac{\pi}{2}\right]$ 可证 $\tan\frac{\alpha}{4} < \frac{1}{2}\tan\frac{\alpha}{2}$，所以此时扇形 Ψ 内接矩形面积的取值范围是 $\left(0, \frac{1}{2}\tan\frac{\alpha}{2}\right]$.

当 $\alpha \in \left(\frac{\pi}{2}, \pi\right]$ 时，只有图 2 一种情形，且解法及结论也同上：$S_{图2} \in \left(0, \tan\frac{\alpha}{4}\right]$（当且仅当 $\varphi = \frac{\alpha}{4}$ 时，$S_{图2} = \tan\frac{\alpha}{4}$）.

所以问题 1 的答案是：当 $\alpha \in \left(0, \frac{\pi}{2}\right]$ 时，所求取值范围是 $\left(0, \frac{1}{2}\tan\frac{\alpha}{2}\right]$；当 $\alpha \in \left(\frac{\pi}{2}, \pi\right]$ 时，所求取值范围是 $\left(0, \tan\frac{\alpha}{4}\right]$.

问题 2 扇形 Ψ 的内接矩形何时为正方形？并求该正方形面积的最大值.

解 当 $\alpha \in \left(0, \frac{\pi}{2}\right]$ 时，先看图 1 的情形：由 ① 得

$$CF = EF = \sin\theta = \cos\theta - \sin\theta\cot\alpha$$

即

$$\cot\theta = 1 + \cot\alpha \quad ⑤$$

再由万能公式及式 ② 可得此时正方形 $CDEF$ 的面积为

$$S_{正方形CDEF} = \frac{1}{2}\left[\sin 2\theta - \cot\alpha(1 - \cos 2\theta)\right] = \frac{1}{(1+\cot\alpha)^2 + 1} =$$

$$\frac{2\sin^2\alpha}{2\sin^2\alpha + 4\sin\alpha\cos\alpha + 2} \quad ⑥$$

再看图 2 的情形：由式 ③ 得

$$CF = EF = 2\sin\left(\frac{\alpha}{2} - \varphi\right) = \frac{\sin \varphi}{\sin \frac{\alpha}{2}}$$

即
$$\tan \varphi = \frac{1 - \cos \alpha}{1 + \sin \alpha} \qquad ⑦$$

再由式 ④ 可得此时正方形 $CDEF$ 的面积为

$$S_{\text{正方形} CDEF} = \left(\frac{\sin \varphi}{\sin \frac{\alpha}{2}}\right)^2 = \frac{2(1 - \cos \alpha)}{3 + 2\sin \alpha - 2\cos \alpha} =$$

$$\frac{2\sin^2 \alpha}{1 + 2\sin^2 \alpha + 2\sin \alpha \cos \alpha + 2\sin \alpha + \cos \alpha} \qquad ⑧$$

再比较式 ⑥,⑧ 的结果,可得:

当 $0 < \alpha < \frac{\pi}{6}$ 时,图 1 中正方形的面积小于图 2 中正方形的面积;当 $\alpha = \frac{\pi}{6}$ 时,图 1 中正方形的面积等于图 2 中正方形的面积;当 $\frac{\pi}{6} < \alpha \leqslant \frac{\pi}{2}$ 时,图 1 中正方形的面积大于图 2 中正方形的面积.

当 $\alpha \in \left(0, \frac{\pi}{2}\right]$ 时,当且仅当式 ⑤ 成立时图 1 中的内接矩形为正方形,当且仅当式 ⑦ 成立时图 2 中的内接矩形为正方形;当 $\alpha \in \left(\frac{\pi}{2}, \pi\right]$ 时,当且仅当式 ⑦ 成立时图 2 中的内接矩形为正方形(没有图 1 的情形).

问题 3 求扇形 Ψ 的内接矩形周长的取值范围.

解 当 $\alpha \in \left(0, \frac{\pi}{2}\right]$ 时,先看图 1 的情形:由式 ① 得

$$L_{\text{图1}} = 2[(1 - \cot \alpha)\sin \theta + \cos \theta] \triangleq f(\theta) \quad (0 < \theta < \alpha)$$
$$f'(\theta) = 2[(1 - \cot \alpha)\cos \theta - \sin \theta]$$

当 $0 < \alpha \leqslant \frac{\pi}{4}$ 时,由 $0 < \theta < \alpha$,得 $1 - \cot \alpha \leqslant 0 < \sin \theta < \cos \theta$,所以 $f'(\theta) < 0$,$f(\theta)$ 是减函数,$L_{\text{图1}} \in (2\sin \alpha, 2)$.

当 $\frac{\pi}{4} < \alpha \leqslant \frac{\pi}{2}$ 时,$f'(\theta) = 0 \Leftrightarrow \tan \theta = 1 - \cot \alpha$.

由 $0 < \theta < \alpha$,得 $0 < \tan \theta < \tan \alpha$. 因为可证 $0 < 1 - \cot \alpha < \tan \alpha$,所以存在 $\theta_0 \in (0, \alpha)$,使 $\tan \theta_0 = 1 - \cot \alpha$,且此时 $\sin \theta_0 = \frac{1 - \cot \alpha}{\sqrt{(1 - \cot \alpha)^2 + 1}}$,$\cos \theta_0 = \frac{1}{\sqrt{(1 - \cot \alpha)^2 + 1}}$,$f(\theta_0) = 2\sqrt{(1 - \cot \alpha)^2 + 1}$,所以当且仅当 $\tan \theta_0 = 1 - \cot \alpha$ 时 $L_{\text{图1}}$ 取到最大值,且最大值是 $2\sqrt{(1 - \cot \alpha)^2 + 1}$.

再由导数知识可得 $f(\theta)$ 在 $(0,\theta_0]$ 上递增,在 $[\theta_0,\alpha)$ 上递减. 又 $f(0)=2\geqslant 2\sin\alpha=f(\alpha)$,所以此时 $L_{\text{图}1}\in(2\sin\alpha,2\sqrt{(1-\cot\alpha)^2+1}]$.

在图 2 中,由式 ③ 得

$$L_{\text{图}2}=4\sin\left(\frac{\alpha}{2}-\varphi\right)+\frac{2\sin\varphi}{\sin\frac{\alpha}{2}}$$

$$\frac{L_{\text{图}2}}{2}\sin\frac{\alpha}{2}=(1-\cos\alpha)\cos\varphi+(1-\sin\alpha)\sin\varphi\triangleq g(\varphi)\quad\left(0<\varphi<\frac{\alpha}{2}\right)$$

$$g'(\varphi)=(1-\sin\alpha)\cos\varphi-(1-\cos\alpha)\sin\varphi$$

令 $g'(\varphi)=0$,得

$$\tan\varphi=\frac{1-\sin\alpha}{1-\cos\alpha}$$

$$\sin\varphi=\frac{1-\sin\alpha}{\sqrt{3-2\sin\alpha-2\cos\alpha}}$$

$$\cos\varphi=\frac{1-\cos\alpha}{\sqrt{3-2\sin\alpha-2\cos\alpha}}$$

由 $0<\varphi<\frac{\alpha}{2}$,得 $0<\tan\varphi<\tan\frac{\alpha}{2}$. 所以当且仅当 $0<\frac{1-\sin\alpha}{1-\cos\alpha}<\tan\frac{\alpha}{2}=\frac{1-\cos\alpha}{\sin\alpha}$ 时,方程 $\tan\varphi=\frac{1-\sin\alpha}{1-\cos\alpha}$ 有解 $\varphi=\varphi_0$. 从而,得:

当 $0<\alpha\leqslant 2\arctan\frac{1}{2}$ ($2\arctan\frac{1}{2}\approx 53°$) 时,$L_{\text{图}2}\in\left(4\sin\frac{\alpha}{2},2\right)$;

当 $2\arctan\frac{1}{2}<\alpha\leqslant\frac{\pi}{3}$ 时,$L_{\text{图}2}\in\left(4\sin\frac{\alpha}{2},2\csc\frac{\alpha}{2}\sqrt{3-2\sin\alpha-2\cos\alpha}\right]$;

当 $\frac{\pi}{3}<\alpha\leqslant\frac{\pi}{2}$ 时,$L_{\text{图}2}\in\left(2,2\csc\frac{\alpha}{2}\sqrt{3-2\sin\alpha-2\cos\alpha}\right]$.

所以有:当 $0<\alpha\leqslant\frac{\pi}{4}$ 时,所求取值范围是 $(2\sin\alpha,2)$;

当 $\frac{\pi}{4}<\alpha\leqslant 2\arctan\frac{1}{2}$ 时,所求取值范围是 $(2\sin\alpha,2\sqrt{(1-\cot\alpha)^2+1}]$;

当 $2\arctan\frac{1}{2}<\alpha\leqslant\frac{\pi}{2}$ 时,所求取值范围是 $(2\sin\alpha,\max\{2\cdot\sqrt{(1-\cot\alpha)^2+1},2\csc\frac{\alpha}{2}\sqrt{3-2\sin\alpha-2\cos\alpha}\}]$.

当 $\alpha\in\left(\frac{\pi}{2},\pi\right]$ 时,只有图 2 一种情形,同上可求得所求取值范围是 $\left(2,2\csc\frac{\alpha}{2}\sqrt{3-2\sin\alpha-2\cos\alpha}\right]$.

§4 勾股定理的几个类似

普通高中课程标准实验教科书《数学 5·必修·A 版》(人民教育出版社，2007 年第 3 版)第 6 页写道：

"从余弦定理和余弦函数的性质可知，如果一个三角形两边的平方和等于第三边的平方，那么第三边所对的角是直角；如果小于第三边的平方，那么第三边所对的角是钝角；如果大于第三边的平方，那么第三边所对的角是锐角。从上可知，余弦定理可以看作是勾股定理的推广。"

还可得以上三个结论的逆命题也成立，即：

定理 1 用 a,b,c 分别表示 $\triangle ABC$ 的内角 A,B,C 的对边(下同)，则
$$C < (=, >) 90° \Leftrightarrow a^2 + b^2 > (=, <) c^2$$

下面再给出与勾股定理类似的几个结论：

定理 2 在 $\triangle ABC$ 中，若 $C \geqslant 90°, \alpha > 2$，则 $a^\alpha + b^\alpha < c^\alpha$。

证明 由定理 1，得 $a^2 + b^2 \leqslant c^2$，$\left(\dfrac{a}{c}\right)^2 + \left(\dfrac{b}{c}\right)^2 \leqslant 1$，$\dfrac{a}{c}, \dfrac{b}{c} \in (0,1)$，所以
$$\left(\dfrac{a}{c}\right)^\alpha < \left(\dfrac{a}{c}\right)^2, \left(\dfrac{b}{c}\right)^\alpha < \left(\dfrac{b}{c}\right)^2$$

相加，得
$$\left(\dfrac{a}{c}\right)^\alpha + \left(\dfrac{b}{c}\right)^\alpha < \left(\dfrac{a}{c}\right)^2 + \left(\dfrac{b}{c}\right)^2 \leqslant 1$$
$$a^\alpha + b^\alpha < c^\alpha$$

定理 3 在 $\triangle ABC$ 中，若 $C \leqslant 90°, 0 < \beta < 2$，则 $a^\beta + b^\beta > c^\beta$。

证明 由定理 1，得 $a^2 + b^2 \geqslant c^2$，$\left(\dfrac{a}{c}\right)^2 + \left(\dfrac{b}{c}\right)^2 \geqslant 1$。

当 c 为最大边时，$\dfrac{a}{c}, \dfrac{b}{c} \in (0,1]$，$\left(\dfrac{a}{c}\right)^\beta \geqslant \left(\dfrac{a}{c}\right)^2, \left(\dfrac{b}{c}\right)^\beta \geqslant \left(\dfrac{b}{c}\right)^2$。

若 $a = b = c$，得 $a^\beta + b^\beta > c^\beta$；若 a,b,c 不全相等，得
$$\left(\dfrac{a}{c}\right)^\beta + \left(\dfrac{b}{c}\right)^\beta > \left(\dfrac{a}{c}\right)^2 + \left(\dfrac{b}{c}\right)^2 \geqslant 1$$
$$a^\beta + b^\beta > c^\beta$$

当 c 不为最大边时，可不妨设 $a > c$，得 $a^\beta > c^\beta$，所以 $a^\beta + b^\beta > c^\beta$。

所以定理 3 获证。

下面再分别写出定理 2,3 的逆否命题：

定理 4 在 $\triangle ABC$ 中，若 $\alpha > 2, a^\alpha + b^\alpha \geqslant c^\alpha$，则 $C < 90°$。

定理 5 在 $\triangle ABC$ 中，若 $0 < \beta < 2, a^\beta + b^\beta \leqslant c^\beta$，则 $C > 90°$。

§5 教科书中一道习题的直接解法和简洁解法

普通高中课程标准实验教科书《数学 4·必修·A 版》(人民教育出版社,2007 年第 2 版)第 147 页复习参考题 B 组第 4 题是:

已知 $\cos\left(\dfrac{\pi}{4}+x\right)=\dfrac{3}{5}$,$\dfrac{17\pi}{12}<x<\dfrac{7\pi}{4}$,求 $\dfrac{\sin 2x+2\sin^2 x}{1-\tan x}$.

与教科书配套使用的《教师教学用书》第 130 页给出的解答是:

$$\frac{\sin 2x+2\sin^2 x}{1-\tan x}=\frac{2\sin x\cos x+2\sin^2 x}{1-\dfrac{\sin x}{\cos x}}=\frac{2\sin x\cos x(\cos x+\sin x)}{\cos x-\sin x}=$$

$$\sin 2x\cdot\frac{1+\tan x}{1-\tan x}=\sin 2x\cdot\tan\left(\frac{\pi}{4}+x\right)$$

由 $\dfrac{17\pi}{12}<x<\dfrac{7\pi}{4}$,得

$$\frac{5\pi}{3}<x+\frac{\pi}{4}<2\pi$$

又 $\cos\left(\dfrac{\pi}{4}+x\right)=\dfrac{3}{5}$,所以

$$\sin\left(\frac{\pi}{4}+x\right)=-\frac{4}{5},\tan\left(\frac{\pi}{4}+x\right)=-\frac{4}{3}$$

$$\cos x=\cos\left[\left(\frac{\pi}{4}+x\right)-\frac{\pi}{4}\right]=-\frac{\sqrt{2}}{10},\sin x=-\frac{7\sqrt{2}}{10},\sin 2x=\frac{7}{25}$$

所以
$$\frac{\sin 2x+2\sin^2 x}{1-\tan x}=-\frac{28}{75}$$

以上解法可能只有极少数人能掌握,自己能独立想到这种解法的恐怕更少.

下面给出该题的一种直接解法:

若能求出 $\sin x,\cos x$,则问题即可解决.

由 $\cos\left(\dfrac{\pi}{4}+x\right)=\dfrac{3}{5}$,$\dfrac{5\pi}{3}<\dfrac{\pi}{4}+x<2\pi$,得 $\dfrac{\pi}{4}+x$ 是唯一确定的角,所以 x 也是唯一确定的角,$\sin x,\cos x$ 也是唯一确定的值. 下面就是如何求出方程组

$$\begin{cases}\cos x-\sin x=\dfrac{3}{5}\sqrt{2} & \left(\dfrac{17\pi}{12}<x<\dfrac{7\pi}{4}\right)\\ \sin^2 x+\cos^2 x=1\end{cases}$$

唯一解 $(\sin x,\cos x)$.

由 $\frac{17\pi}{12} < x < \frac{7\pi}{4}$，得 $-1 \leqslant \sin x < -\frac{\sqrt{2}}{2}$，$\frac{\sqrt{2}-\sqrt{6}}{4} < \cos x < \frac{\sqrt{2}}{2}$，所以根据此范围一定能求出上述方程组的唯一解$(\sin x, \cos x)$. 我们先求 $\sin x$，可能要简洁一些. 先得

$$\sin^2 x + \left(\sin x + \frac{3}{5}\sqrt{2}\right)^2 = 1$$

$$\sin x = -\frac{7}{10}\sqrt{2}, \frac{\sqrt{2}}{10}$$

因为 $\sin x < 0$，所以 $\sin x = -\frac{7}{10}\sqrt{2}$，进而得 $\cos x = -\frac{\sqrt{2}}{10}$，所以

$$\frac{\sin 2x + 2\sin^2 x}{1 - \tan x} = -\frac{28}{75}$$

下面再给出此题的两种巧妙解法：

巧解 1　由 $\cos\left(\frac{\pi}{4} + x\right) = \frac{3}{5}$，$\frac{5\pi}{3} < \frac{\pi}{4} + x < 2\pi$，得 $\sin\left(\frac{\pi}{4} + x\right) = -\frac{4}{5}$，所以

$$\begin{cases} \cos x - \sin x = \frac{3}{5}\sqrt{2} \\ \cos x + \sin x = -\frac{4}{5}\sqrt{2} \end{cases}, \quad \begin{cases} \sin x = -\frac{7}{10}\sqrt{2} \\ \cos x = -\frac{\sqrt{2}}{10} \end{cases}$$

所以

$$\frac{\sin 2x + 2\sin^2 x}{1 - \tan x} = -\frac{28}{75}$$

巧解 2　由 $\cos\left(\frac{\pi}{4} + x\right) = \frac{3}{5}$，得 $\cos x - \sin x = \frac{3}{5}\sqrt{2}$，设 $\cos x + \sin x = m$，把这两式相加、相减可得

$$2\cos x = m + \frac{3}{5}\sqrt{2}, \quad 2\sin x = m - \frac{3}{5}\sqrt{2}$$

再把它们平方相加，可得

$$m = \pm\frac{4}{5}\sqrt{2}$$

又由 $\frac{17\pi}{12} < x < \frac{7\pi}{4}$，得

$$\sin x < 0$$

所以 $m < \frac{3}{5}\sqrt{2}$，得 $m = -\frac{4}{5}\sqrt{2}$，所以

$$\sin x = -\frac{7}{10}\sqrt{2}, \cos x = -\frac{\sqrt{2}}{10}, \frac{\sin 2x + 2\sin^2 x}{1 - \tan x} = -\frac{28}{75}$$

§6 例谈用正、余弦定理及三角形面积公式证明平面几何题

平面几何证明题是初中数学内容,但其技巧性强,到了高中,也有平面几何证明的选修课,所以本节用高中所学的正弦定理和余弦定理及三角形面积公式来证明一些平面几何题.

例1 如图1,E是正方形$ABCD$内的一点,$\angle ECD = \angle EDC = 15°$. 求证:$\triangle ABE$是正三角形.

证明 在$\triangle ECD$中,由正弦定理,得

$$\frac{DE}{\sin 15°} = \frac{DC}{\sin 150°} = 2AD, DE = 2AD\sin 15°$$

在$\triangle ADE$中,由余弦定理,得

$AE^2 = AD^2 + DE^2 - 2AD \cdot DE\cos 75° =$
$\quad AD^2 + 4AD^2\sin^2 15° - 4AD^2\sin 15°\cos 75°$

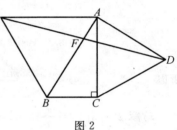

图1

因为$\cos 75° = \sin 15°$,所以$AE = AD$. 同理,有$BE = BC$,所以$AE = AB = BE$,即$\triangle ABE$是正三角形.

例2 如图2,在$\triangle ABC$中,$\angle C = 90°$,$\angle A = 30°$,在$\triangle ABC$的外部作正三角形ABE,ACD,DE与AB交于点F. 求证:$EF = FD$.

证明 在$\triangle AEF$,$\triangle ADF$中,分别用正弦定理,得

$$\frac{EF}{\sin 60°} = \frac{AE}{\sin \angle AFE}, \frac{FD}{\sin 90°} = \frac{AD}{\sin \angle AFD}$$

又 $\quad \sin \angle AFE = \sin \angle AFD$

所以 $\dfrac{EF}{FD} = \dfrac{AE\sin 60°}{AD} = \dfrac{AB\sin 60°}{AC} = 1, EF = FD$

另证 (面积法)$\dfrac{EF}{FD} = \dfrac{2S_{\triangle AEF}}{2S_{\triangle ADF}} = \dfrac{AE \cdot AF\sin 60°}{AD \cdot AF} = \dfrac{AB\sin 60°}{AC} = 1$,

$EF = FD$.

例3 如图3,在$\triangle ABC$中,D为BC的中点,过点D作一直线分别与AC,AB的延长线交于点E,F. 求证:$\dfrac{AE}{EC} = \dfrac{AF}{BF}$.

证明 在$\triangle AEF$,$\triangle BDF$,$\triangle CDE$中,分别用正弦定理,得

14

$$\frac{AE}{AF}=\frac{\sin\angle F}{\sin\angle AEF},\frac{BF}{BD}=\frac{\sin\angle BDF}{\sin\angle F}$$

$$\frac{EC}{DC}=\frac{\sin\angle EDC}{\sin\angle CED}=\frac{\sin\angle BDF}{\sin\angle AEF}$$

又由 $BD=DC$，可得欲证.

另证 （面积法）联结 AD，得

$$\frac{AE}{EC}=\frac{2S_{\triangle DAE}}{2S_{\triangle DEC}}=\frac{DA\cdot DE\sin\angle ADE}{DE\cdot DC\sin\angle CDE}=\frac{DA\sin\angle ADE}{DC\sin\angle CDE}$$

$$\frac{AF}{BF}=\frac{2S_{\triangle DAF}}{2S_{\triangle DBF}}=\frac{DA\cdot DF\sin\angle ADF}{DB\cdot DF\sin\angle BDF}=\frac{DA\sin\angle ADE}{DB\sin\angle CDE}$$

又由 $BD=DC$，可得欲证.

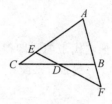

图 3

例4 如图4，$\triangle ABC$ 是正三角形，点 D 在 BC 的延长线上，且 $BC=CD$，过点 D 作一直线分别与边 AC,AB 交于点 N,M. 求证：$\dfrac{BM}{2CN}=\dfrac{\sqrt{3}-\tan\angle D}{\sqrt{3}+\tan\angle D}$.

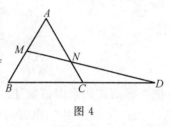

图 4

证明 在 $\triangle BMD,\triangle CND$ 中，分别用正弦定理，得

$$\frac{BM}{\sin\angle D}=\frac{2BC}{\sin(60°+\angle D)},\frac{CN}{\sin\angle D}=\frac{BC}{\sin(60°-\angle D)}$$

$$\frac{BM}{2CN}=\frac{\sin(60°-\angle D)}{\sin(60°+\angle D)}=\frac{\sqrt{3}-\tan\angle D}{\sqrt{3}+\tan\angle D}$$

例5 如图5，在 $\triangle ABC$ 中，BM,BD 分别是其中线、角平分线，BN 与 BM 关于 BD 对称，点 N 在 AC 上. 求证：$\dfrac{AN}{NC}=\dfrac{AB^2}{BC^2}$.

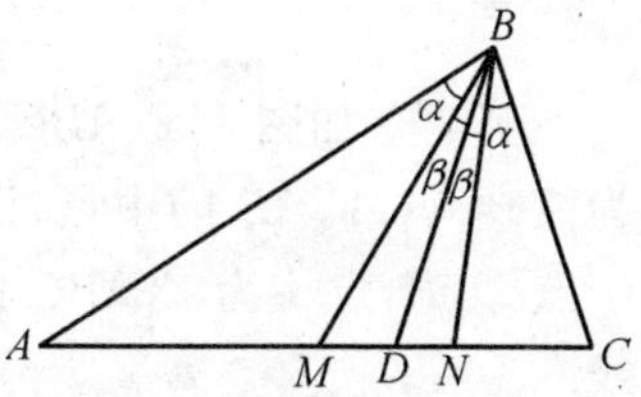

证明 可设 $\angle ABM=\angle CBN=\alpha$，$\angle DBM=\angle DBN=\beta$.

在 $\triangle ABN,\triangle CBN$ 中，分别用正弦定理，得

$$\frac{AN}{\sin(\alpha+2\beta)}=\frac{AB}{\sin\angle ANB},\frac{NC}{\sin\alpha}=\frac{BC}{\sin\angle ANB}$$

$$\frac{AN}{NC}=\frac{AB}{BC}\cdot\frac{\sin(\alpha+2\beta)}{\sin\alpha}$$

在 $\triangle ABM,\triangle CBM$ 中，分别用正弦定理，得

$$\frac{AM}{\sin\alpha}=\frac{AB}{\sin\angle AMB},\frac{MC}{\sin(\alpha+2\beta)}=\frac{BC}{\sin\angle AMB}$$

又 $AM=MC$，得

图 5

$$\frac{AB}{BC} = \frac{\sin(\alpha+2\beta)}{\sin\alpha}.$$

把它代于前式即得欲证.

另证 (面积法)由题设,可得

$$\frac{AN}{NC} = \frac{S_{\triangle ABN}}{S_{\triangle CBN}} = \frac{S_{\triangle ABN}}{S_{\triangle MBC}} \cdot \frac{S_{\triangle ABM}}{S_{\triangle CBN}} = \frac{AB \cdot BN}{MB \cdot BC} \cdot \frac{AB \cdot BM}{NB \cdot BC} = \frac{AB^2}{BC^2}.$$

例 6 如图 6,在 $\triangle ABC$ 中,若点 M,N 在边 AC 上,且 $\angle ABM = \angle CBN$. 求证:$\dfrac{AN \cdot AM}{NC \cdot MC} = \dfrac{AB^2}{BC^2}$.

证明 作 $\triangle ABC$ 的角平分线 BD,可设 $\angle ABM = \angle CBN = \alpha$,$\angle MBD = \angle NBD = \beta$,得

$$\frac{AN}{NC} = \frac{2S_{\triangle BAN}}{2S_{\triangle BCN}} = \frac{BA \cdot BN\sin(\alpha+2\beta)}{BC \cdot BN\sin\alpha},$$

$$\frac{AM}{MC} = \frac{2S_{\triangle BAM}}{2S_{\triangle BCM}} = \frac{BA \cdot BM\sin\alpha}{BC \cdot BM\sin(\alpha+2\beta)}.$$

把所得两式相乘即得欲证.

注 对于图 7,也有与例 6 完全相同的结论,且证明过程也完全相同(以上两题不作辅助线用面积法也可证出).

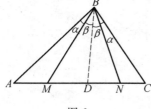

图 6

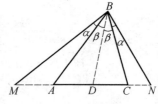

图 7

例 7 如图 8,$\triangle ABC$ 内接于圆 O,L,M,N 分别为弧 BC,CA,AB 的中点,设 MN,ML 分别交 AB,BC 于点 D,E,点 I 为 $\triangle ABC$ 的内心. 求证:点 D,I,E 共线.

证明 由 $\overset{\frown}{AM} = \overset{\frown}{CM}$,得 BM 是 $\angle ABC$ 的平分线,又 BI 也是 $\angle ABC$ 的平分线,所以点 B,I,M 共线. 设 BM 交 AC 于点 B'.

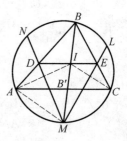

图 8

在 $\triangle ABM$ 中,由 MN 平分 $\angle AMB$ 可得

$$\frac{BD}{DA} = \frac{BM}{AM} = \frac{\sin\left(\angle BAC + \frac{1}{2}\angle ABC\right)}{\sin\frac{1}{2}\angle ABC}.$$

在 $\triangle ABB'$ 中,由 CI 平分 $\angle ACB$ 可得

$$\frac{BI}{B'I} = \frac{AB}{AB'} = \frac{\sin\angle AB'B}{\sin\frac{1}{2}\angle ABC} = \frac{\sin\left(\angle ACB + \frac{1}{2}\angle ABC\right)}{\sin\frac{1}{2}\angle ABC}$$

又

$$\left(\angle BAC + \frac{1}{2}\angle ABC\right) + \left(\angle ACB + \frac{1}{2}\angle ABC\right) = 180°$$

所以

$$\frac{BD}{DA} = \frac{BI}{B'I}, DI \parallel AC$$

同理，有 $EI \parallel AC$，所以点 D, I, E 共线.

例8 在等腰 $\triangle ABC$ 中，$AB = AC$，$\angle A = 20°$，在 AB 边上取一点 D，使 $AD = BC$. 求 $\angle BDC$ 的大小.

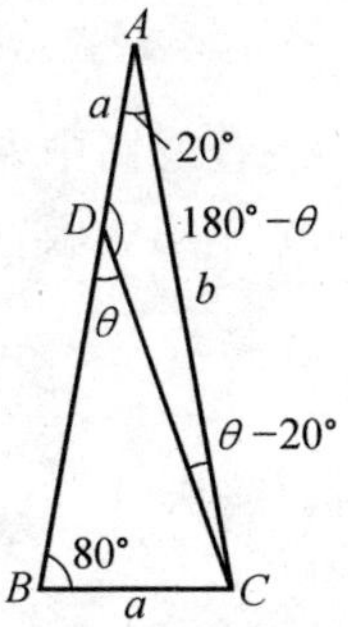

解 如图 9，可得 $\angle B = 80°$. 设 $\angle BDC = \theta$，得

$$\angle CDA = 180° - \theta, \angle DCA = \theta - 20°$$

还可设 $BC = AD = a$，$AC = b$. 在 $\triangle ABC$，$\triangle ACD$ 中分别用正弦定理，得

$$\frac{a}{\sin 20°} = \frac{b}{\sin 80°}, \frac{a}{\sin(\theta - 20°)} = \frac{b}{\sin(180° - \theta)}$$

$$\sin 80° \sin(\theta - 20°) = \sin\theta \sin 20°$$

$$\cos 10°(\sin\theta\cos 20° - \cos\theta\sin 20°) = \sin\theta\sin 20°$$

$$\cot\theta = \frac{\cos 20°}{\sin 20°} - \frac{1}{\cos 10°} = \frac{\cos 20° - 2\sin(30° - 20°)}{\sin 20°} = \sqrt{3}$$

$$\theta = 30°$$

图 9

> 不要问数学能为别的科学做什么，要问一问别的科学能为数学做什么。
> ——S. Ulam

§7 求函数 $y = A\sin(\omega x + \varphi)$ 的单调区间时应注意"同增异减"

普通高中课程标准实验教科书《数学 4·必修·A 版》(人民教育出版社,2007 年第 2 版)(下简称教科书)第 71 页第 8(2) 题是:

函数 $y = \sin\left(-3x + \dfrac{\pi}{4}\right), x \in \mathbf{R}$ 在什么区间上是增函数?

解法 1 设 $z = -3x + \dfrac{\pi}{4}$,函数 $y = \sin z$ 的单调递增区间是 $\left[-\dfrac{\pi}{2} - 2k\pi, \dfrac{\pi}{2} - 2k\pi\right](k \in \mathbf{Z})$,由

$$-\dfrac{\pi}{2} - 2k\pi \leqslant -3x + \dfrac{\pi}{4} \leqslant \dfrac{\pi}{2} - 2k\pi$$

得

$$\dfrac{2k\pi}{3} - \dfrac{\pi}{12} \leqslant x \leqslant \dfrac{2k\pi}{3} + \dfrac{\pi}{4}$$

所以已知函数在区间 $\left[\dfrac{2k\pi}{3} - \dfrac{\pi}{12}, \dfrac{2k\pi}{3} + \dfrac{\pi}{4}\right](k \in \mathbf{Z})$ 上是增函数.

解法 2 因为 $\sin\left(-3x + \dfrac{\pi}{4}\right) = -\sin\left(3x - \dfrac{\pi}{4}\right)$,所以本题即求函数 $y = \sin\left(3x - \dfrac{\pi}{4}\right), x \in \mathbf{R}$ 的单调递减区间.同解法 1 可求得其单调递减区间是 $\left[\dfrac{2k\pi}{3} + \dfrac{\pi}{4}, \dfrac{2k\pi}{3} + \dfrac{7\pi}{12}\right](k \in \mathbf{Z})$,所以已知函数在区间 $\left[\dfrac{2k\pi}{3} + \dfrac{\pi}{4}, \dfrac{2k\pi}{3} + \dfrac{7\pi}{12}\right](k \in \mathbf{Z})$ 上是增函数.

解法 3 已知函数 $y = \sin\left(-3x + \dfrac{\pi}{4}\right), x \in \mathbf{R}$ 是由

$$y = \sin z, z \in \mathbf{R} \text{ 及 } z = -3x + \dfrac{\pi}{4}, x \in \mathbf{R}$$

复合而成的,下面根据复合函数的单调性——同增异减来解答:

因为 $z = -3x + \dfrac{\pi}{4}, x \in \mathbf{R}$ 是减函数,所以要求已知函数的单调递增区间,就是要求函数 $y = \sin z, z \in \mathbf{R}$ 的单调递减区间,得

$$\dfrac{\pi}{2} - 2k\pi \leqslant z \leqslant \dfrac{3\pi}{2} - 2k\pi$$

即

$$\dfrac{\pi}{2} - 2k\pi \leqslant -3x + \dfrac{\pi}{4} \leqslant \dfrac{3\pi}{2} - 2k\pi$$

$$\frac{2k\pi}{3} - \frac{5\pi}{12} \leqslant x \leqslant \frac{2k\pi}{3} - \frac{\pi}{12}$$

所以已知函数在区间 $\left[\frac{2k\pi}{3} - \frac{5\pi}{12}, \frac{2k\pi}{3} - \frac{\pi}{12}\right]$ $(k \in \mathbf{Z})$ 上是增函数.

以上三种解法孰是孰非？解法 3 注意到了"复合函数的单调性——同增异减"，所以是对的，且过程严密；解法 2 的答案是对的(且与解法 3 的答案是一致的，虽说两者形式上有差异)，但在表述时没有注意"复合函数的单调性——同增异减"，所以解答欠严密(而教科书第 39～40 页例 5 的解答也是这样欠严密)；解法 1 的解法过程及答案均是错误的.

笔者建议以解法 2 来解题为好(但过程要注意严密)，因为之中的不等式好解一些.

注 与教科书配套使用的《教师教学用书》第 62 页给出以上题目的答案就是解法 1 的错误答案.

> 我们感到有可能和比我们水平高许多的数学接触，这种数学的力量与美尽管只能简单地一瞥，也构成了丰富我们的思想的基础，并在我们作为数学使用者和数学教师的朴素活动中给了我们长期反省的机会。
>
> ——L. Felix

§8 一题六探

题目 (2009·全国Ⅱ·理·17(即文·18)) 设 $\triangle ABC$ 的内角 A,B,C 的对应边 a,b,c 成等比数列,且 $\cos(A-C)+\cos B=\dfrac{3}{2}$,求角 B 的大小.

解 有 $b^2=ac$,由正弦定理,得 $\sin^2 B=\sin A\sin C$.

由 $\cos(A-C)+\cos B=\dfrac{3}{2}$,得

$$\cos(A-C)-\cos(A+C)=\dfrac{3}{2}$$

$$2\sin A\sin C=\dfrac{3}{2}$$

$$2\sin^2 B=\dfrac{3}{2}, \sin B=\dfrac{\sqrt{3}}{2}$$

$$B=60° \text{ 或 } 120°$$

因为三个正数 a,b,c 成等比数列(设其公比为 q),所以 $a\geqslant b\geqslant c$(当 $0<q\leqslant 1$ 时)或 $a\leqslant b\leqslant c$(当 $q\geqslant 1$ 时),得 $A\geqslant B\geqslant C$ 或 $A\leqslant B\leqslant C$,所以 $B=60°$.

探究 由本题还能得到哪些结论?

探究1 设 $\triangle ABC$ 的内角 A,B,C 的对应边 a,b,c 成等比数列,求角 B 的取值范围.

解 可不妨设 $a\leqslant b\leqslant c$,得 a,b,c 是某三角形三边长的充要条件是 $a+b>c$,即 $a>\dfrac{3-\sqrt{5}}{2}c$.由

$$\cos B=\dfrac{a^2+c^2-b^2}{2ac}=\dfrac{a^2+c^2}{2ac}-\dfrac{1}{2}\geqslant \dfrac{1}{2} \quad (\text{当且仅当 } a=c \text{ 时取等号})$$

所以 B 的取值范围是 $\left(0,\dfrac{\pi}{3}\right]$,当且仅当 $\triangle ABC$ 为正三角形时 B 取到 $\dfrac{\pi}{3}$,当且仅当 $a\to\dfrac{3-\sqrt{5}}{2}c$ 即 $b\to\dfrac{\sqrt{5}-1}{2}c$ 时 $B\to 0$.

探究2 在原题中,判断 $\triangle ABC$ 的形状.

解 由探究3及原题的解答知,$\triangle ABC$ 是正三角形.

探究3 把原题中的"$\dfrac{3}{2}$"改成"1.6"再求解.

解 同原解答可得,$\sin B=\dfrac{2}{\sqrt{5}}$,再由探究1的答案知 B 是满足 $\sin B=$

$\frac{2}{\sqrt{5}}(0°<B\leqslant 60°)$ 的角,从而得本题无解.

注 在原题中,若把"$\frac{3}{2}$"改成更大的数,则无解;若改成 $t\left(0<t\leqslant\frac{3}{2}\right)$,则答案为满足 $\sin B=\sqrt{\frac{t}{2}}$ 的锐角(可记作 $B=\arcsin\sqrt{\frac{t}{2}}$).说明解题时,要深刻挖掘题目的隐含条件.

探究 4 把题目中的"等比数列"改成"等差数列",可得怎样的结论呢?

解 有 $2b=a+c$,由正弦定理,得
$$2\sin B=\sin A+\sin C$$
$$4\sin\frac{B}{2}\cos\frac{B}{2}=2\sin\frac{A+C}{2}\cos\frac{A-C}{2}$$
$$2\sin\frac{B}{2}=\cos\frac{A-C}{2}$$

由 $\cos(A-C)+\cos B=\frac{3}{2}$,得
$$2\cos^2\frac{A-C}{2}-1+1-2\sin^2\frac{B}{2}=\frac{3}{2}$$

所以
$$\sin\frac{B}{2}=\frac{1}{2},B=60°$$

探究 5 设 $\triangle ABC$ 的内角 A,B,C 的对应边 a,b,c 成等差数列,求角 B 的取值范围.

解 可不妨设 $a\leqslant b\leqslant c$,得 a,b,c 是某三角形三边长的充要条件是 $a+b>c$,即 $a>\frac{c}{3}$.由
$$\cos B=\frac{a^2+c^2-b^2}{2ac}=\frac{3(a^2+c^2)}{8ac}-\frac{1}{4}\geqslant\frac{1}{2} \quad (当且仅当 a=c 时取等号)$$

所以 B 的取值范围是 $\left(0,\frac{\pi}{3}\right]$,当且仅当 $\triangle ABC$ 为正三角形时 B 取到 $\frac{\pi}{3}$,当且仅当 $a\to\frac{c}{3}$ 即 $b\to\frac{2}{3}c$ 时 $B\to 0$.

探究 6 把原题中的"等比数列"、"$\frac{3}{2}$"分别改成"等差数列"、"$t(t>0)$"再求解.

解 同探究 4 的解答,可得 $\sin^2\frac{B}{2}=\frac{t}{6}$.

(1) 当 $0<t\leqslant\frac{3}{2}$ 时,$\sin^2\frac{B}{2}=\frac{t}{6}\leqslant\frac{1}{4}$,$\sin\frac{B}{2}=\sqrt{\frac{t}{6}}\leqslant\frac{1}{2}$,即 B 是满足

$\sin\dfrac{B}{2}=\sqrt{\dfrac{t}{6}}$ 的锐角（可记作 $B=2\arcsin\sqrt{\dfrac{t}{6}}$）.

(2) 当 $t>\dfrac{3}{2}$ 时，$\sin^2\dfrac{B}{2}=\dfrac{t}{6}>\dfrac{1}{4}$，$\sin\dfrac{B}{2}>\dfrac{1}{2}$，$30°<\dfrac{B}{2}<90°$，$60°<B<180°$，这与探究 5 的答案相矛盾！所以此时无解.

一点感悟　是的，数学教学基本上就是解题教学，但绝不是陷入茫茫题海之中而难以自拔. 盲目地解十道题与把一道题探究两三次效果是不一样的，师生的收获、幸福指数也差别很大（读者还可参阅笔者发表于 2009 年第 12 期《中小学数学》(高中) 第 7 页的拙文《"思、探、练、变、提"的解题教学》）.

> 我们生活在伟大的数学思想更新时期，这是不可估量的好运气。如果不从提供给我们的大量新鲜空气中获益，不是再次发现青春与热情，那就与我们的使命相违背了。因为在我们被邀来回顾价值时，数学正在打扮得年轻、美貌，变得更加有用、更加丰产。
>
> ——L. Felix

§9 这道三角函数题的第 11 种解法

题 1 已知 $3\cos x + 4\sin x = 5$,求 $\tan x$.

参考答案 $\dfrac{4}{3}$.

2010 年第 11 期《中学数学杂志》发表的文章《点击一道三角函数题的十种解法》(作者:邵贤虎)给出了这道题的 10 种解法,下面再给出这道三角函数题的第 11 种解法(这种解法更简洁):

解 $3\cos x + 4\sin x = 5\left(\dfrac{3}{5}\cos x + \dfrac{4}{5}\sin x\right)$,可设锐角 φ 满足 $\sin \varphi = \dfrac{3}{5}$,$\cos \varphi = \dfrac{4}{5}$,所以 $3\cos x + 4\sin x = 5\sin(x+\varphi) = 5$,因而在 $3\cos x + 4\sin x = 5$ 中,x 是函数 $f(x) = 3\cos x + 4\sin x$ 的最大值点,得 $f'(x) = -3\sin x + 4\cos x = 0$,所以 $\tan x = \dfrac{\sin x}{\cos x} = \dfrac{4}{3}$.

由此解答立得下面这道题的答案也是 $\dfrac{4}{3}$.

题 2 已知 $3\cos x + 4\sin x = -5$,求 $\tan x$.

这种题型在高考试卷上也出现了:

题 3 (2008•浙江•理•8) 若 $\cos \alpha + 2\sin \alpha = -\sqrt{5}$,则 $\tan \alpha = ($).

A. $\dfrac{1}{2}$ B. 2 C. $-\dfrac{1}{2}$ D. -2

参考答案 B.

> 经过更密切的观察之后,现代科学的许多问题仅有精确的外表,而其后存在着大量的模糊和不确定性。经典数学在涉及这种问题领域时就过于精确了,它不准备描述不完全真理或边界定义得不分明的模糊集合。
>
> ——L. A. Zadeh

§10 正、余弦定理与海伦公式之间的联系

高考题 （2009·上海·文·8）若等腰直角三角形的直角边长是2,则以一直角边所在的直线为轴旋转一周所成几何体的体积是_____.

文献[1]深入研究了该题并得到如下结论：

设 a,b,c 分别是 $\triangle ABC$ 的角 A,B,C 所对边的长,以边 a,b,c 所在的直线为轴,其余各边旋转一周形成的曲面围成的几何体的体积分别为 V_a,V_b,V_c,又设 $\triangle ABC$ 的面积是 S,则:

(1) $V_a = \dfrac{4\pi S^2}{3a}, V_b = \dfrac{4\pi S^2}{3b}, V_c = \dfrac{4\pi S^2}{3c}$;

(2) $\dfrac{1}{V_a^2} = \dfrac{1}{V_b^2} + \dfrac{1}{V_c^2} - \dfrac{2}{V_b V_c}\cos A, \dfrac{1}{V_b^2} = \dfrac{1}{V_c^2} + \dfrac{1}{V_a^2} - \dfrac{2}{V_c V_a}\cos B,$

$\dfrac{1}{V_c^2} = \dfrac{1}{V_a^2} + \dfrac{1}{V_b^2} - \dfrac{2}{V_a V_b}\cos C;$

(3) $\dfrac{\frac{1}{V_a}}{\sin A} = \dfrac{\frac{1}{V_b}}{\sin B} = \dfrac{\frac{1}{V_c}}{\sin C}.$

结论(2),(3)与正、余弦定理类似,实际上,若结论(1)成立,可立得结论(2),(3)成立(从这一点来说,文献[1]给出的结论(2),(3)及其应用——例2,3并无多大意义,其证明也有些复杂):

因为 $\dfrac{1}{V_a} = \dfrac{3a}{4\pi S^2}, \dfrac{1}{V_b} = \dfrac{3b}{4\pi S^2}, \dfrac{1}{V_c} = \dfrac{3c}{4\pi S^2}$,所以以 $\dfrac{1}{V_a} = A'B', \dfrac{1}{V_b} = B'C', \dfrac{1}{V_c} = C'A'$ 为边组成的 $\triangle A'B'C'$ 与 $\triangle ABC$ 相似,且相似比是 $\dfrac{3}{4\pi S^2}$. 再由三角形的余、正弦定理,可得结论(1),(2)成立.

本节将给出正、余弦定理与海伦公式之间的联系(以下有共同的题设"$a,b,c,S_\triangle$ 分别是 $\triangle ABC$ 的角 A,B,C 所对边的长及面积,$p=\dfrac{1}{2}(a+b+c)$").

正弦定理	$\dfrac{a}{\sin A} = \dfrac{b}{\sin B} = \dfrac{c}{\sin C}$	①
余弦定理	$a^2 = b^2 + c^2 - 2bc\cos A$	②
	$b^2 = c^2 + a^2 - 2ca\cos B$	③
	$c^2 = a^2 + b^2 - 2ab\cos C$	④
海伦公式	$S_\triangle = \sqrt{p(p-a)(p-b)(p-c)}$	⑤

首先,余弦定理有向量证法:

$$② \Leftrightarrow \overrightarrow{BC}^2 = (\overrightarrow{BA}+\overrightarrow{AC})^2 \Leftrightarrow \overrightarrow{BC}=\overrightarrow{BA}+\overrightarrow{AC}$$

同理,有
$$③ \Leftrightarrow \overrightarrow{CA}=\overrightarrow{CB}+\overrightarrow{BA},④ \Leftrightarrow \overrightarrow{AB}=\overrightarrow{AC}+\overrightarrow{CB}$$

由此知,式 ②,③,④ 是等价的.

余弦定理 ②,③,④ 的等价形式是

$$\cos A = \frac{b^2+c^2-a^2}{2bc} \qquad ⑥$$

$$\cos B = \frac{c^2+a^2-b^2}{2ca} \qquad ⑦$$

$$\cos C = \frac{a^2+b^2-c^2}{2ab} \qquad ⑧$$

由式 ⑥ 可得
$$\sin A = \sqrt{1-\left(\frac{b^2+c^2-a^2}{2bc}\right)^2} = \cdots = \frac{2}{bc}\sqrt{p(p-a)(p-b)(p-c)} \qquad ⑨$$

再由
$$S_\triangle = \frac{1}{2}bc\sin A \qquad ⑩$$

可得式 ⑤.

同式 ⑨ 的推导,由式 ⑦,⑧ 可得

$$\sin B = \frac{2}{ca}\sqrt{p(p-a)(p-b)(p-c)}$$

$$\sin C = \frac{2}{ab}\sqrt{p(p-a)(p-b)(p-c)}$$

即
$$S_\triangle = \frac{1}{2}bc\sin A = \frac{1}{2}ca\sin B = \frac{1}{2}ab\sin C$$

由此立得正弦定理 ①. 即由余弦定理可以推得海伦公式和正弦定理. 当然,由海伦公式也可推得正弦定理(先用式 ⑩ 得式 ⑨).

参考文献

[1] 玉叶. 一道高考题的推广[J]. 中小学数学(高中),2010(1~2):46,54.

§11 用面积法证明平面几何问题很给力

Steiner-Lehmer 定理 有两条内角平分线相等的三角形是等腰三角形.

这个平面几何定理最早是由 C. L. Lahmus 于 1840 年在给 C. F. Sturm(1803—1855) 的信中以猜想的形式提出的[1]. 近两百年来,人们一直在寻找其简洁证明. 文献[2]欲用三角法来证明它,并为此探索了 10 年多;文献[3]在此基础上作了改进,但现在觉得都很繁琐,下面运用三角形的面积公式 $S=\frac{1}{2}ab\sin C$ 再给出其简洁证明.

证明 如图 1,在 $\triangle ABC$ 中,AE,BD 均是角平分线,$BC=a$,$CA=b$,$AB=c$,$AE=BD=d$,下证 $a=b$.

由 $S_{\triangle ABD}+S_{\triangle CBD}=S_{\triangle ABC}$,得

$$\frac{1}{2}cd\sin\frac{B}{2}+\frac{1}{2}ad\sin\frac{B}{2}=\frac{1}{2}ac\sin B$$

$$\frac{1}{a}+\frac{1}{c}=\frac{2}{d}\cos\frac{B}{2}$$

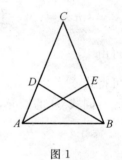

图 1

同理,可得

$$\frac{1}{b}+\frac{1}{c}=\frac{2}{d}\cos\frac{A}{2}$$

所以

$$\frac{1}{a}-\frac{1}{b}=\frac{2}{d}\left(\cos\frac{B}{2}-\cos\frac{A}{2}\right) \qquad ①$$

若 $a>b$,得 $A>B$,进而可得式 ① 左、右两边的值分别是负数、正数,所以 $a\leqslant b$;同理,还可得 $a\geqslant b$,所以 $a=b$.

平行线分线段成比例定理 三条平行线截两条直线,所得的对应线段成比例.

普通高中课程标准实验教科书《数学·选修 4－1·A 版·几何证明选讲》(人民教育出版社,2007 年第 2 版)第 7 页给出了该定理,并用平行线等分线段定理给出了其证明:所以只能证明图 2 中 $\frac{AB}{BC}$ 为正有理数的情形成立,当 $\frac{AB}{BC}$ 为正无理数的情形不能证出,是一种"滑过现象"[4],不允许!下面用三角形的面积公式 $S=\frac{1}{2}ah$ 给出其简洁的统一证明.

证明 如图 2,连 AE,BD,BF,CE. 由三角形的面积公式 $S=\frac{1}{2}ah$ 及 $l_1 \parallel l_2, l_2 \parallel l_3$,得

$$S_{\triangle ABE}=S_{\triangle DEB}, S_{\triangle BCE}=S_{\triangle EFB}$$

还可得

$$\frac{S_{\triangle ABE}}{S_{\triangle BCE}}=\frac{AB}{BC}, \frac{S_{\triangle DEB}}{S_{\triangle EFB}}=\frac{DE}{EF}$$

所以

$$\frac{AB}{BC}=\frac{DE}{EF}$$

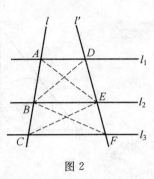

图 2

勾股定理 直角三角形两直角边的平方和等于斜边的平方.

证法 1 (中国古代赵爽给出的证明)简述如下:

由图 3 及直角三角形、正方形的面积公式,可得

$$\frac{1}{2}ab \cdot 4+(a-b)^2=c^2$$

$$a^2+b^2=c^2$$

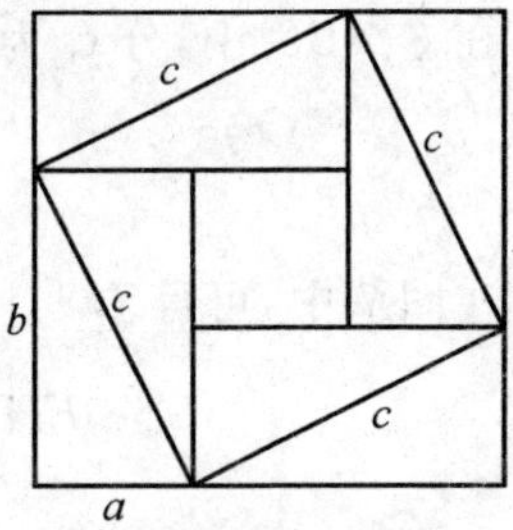

图 3

证法 2 (美国第二十任总统 James Abram Garfield(1831—1881)于 1881 年给出的证明)简述如下:

由图 4 及直角梯形、直角三角形的面积公式,可得

$$\frac{1}{2}(a+b) \cdot (a+b)=\frac{1}{2}ab+\frac{1}{2}c^2+\frac{1}{2}ab$$

$$a^2+b^2=c^2$$

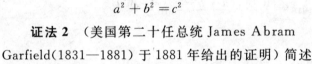

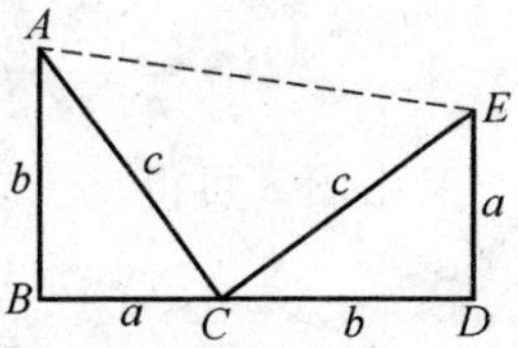

图 4

证法 3 如图 5,圆 O 是 $Rt\triangle ABC$ 的内切圆,有

$$c=AB=AF+BE=(b-r)+(a-r), r=\frac{a+b-c}{2}$$

如图 6,有

$$S_{\triangle ABC}=\frac{1}{2}r(a+b+c)=\frac{1}{2}ab, r=\frac{ab}{a+b+c}$$

所以

$$\frac{ab}{a+b+c}=\frac{a+b-c}{2}, a^2+b^2=c^2$$

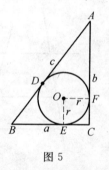
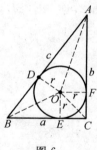

图 5　　　　　　　　图 6

注　由证法 3 的思路,还可给出余弦定理的证明(2011 年高考陕西卷文理科第 18 题就是"叙述并证明余弦定理"):

在 $\triangle ABC$ 中,分 C 为锐角、直角、钝角及 $S_{\triangle ABC}=\frac{1}{2}\times$底$\times$高,可得

$$S_{\triangle ABC}=\frac{1}{2}ab\sin C$$

在图 7 中,可得 $OC \perp EF$ 于点 H,所以

$$EH=r\sin\frac{\angle FOE}{2}=r\cos\frac{\angle ACB}{2}$$

$$EH=CE\sin\frac{\angle ACB}{2}=\frac{a+b-c}{2}\sin\frac{\angle ACB}{2}$$

所以

$$r=\frac{a+b-c}{2}\tan\frac{\angle ACB}{2}=\frac{a+b-c}{2}\cdot\frac{\sin C}{1+\cos C}$$

又由图 8 可得

$$S_{\triangle ABC}=\frac{1}{2}ab\sin C=\frac{1}{2}r(a+b+c),\ r=\frac{ab\sin C}{a+b+c}$$

所以

$$\frac{a+b-c}{2}\cdot\frac{\sin C}{1+\cos C}=\frac{ab\sin C}{a+b+c}$$

$$c^2=a^2+b^2-2ab\cos C$$

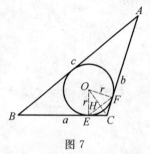
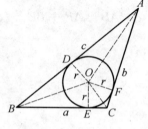

图 7　　　　　　　　图 8

用面积法证明平面几何问题很给力.再举几例:

例1 证明:(1)等腰三角形底边上任一点到两腰的距离之和为定值;

(2)正三角形内或边界上任一点到各边的距离之和为定值.

例2 如图9,在 $\triangle ABC$ 中, BM, BD 分别是其中线、角平分线, BN 与 BM 关于 BD 对称,点 N 在 AC 上. 求证: $\dfrac{AN}{NC} = \dfrac{AB^2}{BC^2}$.

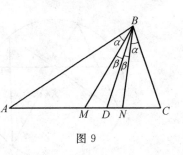

图9

证明 由题设,可得

$$\frac{AN}{NC} = \frac{S_{\triangle ABN}}{S_{\triangle CBN}} = \frac{S_{\triangle ABN}}{S_{\triangle MBC}} \cdot \frac{S_{\triangle ABM}}{S_{\triangle CBN}} = \frac{AB \cdot BN}{MB \cdot BC} \cdot \frac{AB \cdot BM}{NB \cdot BC} = \frac{AB^2}{BC^2}.$$

例3 如图10,在 $\triangle ABC$ 中,若点 M, N 在边 AC 上,且 $\angle ABM = \angle CBN$. 求证: $\dfrac{AN \cdot AM}{NC \cdot MC} = \dfrac{AB^2}{BC^2}$.

证明 作 $\triangle ABC$ 的角平分线 BD,可设 $\angle ABM = \angle CBN = \alpha$, $\angle MBD = \angle NBD = \beta$,得

$$\frac{AN}{NC} = \frac{2S_{\triangle BAN}}{2S_{\triangle BCN}} = \frac{BA \cdot BN\sin(\alpha + 2\beta)}{BC \cdot BN\sin\alpha}$$

$$\frac{AM}{MC} = \frac{2S_{\triangle BAM}}{2S_{\triangle BCM}} = \frac{BA \cdot BM\sin\alpha}{BC \cdot BM\sin(\alpha + 2\beta)}$$

把所得两式相乘即得欲证.

注 对于图11,也有与例3完全相同的结论,且证明过程也完全相同.

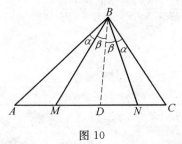

图10

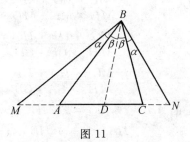

图11

例4 证明:(1)蝴蝶定理:如图12,过圆 O 的弦 AB 的中点 M 作两弦 CD, EF,弦 CF, DE 分别交弦 AB 于点 H, G,则 $MG = MH$.

(2)巴斯卡定理:如图13,设点 B, B' 分别在直线 AC, $A'C'$ 上,若 $AB' \parallel A'B$, $BC' \parallel B'C$,则 $AC' \parallel A'C$.

(3)如图14,过 $\triangle ABC$ 的重心 G 作直线交边 AB, AC 分别于点 M, N,则 $GN \leqslant 2GM$.

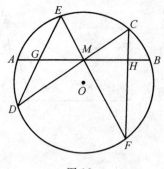

图 12

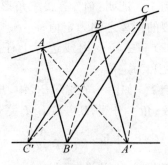

图 13

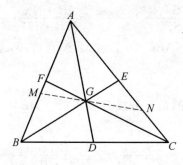

图 14

证明 （1）如图 12，有

$$1 = \frac{S_{\triangle EGM}}{S_{\triangle FHM}} \cdot \frac{S_{\triangle FHM}}{S_{\triangle DGM}} \cdot \frac{S_{\triangle DGM}}{S_{\triangle CHM}} \cdot \frac{S_{\triangle CHM}}{S_{\triangle EGM}} =$$

$$\frac{ME \cdot MG}{MH \cdot MF} \cdot \frac{MF \cdot HF}{MD \cdot GD} \cdot \frac{MD \cdot MG}{MH \cdot MC} \cdot \frac{MC \cdot HC}{ME \cdot GE} =$$

$$\frac{MG^2 \cdot HF \cdot HC}{MH^2 \cdot GE \cdot GD} =$$

$$\frac{MG^2 \cdot HA \cdot HB}{MH^2 \cdot GA \cdot GB}$$

记 $AB = 2a, MG = x, MH = y$，得

$$HA = a+y, HB = a-y, GA = a-x, GB = a+x$$

所以

$$1 = \frac{y^2 \cdot (a+y)(a-y)}{x^2 \cdot (a-x)(a+x)}$$

可整理，得 $x = y$，即 $MG = MH$.

（2）如图 13，由 $AB' \parallel A'B, BC' \parallel B'C$，可得

$$S_{\triangle ABA'} = S_{\triangle A'B'B}, S_{\triangle BCB'} = S_{\triangle B'C'C}$$

所以

$$S_{\triangle AA'C} = S_{\triangle ABA'} + S_{\triangle A'BC} = S_{\triangle A'B'B} + S_{\triangle A'BC} = S_{\triangle BCB'} + S_{\triangle B'CA'} =$$

$$S_{\triangle B'C'C} + S_{\triangle B'CA'} = S_{\triangle A'C'C}$$

所以 $AC' \parallel A'C$.

(3) 如图 14,有 $\dfrac{GN}{GM} = \dfrac{S_{\triangle ANG}}{S_{\triangle AMG}} \leqslant \dfrac{S_{\triangle ACG}}{S_{\triangle AFG}} = 2$,所以 $GN \leqslant 2GM$.

例 5 设 $\angle AOC = 120°$,直线 AC 交 $\angle AOC$ 的平分线于点 B,求证: $\dfrac{1}{OA} + \dfrac{1}{OC} = \dfrac{1}{OB}$.

证明 由 $S_{\triangle AOB} + S_{\triangle BOC} = S_{\triangle AOC}$ 可证明.

参考文献

[1] 沈康身. 历史数学名题赏析[M]. 上海:上海教育出版社,2010.
[2] 王守文. 数学问题 1539 的解答[J]. 数学通报,2005(3):封三 - 封四.
[3] 甘志国. 初等数学研究(Ⅰ)[M]. 哈尔滨:哈尔滨工业大学出版社,2008.
[4] 甘志国,廖德福. 在数学教学中要谨防滑过现象[J]. 中学数学杂志,2012(7):1-4.

> 社会十分尊重数学,这可能不是因为这门学科的内在美,而是因为数学是社会极其需要的一种艺术。
> ——L. Bers

§12 也谈一道三角题的解答

题 1 在 $\triangle ABC$ 中,$\angle A,\angle B,\angle C$ 的对应边分别为 a,b,c,AD 为 BC 边上的高,且 $AD=BC$,求 $\dfrac{b}{c}+\dfrac{c}{b}$ 的最大值.

解法 1 由 $AD=BC$,可得

$$S_{\triangle ABC}=\frac{1}{2}a^2=\frac{1}{2}bc\sin A$$

$$\frac{a^2}{bc}=\sin A \qquad ①$$

由余弦定理,可得

$$b^2+c^2=a^2+2bc\cos A$$

$$\frac{b}{c}+\frac{c}{b}=\frac{b^2+c^2}{bc}=\frac{a^2}{bc}+2\cos A=\sin A+2\cos A=\sqrt{5}\sin(A+\varphi) \qquad ②$$

其中,φ 是锐角,且 $\sin\varphi=\dfrac{2}{\sqrt{5}}$,$\cos\varphi=\dfrac{1}{\sqrt{5}}$.

所以 $\dfrac{b}{c}+\dfrac{c}{b}$ 的最大值为 $\sqrt{5}$.

文献[1]指出了解法 1 的不严谨:在没有确定 $A+\varphi$ 范围的情况下就给出其最大值是 $\sqrt{5}$ 的结论是不够严密的. 接着由图 1 得到 $\angle BAC$ 的取值范围是 $\left[\dfrac{\pi}{4},\arctan\dfrac{4}{3}\right]$,进而得出 $\dfrac{b}{c}+\dfrac{c}{b}$ 的最大值为 $\dfrac{3}{2}\sqrt{2}$. 而 $\dfrac{3}{2}\sqrt{2}<\sqrt{5}$,所以解法 1 是错误的.

题 1 是道老题(笔者在十余年前就见到它并使用它了),且原来的答案就是 $\sqrt{5}$,难道这道题错了十余年? 实际上,文献[1]错了,错在没有认真审题!

严密的解答应先由式 ② 求出 A 的取值范围.

文献[1]是用图 1 来解答的,即只解答了高 AD 在 $\triangle ABC$ 的内部或边界上的情形,且解答是正确的;但还有高 AD 在 $\triangle ABC$ 的外部的情形:

可不妨设点 D 在线段 BC 的延长线上(如图 2),设 $CD=x$,得 $x>0$,且

$$\tan\angle BAC=\tan(\angle BAD-\angle CAD)=\frac{\tan\angle BAD-\tan\angle CAD}{1+\tan\angle BAD\cdot\tan\angle CAD}=$$

$$\frac{\dfrac{a+x}{a}-\dfrac{x}{a}}{1+\dfrac{a+x}{a}\cdot\dfrac{x}{a}}=\frac{a^2}{x^2+ax+a^2}$$

由 $x>0$,得 $0<\tan\angle BAC<1$,$\angle BAC\in\left(0,\dfrac{\pi}{4}\right)$.

所以 $\angle BAC$ 的取值范围是 $\left(0,\dfrac{\pi}{4}\right)\cup\left[\dfrac{\pi}{4},\arctan\dfrac{4}{3}\right]=\left(0,\arctan\dfrac{4}{3}\right]$,进而得出 $\dfrac{b}{c}+\dfrac{c}{b}$ 的取值范围是 $[2,\sqrt{5}]$.

下面再给出题 1 的两种解法.

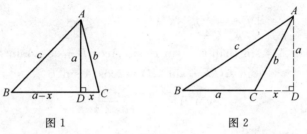

图 1　　　　　　图 2

解法 2　由题设 "AD 为 BC 边上的高,且 $AD=BC$" 并通过画图可知角 B 的取值范围是 $(0,\pi)$. 易知 $AD=BC$ 等价于式 ① 成立,也即

$$\sin A=\sin B\sin C=\sin B(\sin A\cos B+\cos A\sin B)$$

$$\sin A(2-\sin 2B)=2\cos A\sin^2 B$$

$$\tan A=\dfrac{1-\cos 2B}{2-\sin 2B}$$

当 $B=\dfrac{\pi}{2}$ 时,$A=\dfrac{\pi}{4}$.

当 $B\neq\dfrac{\pi}{2}$ 时,设 $\tan B=t(t\in\mathbf{R}$,且 $t\neq 0)$,由万能公式,得

$$\tan A=\dfrac{t^2}{t^2-t+1}$$

$$\cot A=\left(\dfrac{1}{t}-\dfrac{1}{2}\right)^2+\dfrac{3}{4}\geqslant\dfrac{3}{4}$$

总之,有 $\cot A\geqslant\dfrac{3}{4}$,$0<\tan A\leqslant\dfrac{4}{3}$,$A$ 的取值范围是 $\left(0,\arctan\dfrac{4}{3}\right]$. 再同解法 1 得 $\dfrac{b}{c}+\dfrac{c}{b}$ 的取值范围是 $[2,\sqrt{5}]$.

解法 3　如图 3,设等腰 $\triangle A'BC$ 底边上的高 $A'D=BC$,作 $\triangle A'BC$ 的外接圆,过点 A' 作 BC 的平行线 l,则满足题意的 $\triangle ABC$ 的点 A 在直线 l 上. 所以可得角 A 的取值范围是 $\left(0,\arctan\dfrac{4}{3}\right]$. 再同解法 1 得 $\dfrac{b}{c}+\dfrac{c}{b}$ 的取值范围是 $[2,\sqrt{5}]$.

按照解法 2,还可解答题 1 的推广:

题 2 在 $\triangle ABC$ 中,$\angle A, \angle B, \angle C$ 的对应边分别为 a, b, c,AD 为 BC 边上的高,且 $AD = kBC$ $(k > 0)$,求 $\dfrac{b}{c} + \dfrac{c}{b}$ 的取值范围.

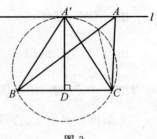

图 3

解 由题设"AD 为 BC 边上的高,且 $AD = kBC(k > 0)$"并通过画图可知角 B 的取值范围是 $(0, \pi)$. 易知 $AD = kBC$ 等价于

$$S_{\triangle ABC} = \frac{1}{2} ka^2 = \frac{1}{2} bc \sin A$$

$$k \sin A = \sin B \sin C = \sin B(\sin A \cos B + \cos A \sin B)$$

$$\sin A(2k - \sin 2B) = 2\cos A \sin^2 B$$

$$\cot A = \frac{2k - \sin 2B}{1 - \cos 2B}$$

当 $B = \dfrac{\pi}{2}$ 时,$\cot A = k$.

当 $B \neq \dfrac{\pi}{2}$ 时,设 $\tan B = t$ ($t \in \mathbf{R}$,且 $t \neq 0$),由万能公式,得

$$\tan A = \frac{t^2}{t^2 - t + 1}$$

$$\cot A = k\left(\frac{1}{t} - \frac{1}{2k}\right)^2 + \frac{4k^2 - 1}{4k} \geqslant \frac{4k^2 - 1}{4k}$$

$$\cot A \geqslant \frac{4k^2 - 1}{4k} \quad (k > 0)$$

而 $k > \dfrac{4k^2 - 1}{4k}(k > 0)$,所以 $\cot A$ 的取值范围是 $\left[\dfrac{4k^2 - 1}{4k}, +\infty\right)$.

再由式 ②,可得:

(1) 当 $0 < k < \dfrac{1}{2}$ 时,得 A 的取值范围是 $\left(0, \pi - \arctan \dfrac{4k}{1 - 4k^2}\right]$,$\dfrac{b}{c} + \dfrac{c}{b}$ 的取值范围是 $\left(\dfrac{8k^2 + 4k - 2}{4k^2 + 1}, \sqrt{5}\right]$;

(2) 当 $k = \dfrac{1}{2}$ 时,得 A 的取值范围是 $\left(0, \dfrac{\pi}{2}\right]$,再由式 ②,可得 $\dfrac{b}{c} + \dfrac{c}{b}$ 的取值范围是 $[1, \sqrt{5}]$;

(3) 当 $k > \dfrac{1}{2}$ 时,得 A 的取值范围是 $\left(0, \arctan \dfrac{4k}{4k^2 - 1}\right]$,再由式 ②,可得:

① 当 $\dfrac{1}{2} < k < \dfrac{\sqrt{5}}{2} + 1$ 时,$\dfrac{b}{c} + \dfrac{c}{b}$ 的取值范围是 $\left[\dfrac{8k^2 + 4k - 2}{4k^2 + 1}, \sqrt{5}\right]$;

② 当 $k = \dfrac{\sqrt{5}}{2} + 1$ 时,$\dfrac{b}{c} + \dfrac{c}{b}$ 的取值范围是 $(2, \sqrt{5}]$;

③ 当 $k > \dfrac{\sqrt{5}}{2}+1$ 时,$\dfrac{b}{c}+\dfrac{c}{b}$ 的取值范围是 $\left(2, \dfrac{8k^2+4k-2}{4k^2+1}\right]$.

我们考虑问题时要全面,分类讨论时要做到不重不漏.

普通高中课程标准实验教科书《数学 4·必修·A 版》(人民教育出版社,2007 年第 2 版)(下简称《必修 4》)第 137 页第 12 题是:

题 3 在 $\triangle ABC$ 中,$AD \perp BC$,垂足为点 D,且 $BD:DC:AD=2:3:6$,求 $\angle BAC$ 的度数.

与《必修 4》配套使用的《教师教学用书》第 123 页给出的答案是 $45°$.

实际上,该题有两解,以上只给出了 $\angle ABC$ 是锐角的情形;应当还有 $\angle ABC$ 是钝角的情形,此时可得 $\angle BAC = \left(\dfrac{180}{\pi}\arctan\dfrac{1}{7}\right)°$.

因为《必修 4》中没有讲述反三角,所以建议将此题中添上条件"点 D 在边 BC 上".[2]

参考文献

[1] 王能华. 一道三角问题解答的思考[J]. 中学数学教学参考(上旬),2010(7):30.

[2] 甘志国. 对人教版教科书《数学·A 版必修 ④》的几点建议[J]. 中学数学杂志,2010(3):13-17.

> 几何学是对于画得不恰当的图形进行正确推理的艺术.
> ——H. Poincare

§13 谈谈课本上的两个公式

全日制普通高级中学教科书(必修)《数学·(第一册(下)》(2006 年人民教育出版社)(下简称教科书)第 45 页第 7 题的(3),(4) 小题是两个有用的公式:

(3) $\cos(\alpha+\beta)\cos(\alpha-\beta) = \cos^2\alpha - \sin^2\beta$;

(4) $\sin(\alpha+\beta)\sin(\alpha-\beta) = \sin^2\alpha - \sin^2\beta$.

其中的结论(4) 就是

正弦平方差公式
$$\sin^2\alpha - \sin^2\beta = \sin(\alpha+\beta)\sin(\alpha-\beta)$$

这是一个形式优美,使用频繁的三角公式.运用和、差角公式展开右边后可以证得此公式成立.熟悉和差化积公式(见教科书第 50 页例 5(2) 及第 51 页第 3 题)的读者还可给出下面的简洁证明:

证明 $\sin^2\alpha - \sin^2\beta = (\sin\alpha + \sin\beta)(\sin\alpha - \sin\beta) =$

$$2\sin\frac{\alpha+\beta}{2}\cos\frac{\alpha-\beta}{2} \cdot 2\cos\frac{\alpha+\beta}{2}\sin\frac{\alpha-\beta}{2} =$$

$$2\sin\frac{\alpha+\beta}{2}\cos\frac{\alpha+\beta}{2} \cdot 2\sin\frac{\alpha-\beta}{2}\cos\frac{\alpha-\beta}{2} =$$

$$\sin(\alpha+\beta)\sin(\alpha-\beta)$$

例 1 已知 $\sin\alpha = \frac{1}{2}, \sin\beta = \frac{1}{3}$,则 $\sin(\alpha+\beta)\sin(\alpha-\beta) = $ _____.

解 $\frac{5}{36}$.由正弦平方差公式,得

$$\sin(\alpha+\beta)\sin(\alpha-\beta) = \sin^2\alpha - \sin^2\beta = \left(\frac{1}{2}\right)^2 - \left(\frac{1}{3}\right)^2 = \frac{5}{36}$$

例 2 (2000·北京春季高考) 设 a,b,c 分别是 $\triangle ABC$ 的三个内角 A,B,C 所对的边,求证: $\frac{a^2-b^2}{c^2} = \frac{\sin(A-B)}{\sin C}$.

证明 由正弦定理及正弦平方差公式,得

$$\frac{a^2-b^2}{c^2} = \frac{\sin^2 A - \sin^2 B}{\sin^2 C} = \frac{\sin(A+B)\sin(A-B)}{\sin^2 C} = \frac{\sin(A-B)}{\sin C}$$

例 3 (2006·四川·理科·11) 设 a,b,c 分别是 $\triangle ABC$ 的三个内角 A,B,C 所对的边,则 $a^2 = b(b+c)$ 是 $A = 2B$ 的( ).

A. 充要条件   B. 充分而不必要条件

C. 必要而不充分条件   D. 既不充分又不必要条件

解 A.由正弦定理及正弦平方差公式,可得

$$a^2 = b(b+c) \Leftrightarrow \sin^2 A - \sin^2 B = \sin B \sin C \Leftrightarrow$$
$$\sin(A+B)\sin(A-B) = \sin B \sin C \Leftrightarrow$$
$$\sin(A-B) = \sin B (因为 \sin(A+B) = \sin C > 0) \Leftrightarrow$$
$$A - B = B \Leftrightarrow$$
$$A = 2B$$

(倒数第二步中"$\Rightarrow$"的理由是:在 $\triangle ABC$ 中,由 $\sin(A-B) = \sin B > 0$,得 B, $A-B \in (0,\pi)$. 又得 $A-B = B$,或 $(A-B)+B = \pi$,所以 $A = 2B$.)

例 4 (2011·四川·理·6(即文·8)) 在 $\triangle ABC$ 中,$\sin^2 A \leqslant \sin^2 B + \sin^2 C - \sin B \sin C$,则 A 的取值范围是( ).

A. $(0, \frac{\pi}{6}]$ B. $[\frac{\pi}{6}, \pi)$ C. $(0, \frac{\pi}{3}]$ D. $[\frac{\pi}{3}, \pi)$

解 C. 由正弦平方差公式知,题设即
$$\sin(A+B)\sin(A-B) \leqslant \sin C (\sin C - \sin B)$$
$$\sin B \leqslant \sin(A+B) - \sin(A-B)$$
$$\sin B \leqslant 2\cos A \sin B$$
$$\cos A \geqslant \frac{1}{2} = \cos \frac{\pi}{3}$$
$$0 < A \leqslant \frac{\pi}{3}$$

例 5 (2010·安徽·理·16(1)) 设三角形 ABC 是锐角三角形,a,b,c 分别是内角 A,B,C 所对边长,并且 $\sin^2 A = \sin\left(\frac{\pi}{3} - B\right)\sin\left(\frac{\pi}{3} + B\right) + \sin^2 B$,求角 A 的值.

解 逆用正弦定理及正弦平方差公式,得
$$\sin^2 A = \sin\left(\frac{\pi}{3} - B\right)\sin\left(\frac{\pi}{3} + B\right) + \sin^2 B = \sin^2 \frac{\pi}{3} - \sin^2 B + \sin^2 B = \sin^2 \frac{\pi}{3}$$

又 A 是锐角,所以 $A = \frac{\pi}{3}$.

例 6 (普通高中课程标准实验教科书《数学 5·必修·A 版》(人民教育出版社,2007 年第 3 版)第 20 页第 14 题) 在 $\triangle ABC$ 中,求证:$c(a\cos B - b\cos A) = a^2 - b^2$.

证明 由正弦定理知,即证
$$\sin C(\sin A \cos B - \cos A \sin B) = \sin^2 A - \sin^2 B$$

再由正弦平方差公式知,即证
$$\sin C \sin(A-B) = \sin(A+B)\sin(A-B)$$

易知此式成立,所以欲证成立.

例 7 在 $\triangle ABC$ 中,已知 $(a^2 - b^2)\sin(A+B) = (a^2 + b^2)\sin(A-B)$,请

判定 $\triangle ABC$ 的形状.

解 由正弦定理及题设,得
$$(\sin^2 A - \sin^2 B)\sin C = (\sin^2 A + \sin^2 B)\sin(A - B)$$
再由正弦平方差公式,得
$$\sin(A+B)\sin(A-B)\sin C = (\sin^2 A + \sin^2 B)\sin(A-B)$$
$$\sin(A-B)\sin^2 C = (\sin^2 A + \sin^2 B)\sin(A-B)$$
$$\sin(A-B)(\sin^2 A + \sin^2 B - \sin^2 C) = 0$$
$$\sin(A-B) = 0 \text{ 或 } \sin^2 A + \sin^2 B - \sin^2 C = 0$$
$$A = B \text{ 或 } a^2 + b^2 = c^2$$
所以 $\triangle ABC$ 是 $a=b$ 的等腰三角形或 C 为直角的直角三角形.

例8 (《数学通报》问题1897)设 a,b,c 分别是 $\triangle ABC$ 的内角 A,B,C 的对边长,求证
$$(a^2-b^2)(a^2-b^2+ac) = b^2c^2 \Leftrightarrow A = \frac{3}{2}B \text{ 或 } A = \frac{3}{2}B - \pi$$

证明 由正弦定理及题设,得
$$(a^2-b^2)(a^2-b^2+ac) = b^2c^2 \Leftrightarrow$$
$$(\sin^2 A - \sin^2 B)(\sin^2 A - \sin^2 B + \sin A \sin C) = \sin^2 B \sin^2 C \Leftrightarrow$$
$$(\sin^2 A - \sin^2 B)(\sin^2 A - \sin^2 B + \sin A \sin C) = \sin^2 B \sin^2 C \Leftrightarrow$$
$$\sin(A-B)[\sin(A-B) + \sin A] = \sin^2 B \Leftrightarrow$$
$$\sin A \sin(A-B) = \sin^2 B - \sin^2(A-B) \Leftrightarrow$$
$$\sin(A-B) = \sin(2B-A) \Leftrightarrow$$
$$\sin(2B-A) - \sin(A-B) = 0 \Leftrightarrow$$
$$2\cos\frac{B}{2}\sin\frac{3B-2A}{2} = 0 \Leftrightarrow$$
$$\sin\frac{3B-2A}{2} = 0 \Leftrightarrow$$
$$\frac{3B-2A}{2} = 0 \text{ 或 } \frac{3B-2A}{2} = \pi \Leftrightarrow$$
$$A = \frac{3}{2}B \text{ 或 } A = \frac{3}{2}B - \pi$$

例9 (2012·江西·理·17(1))在 $\triangle ABC$ 中,角 A,B,C 的对边分别为 a,b,c.已知 $A = \frac{\pi}{4}$,$b\sin\left(\frac{\pi}{4}+C\right) - c\sin\left(\frac{\pi}{4}+B\right) = a$,求证:$B - C = \frac{\pi}{2}$.

证明 由题设及正弦定理,得
$$\sin B \sin(A+C) - \sin C \sin(A+B) = \sin A$$
$$\sin^2 B - \sin^2 C = \sin A$$
由正弦平方差公式,得

$$\sin(B+C)\sin(B-C)=\sin A=\sin(B+C)$$
$$\sin(B-C)=1$$

由 $B-C\in(-\pi,\pi)$,得 $B-C=\dfrac{\pi}{2}$.

以上结论(3)也是一个很有用的公式,在某些时候会起到不可替代的作用.比如我们来看看教科书第46页第16题:

*16. 已知 $\sin\alpha-\sin\beta=-\dfrac{1}{3}$, $\cos\alpha-\cos\beta=\dfrac{1}{2}$,求 $\cos(\alpha-\beta)$ 的值.

解答此题很容易:将已知两式平方相加即可,答案为 $\dfrac{59}{72}$.

但如何求 $\cos(\alpha+\beta)$ 呢?将已知两式平方相减并用结论(3)即可,答案为 $-\dfrac{5}{13}$.

请解答该题的一般情形:

例 10 已知 $\sin\alpha-\sin\beta=a$, $\cos\alpha-\cos\beta=b$,求 $\cos(\alpha-\beta)$,$\cos(\alpha+\beta)$ 的值.

解 将已知两式平方相加,可得 $\cos(\alpha-\beta)=1-\dfrac{a^2+b^2}{2}$.

用已知的第二式的平方减去第一式的平方,可得
$$2\cos(\alpha+\beta)\cos(\alpha-\beta)-2\cos(\alpha+\beta)=b^2-a^2$$
$$\cos(\alpha+\beta)=\dfrac{a^2-b^2}{a^2+b^2}\quad(a^2+b^2\neq 0)$$

注 (1)当 $a^2+b^2=0$ 即 $a=b=0$ 时,得 $\sin\alpha=\sin\beta$,$\cos\alpha=\cos\beta$,$\beta=\alpha+2k\pi(k\in\mathbf{Z})$,所以 $\cos(\alpha+\beta)=\cos 2\alpha$.

(2)将已知两式和差化积再相除可求得 $\tan\dfrac{\alpha+\beta}{2}$,又用万能公式可求得 $\cos(\alpha+\beta)$.

§14　对《选修2－2》中一道习题的研究

普通高中课程标准实验教科书《数学·选修2－2·A版》(人民教育出版社,2007年第2版)(下简称《选修2－2》)第91页习题2.2的第4题是:

已知:$\triangle ABC$ 的三边 a,b,c 的倒数成等差数列,求证:$B < \dfrac{\pi}{2}$.

它应当是关于教学内容《选修2－2》第89~91页"2.2.2　反证法"的一道习题,我们先给出下面的证法:

证明　设等差数列 $\dfrac{1}{a},\dfrac{1}{b},\dfrac{1}{c}$ 的公差为 d.

(1) 当 $d \leqslant 0$ 时,$\dfrac{1}{a} \geqslant \dfrac{1}{b} \geqslant \dfrac{1}{c}$,所以 $a \leqslant b \leqslant c$,得 $A \leqslant B \leqslant C$.

假设 $B \geqslant \dfrac{\pi}{2}$,得 $C \geqslant B \geqslant \dfrac{\pi}{2}$,所以 $B + C \geqslant \pi$.

(2) 当 $d > 0$ 时,$\dfrac{1}{a} < \dfrac{1}{b} < \dfrac{1}{c}$,所以 $a > b > c$,得 $A > B > C$.

假设 $B \geqslant \dfrac{\pi}{2}$,得 $A > B \geqslant \dfrac{\pi}{2}$,所以 $B + C \geqslant \pi$.

而得到的结论 $B + C \geqslant \pi$ 与三角形内角和定理"$A + B + C = \pi, A > 0$"矛盾!所以假设错误,得 $B < \dfrac{\pi}{2}$.

顺利完成了任务,但总感觉意犹未尽:在解题过程中没有用好题设"等差数列".这是否意味着该题的结论可以加强?(由以下定理中的第四个结论,立得 B 的取值范围是 $\left(0,\dfrac{\pi}{3}\right]$,当且仅当 $\triangle ABC$ 为正三角形时 $B = \dfrac{\pi}{3}$)

定义[1]　设 $\triangle ABC$ 中角 A,B,C 的对边长分别为 a,b,c(可不妨设 $a \leqslant b \leqslant c$,下文也同),把满足下列条件之一的 $\triangle ABC$ 都称为平均三角形:

(1) $b = \dfrac{a+c}{2}$;　(2) $b = \sqrt{ac}$;　(3) $b = \sqrt{\dfrac{a^2+c^2}{2}}$;　(4) $b = \dfrac{2ac}{a+c}$.

还可分别称为算术平均三角形;几何平均三角形;平方平均三角形;调和平均三角形.

文献[1]还证明了它们的一条共性:$0 < B \leqslant \dfrac{\pi}{3}$(当且仅当 $\triangle ABC$ 为正三角形时等号成立).

下面再给出较文献[1]更广的结论:

定理 对于定义中的四类平均三角形,均有 A,B 的取值范围均是 $\left(0,\dfrac{\pi}{3}\right]$,$C$ 的取值范围均是 $\left[\dfrac{\pi}{3},\pi\right)$(均当且仅当 $\triangle ABC$ 为正三角形时 A,B,C 取到 $\dfrac{\pi}{3}$).

证明 先证明关于角 B 的结论.

(1) 对于算术平均三角形的情形:

当 $a\leqslant b\leqslant c$ 时,a,b,c 是某三角形三边长的充要条件是 $a+b>c$,即 $a>\dfrac{c}{3}$.

$$\cos B=\dfrac{a^2+c^2-b^2}{2ac}=\dfrac{3(a^2+c^2)}{8ac}-\dfrac{1}{4}\geqslant \dfrac{1}{2}\quad (当且仅当 a=c 时取等号)$$

所以可得 B 的取值范围是 $\left(0,\dfrac{\pi}{3}\right]$,当且仅当 $\triangle ABC$ 为正三角形时 B 取到 $\dfrac{\pi}{3}$.

(2) 对于几何平均三角形的情形:

当 $a\leqslant b\leqslant c$ 时,a,b,c 是某三角形三边长的充要条件是 $a+b>c$,即 $a>\dfrac{3-\sqrt{5}}{2}c$.

$$\cos B=\dfrac{a^2+c^2-b^2}{2ac}=\dfrac{a^2+c^2}{2ac}-\dfrac{1}{2}\geqslant \dfrac{1}{2}\quad (当且仅当 a=c 时取等号)$$

所以可得 B 的取值范围是 $\left(0,\dfrac{\pi}{3}\right]$,当且仅当 $\triangle ABC$ 为正三角形时 B 取到 $\dfrac{\pi}{3}$.

(3) 对于平方平均三角形的情形:

当 $a\leqslant b\leqslant c$ 时,a,b,c 是某三角形三边长的充要条件是 $a+b>c$,即 $a>(2-\sqrt{3})c$.

$$\cos B=\dfrac{a^2+c^2-b^2}{2ac}=\dfrac{a^2+c^2}{4ac}\geqslant \dfrac{1}{2}\quad (当且仅当 a=c 时取等号)$$

所以可得 B 的取值范围是 $\left(0,\dfrac{\pi}{3}\right]$,当且仅当 $\triangle ABC$ 为正三角形时 B 取到 $\dfrac{\pi}{3}$.

(4) 对于调和平均三角形的情形:

当 $a\leqslant b\leqslant c$ 时,a,b,c 是某三角形三边长的充要条件是 $a+b>c$,即 $a>(\sqrt{2}-1)c$.

$$\cos B = \frac{a^2+c^2-b^2}{2ac} = \frac{(a+c)^2}{2ac} - \frac{2ac}{(a+c)^2} - 1$$

令 $\frac{(a+c)^2}{2ac} = t$,有 $t \geqslant 2$(当且仅当 $a=c$ 时取等号),得

$$\cos B = t - \frac{1}{t} - 1 \quad (t \geqslant 2)$$

易知上式右边是 t 的增函数,$\cos B \geqslant \frac{1}{2}$,从而可得 B 的取值范围是 $\left(0, \frac{\pi}{3}\right]$,当且仅当 $\triangle ABC$ 为正三角形时 B 取到 $\frac{\pi}{3}$.

再由 $A \leqslant B \leqslant C$ 及 $A+B+C=\pi$ 可立得关于 A,C 的结论也成立.

文献[2]还给出了比定理更广的结论.

高考题 (2009·全国Ⅱ·理·17(即文·18))设 $\triangle ABC$ 的内角 A,B,C 的对应边 a,b,c 成等比数列,且 $\cos(A-C) + \cos B = \frac{3}{2}$,求角 B 的大小.

解 有 $b^2 = ac$,由正弦定理,得 $\sin^2 B = \sin A \sin C$.

由 $\cos(A-C) + \cos B = \frac{3}{2}$,得

$$\cos(A-C) - \cos(A+C) = \frac{3}{2}$$

$$2\sin A \sin C = \frac{3}{2}$$

$$2\sin^2 B = \frac{3}{2}, \sin B = \frac{\sqrt{3}}{2}$$

由 $b^2 = ac$ 及定理的第二个结论,得 $0 < B \leqslant \frac{\pi}{3}$(当且仅当 $\triangle ABC$ 为正三角形时等号成立).所以 $B = \frac{\pi}{3}$(且还可得 $\triangle ABC$ 为正三角形).

一点感悟 是的,数学教学基本上就是解题教学,但绝不是陷入茫茫题海之中而难以自拔.盲目地解十道题与把一道题探究两、三次效果是不一样的,师生的收获、幸福指数也差别很大.关于此,读者还可参阅文献[3],[4].

参考文献

[1] 李明.四类平均三角形的一条共性[J].数学教学,2008(6):19.

[2] 甘志国.初等数学研究(Ⅱ)上[M].哈尔滨:哈尔滨工业大学出版社,2009.

[3] 甘志国."思、探、练、变、提"的解题教学[J].中小学数学(高中),2009(12):7.

[4] 甘志国.教育者也要关注另一个1%——谈数学特困生的成长[J].中国数学教育(高中),2011(1-2):16-19.

§15 你会解方程 $x^3-3x+1=0$ 吗

题1 解方程 $x^3-3x+1=0$.

解 由 $\sin 3\alpha = \sin(2\alpha+\alpha) = \sin 2\alpha\cos\alpha + \cos 2\alpha\sin\alpha = \cdots$，可得
$$\sin 3\alpha = 3\sin\alpha - 4\sin^3\alpha \qquad ①$$
同理，还可得
$$\cos 3\alpha = 4\cos^3\alpha - 3\cos\alpha \qquad ②$$
在式 ① 中令 $\alpha = 10°$，可得
$$(2\sin 10°)^3 - 3(2\sin 10°) + 1 = 0$$
在式 ② 中令 $\alpha = 20°, 40°$，可得
$$(-2\cos 20°)^3 - 3(-2\cos 20°) + 1 = 0$$
$$(2\cos 40°)^3 - 3(2\cos 40°) + 1 = 0$$

由代数基本定理知，一元三次方程至多有三个两两互异的复数根. 又由于 $2\cos 40° > 2\sin 10° > -2\cos 20°$，所以方程 ① 的所有根为 $2\cos 40°, 2\sin 10°, -2\cos 20°$.

由此解法，我们还得到恒等式
$$x^3 - 3x + 1 = (x - 2\cos 40°)(x - 2\sin 10°)(x + 2\cos 20°)$$

从而可编拟出：

题2 求证：(1) $\sin 10° + \cos 40° = \cos 20°$；

(2) $\sin 10°\cos 20° + \cos 20°\cos 40° - \sin 10°\cos 40° = \dfrac{3}{4}$；

(3) $\sin 10°\cos 20°\cos 40° = \dfrac{1}{8}$.

题3 解方程 $x^3 - 3x + 2\sin 3\alpha = 0$.

解 由式 ① 可得该方程有解 $x = 2\sin\alpha$；由式 ② 可得该方程还有解 $x = 2\sin(\alpha+120°), 2\sin(\alpha+240°)$，所以该方程的所有根为 $2\sin\alpha, 2\sin(\alpha+120°), 2\sin(\alpha+240°)$.

题4 解方程 $x^3 - 3x - 2\cos 3\alpha = 0$.

解 在题3的结论中把 α 换为 $-\alpha - 30°$ 后，可得该方程的所有根为 $2\cos\alpha, 2\cos(\alpha+120°), 2\cos(\alpha+240°)$.

§16 谈一道选择题的解法

题目 若 $\sin 2\alpha = a$, $\cos 2\alpha = b$，且 $\tan\left(\dfrac{\pi}{4}+\alpha\right)$ 有意义，则 $\tan\left(\dfrac{\pi}{4}+\alpha\right)=$ ( ).

A. $\dfrac{1+a+b}{1-a+b}$ B. $\dfrac{a+1-b}{a-1+b}$ C. $\dfrac{1+a}{b}$ D. $\dfrac{b}{1-a}$

解法 1 A. 由 $\tan\alpha = \dfrac{\sin 2\alpha}{1+\cos 2\alpha} = \dfrac{a}{1+b}$，得 $\tan\left(\dfrac{\pi}{4}+\alpha\right) = \dfrac{1+\tan\alpha}{1-\tan\alpha} = \dfrac{1+a+b}{1-a+b}$.

解法 2 B. 由 $\tan\alpha = \dfrac{1-\cos 2\alpha}{\sin 2\alpha} = \dfrac{1-b}{a}$，得 $\tan\left(\dfrac{\pi}{4}+\alpha\right) = \dfrac{1+\tan\alpha}{1-\tan\alpha} = \dfrac{a+1-b}{a-1+b}$.

解法 3 C. $\tan\left(\dfrac{\pi}{4}+\alpha\right) = \dfrac{1-\cos 2\left(\dfrac{\pi}{4}+\alpha\right)}{\sin 2\left(\dfrac{\pi}{4}+\alpha\right)} = \dfrac{1+\sin 2\alpha}{\cos 2\alpha} = \dfrac{1+a}{b}$.

解法 4 D. $\tan\left(\dfrac{\pi}{4}+\alpha\right) = \dfrac{\sin 2\left(\dfrac{\pi}{4}+\alpha\right)}{1+\cos 2\left(\dfrac{\pi}{4}+\alpha\right)} = \dfrac{\cos 2\alpha}{1-\sin 2\alpha} = \dfrac{b}{1-a}$.

解法 5 题目有误. 由 $\tan 2\alpha = \dfrac{2\tan\alpha}{1-\tan^2\alpha} = \dfrac{a}{b}$，得

$$a\tan^2\alpha + 2b\tan\alpha - a = 0$$

$\tan\alpha = \dfrac{-2b \pm \sqrt{4b^2+4a^2}}{2a} = \dfrac{-b \pm 1}{a}$ （因为 $b^2+a^2 = \cos^2 2\alpha + \sin^2 2\alpha = 1$）

所以

$$\tan\left(\dfrac{\pi}{4}+\alpha\right) = \dfrac{1+\tan\alpha}{1-\tan\alpha} = \dfrac{a+1-b}{a-1+b} \text{ 或 } \dfrac{a-b-1}{a+b+1}$$

以上各种解法孰对孰错呢? 分析如下:

题设中的"$\tan\left(\dfrac{\pi}{4}+\alpha\right)$ 有意义"即 $\dfrac{\pi}{4}+\alpha \neq k\pi + \dfrac{\pi}{2}$ ($k \in \mathbf{Z}$)，也即 $\alpha \neq k\pi + \dfrac{\pi}{4}$ ($k \in \mathbf{Z}$). 以上各种解法只有在解答中出现的所有式子均有意义时才正确.

对于解法 1, 只有在 "$\alpha \neq k\pi + \dfrac{\pi}{4}$ ($k \in \mathbf{Z}$) 且 $\alpha \neq l\pi + \dfrac{\pi}{2}$ ($l \in \mathbf{Z}$)" 时解法

正确,所以应把解法 1 的答案修正为"当 $\alpha = l\pi + \frac{\pi}{2}(l \in \mathbf{Z})$ 时,$\tan\left(\frac{\pi}{4} + \alpha\right) = -1$;当 $\alpha \neq k\pi + \frac{\pi}{4}(k \in \mathbf{Z})$ 且 $\alpha \neq l\pi + \frac{\pi}{2}(l \in \mathbf{Z})$ 时,$\tan\left(\frac{\pi}{4} + \alpha\right) = \frac{1+a+b}{1-a+b}$".

对于解法 2,只有在"$\alpha \neq k\pi + \frac{\pi}{4}(k \in \mathbf{Z})$ 且 $\alpha \neq \frac{l\pi}{2}(l \in \mathbf{Z})$"时解法正确,所以应把解法 2 的答案修正为"当 $\alpha = \frac{l\pi}{2}(l \in \mathbf{Z})$ 时,$\tan\left(\frac{\pi}{4} + \alpha\right) = \pm 1$;当 $\alpha \neq k\pi + \frac{\pi}{4}(k \in \mathbf{Z})$ 且 $\alpha \neq \frac{l\pi}{2}(l \in \mathbf{Z})$ 时,$\tan\left(\frac{\pi}{4} + \alpha\right) = \frac{a+1-b}{a-1+b}$".

对于解法 3,只有在"$\alpha \neq \frac{2k+1}{4}\pi(k \in \mathbf{Z})$"时解法正确,所以应把解法 3 的答案修正为"当 $\alpha = \frac{4k-1}{4}\pi(k \in \mathbf{Z})$ 时,$\tan\left(\frac{\pi}{4} + \alpha\right) = 0$;当 $\alpha \neq \frac{4k+1}{4}\pi(k \in \mathbf{Z})$ 时,$\tan\left(\frac{\pi}{4} + \alpha\right) = \frac{1+a}{b}$".

对于解法 4,可得此解法在满足题设时均正确.

对于解法 5,只有在"$\alpha \neq \frac{k}{4}\pi(k \in \mathbf{Z})$"时解法正确,所以应把解法 5 的答案修正为"当 $\alpha = k\pi - \frac{\pi}{4}(k \in \mathbf{Z})$ 时,$\tan\left(\frac{\pi}{4} + \alpha\right) = 0$;当 $\alpha = k\pi(k \in \mathbf{Z})$ 时,$\tan\left(\frac{\pi}{4} + \alpha\right) = 1$;当 $\alpha = k\pi + \frac{\pi}{2}(k \in \mathbf{Z})$ 时,$\tan\left(\frac{\pi}{4} + \alpha\right) = -1$;当 $\alpha \neq k\pi \pm \frac{\pi}{4}(k \in \mathbf{Z})$ 时,$\tan\left(\frac{\pi}{4} + \alpha\right) = \frac{1+\tan\alpha}{1-\tan\alpha} = \frac{a+1-b}{a-1+b}$ 或 $\frac{a-b-1}{a+b+1}$".

总之,以上解法中只有解法 4 正确.

§17 整数角度的三角函数值何时是有理数

1. 整数角度的三角函数值何时是有理数

文献[1]提出如下:

问题 1 对怎样的整数 n,$\sin n°$ 和 $\cos n°$ 当中至少有一个是有理数?

问题 2 对怎样的有理数 q,$\sin q°$ 和 $\cos q°$ 可以由自然数经过开根号和四则运算得到?

由本节的定理 1(1),(2) 可立得问题 1 的答案:设 $n \in \mathbf{Z}$,则当且仅当 $n = 30k(k \in \mathbf{Z})$ 时,$\sin n°$ 和 $\cos n°$ 当中至少有一个是有理数.还可得,当且仅当 $n = 90k(k \in \mathbf{Z})$ 时,$\sin n°$ 和 $\cos n°$ 均是有理数.

定理 1 设 $n \in \mathbf{Z}$,则:

(1) 当且仅当 $n = k \cdot 180 + m(m \in \{-60, 0, 60, 90\}, k \in \mathbf{Z})$ 时,$\cos n° \in \mathbf{Q}$;

(2) 当且仅当 $n = k \cdot 180 + m(m \in \{-30, 0, 30, 90\}, k \in \mathbf{Z})$ 时,$\sin n° \in \mathbf{Q}$;

(3) 当且仅当 $n = k \cdot 180 + m(m \in \{-45, 0, 45\}, k \in \mathbf{Z})$ 时,$\tan n° \in \mathbf{Q}$.

引理 1 (1) 当 n 为正奇数时,存在 $a_1, a_3, \cdots, a_{n-2} \in \mathbf{Z}$,使

$$\cos n\alpha = 2^{n-1} \cos^n \alpha + a_{n-2} \cos^{n-2} \alpha + a_{n-4} \cos^{n-4} \alpha + \cdots + a_1 \cos \alpha$$

(2) 当 n 为正偶数时,存在 $a_0, a_2, \cdots, a_{n-2} \in \mathbf{Z}$,使

$$\cos n\alpha = 2^{n-1} \cos^n \alpha + a_{n-2} \cos^{n-2} \alpha + a_{n-4} \cos^{n-4} \alpha + \cdots + a_2 \cos^2 \alpha + a_0$$

(3) 若 $\tan \alpha$,$\tan n\alpha (n \in \mathbf{N}^*)$ 均有意义,则 $\tan n\alpha$ 可以表示成 $\tan \alpha$ 的分式(该分式的分子、分母均是 $\tan \alpha$ 的整系数多项式).

证明 由棣莫佛(Abraham de Moivre, 1667—1754)公式

$$(\cos \alpha + i \sin \alpha)^n = \cos n\alpha + i \sin n\alpha \quad (n \in \mathbf{N}^*)$$

可得

$$\cos n\alpha = C_n^0 \cos^n \alpha - C_n^2 \cos^{n-2} \alpha \sin^2 \alpha + C_n^4 \cos^{n-4} \alpha \sin^4 \alpha - \cdots$$

再由 $\sin^2 \alpha = 1 - \cos^2 \alpha$ 及 $C_n^0 + C_n^2 + C_n^4 + \cdots = 2^{n-1}$,得

$$\cos n\alpha = C_n^0 \cos^n \alpha - C_n^2 \cos^{n-2} \alpha (1 - \cos^2 \alpha) + C_n^4 \cos^{n-4} \alpha (1 - \cos^2 \alpha)^2 - \cdots =$$
$$2^{n-1} \cos^n \alpha + a_{n-2} \cos^{n-2} \alpha + a_{n-4} \cos^{n-4} \alpha + \cdots$$

其中 $a_{n-2}, a_{n-4}, \cdots \in \mathbf{Z}$,从而可得结论(1),(2)成立.

对 n 用数学归纳法可证得结论(3)成立.

推论 1 若 $n \in \mathbf{N}^*$,则:

(1) 当 $\cos n\alpha$ 是无理数时,$\cos \alpha$ 也是无理数;

(2) 当 $\tan n\alpha$ 是无理数且 $\tan \alpha$ 有意义时，$\tan \alpha$ 也是无理数.

证明 用引理 1 及反证法可证.

推论 2 $\cos 40°, \tan 40°$ 均是无理数.

证明 在恒等式中 $\cos 3\alpha = 4\cos^3\alpha - 3\cos\alpha$ 令 $\alpha = 40°$，得
$$8\cos^3 40° - 6\cos 40° + 1 = 0$$
设 $2\cos 40° = x$，得
$$x^3 - 3x + 1 = 0$$
易知此方程没有整数根，也没有有理根，所以 $\cos 40°$ 是无理数.

因为 $\tan(3 \cdot 40°) = -\sqrt{3}$ 是无理数，由推论 1(2) 得 $\tan 40°$ 是无理数.

引理 2 设 $\{p_n\}$ 是由所有的素数按从小到大的顺序组成的数列，$A = 7^2 \cdot 11^2 \cdot 13^2 \prod\limits_{i=7}^{41} p_i$，则：

(1) $\cos(2^7 \cdot 3^4 A)°, \cos(2^7 \cdot 5^3 A)°, \cos(3^4 \cdot 5^3 A)°$ 均是无理数；

(2) $\tan(2^7 \cdot 3^4 A)°, \tan(2^7 \cdot 5^3 A)°$ 均是无理数.

证明 由专著[2]第 283 页知，小于 180 的素数共 41 个，从小到大依次为 2,3,5,7,11,13,17,19,23,29,31,37,41,43,47,53,59,61,67,71,73,79,83,89,97,101,103,107,109,113,127,131,137,139,149,151,157,163,167,173,179

可得
$$A = 7^2 \cdot 11^2 \cdot 13^2 \prod_{i=7}^{12} p_i \cdot \prod_{i=13}^{18} p_i \cdot \prod_{i=19}^{24} p_i \cdot \prod_{i=25}^{29} p_i \cdot \prod_{i=30}^{34} p_i \cdot \prod_{i=35}^{38} p_i \cdot \prod_{i=39}^{41} p_i =$$
$$1\,002\,001 \cdot 247\,110\,827 \cdot 15\,805\,487\,167 \cdot 202\,652\,143\,553 \cdot$$
$$11\,769\,028\,333 \cdot 35\,800\,478\,183 \cdot 575\,771\,909 \cdot 5\,171\,489 \equiv$$
$$121 \cdot (-13) \cdot 7 \cdot (-7) \cdot 133 \cdot (-97) \cdot 149 \cdot 89 \equiv$$
$$83 (\bmod 360)$$

由此易得：

(1) $\qquad 2^8 \cdot 3^4 A \equiv (-144) \cdot 83 \equiv -72 (\bmod 360)$

得 $\cos(2^8 \cdot 3^4 A)° = \cos(-72)° = \sin 18° = \dfrac{\sqrt{5}-1}{4}$ 是无理数，再由推论 1(1) 知 $\cos(2^7 \cdot 3^4 A)°$ 也是无理数.

$$2^7 \cdot 5^3 A \equiv 160 \cdot 83 \equiv -40 (\bmod 360)$$
由推论 2 得 $\cos(2^7 \cdot 5^3 A)° = \cos(-40)° = \cos 40°$ 是无理数.
$$3^4 \cdot 5^3 A \equiv 45 \cdot 83 \equiv 135 (\bmod 360)$$
得 $\cos(3^4 \cdot 5^3 A)° = \cos 135° = -\dfrac{\sqrt{2}}{2}$ 是无理数.

(2) 同(1)可证(用推论 1(2),2).

定理 1 的证明 (1) 由诱导公式 $\cos(k\cdot 180°+\alpha°)=(-1)^k\cos\alpha°(k\in \mathbf{Z})$ 知,即证:若 $n\in\{1,2,3,\cdots,180\}$ 且 $\cos n°\in \mathbf{Q}$,则 $n\in\{60,90,120,180\}$.

当 $n\in\{1,2,3,\cdots,180\}$ 时,可设

$$n=2^{\alpha_1}3^{\alpha_2}5^{\alpha_3}7^{\alpha_4}11^{\alpha_5}13^{\alpha_6}\prod_{i=7}^{41}p_i^{\alpha_i} \quad (\alpha_i\in \mathbf{N};i=1,2,\cdots,41)$$

$$\alpha_1\leqslant 7, \alpha_2\leqslant 4, \alpha_3\leqslant 3, \alpha_k\leqslant 2 \quad (k=4,5,6)$$

$$\alpha_l\leqslant 1 \quad (l=7,8,\lambda,41)$$

再由推论 1(1) 及引理 2(1) 可得,若 $\cos n°\in \mathbf{Q}$,则 n 必含质因数 5,3,2. 所以 n 含因数 $5\times 3\times 2=30$. 若 n 还含别的质因数,则 $n\geqslant 30\times 7=210$,与 $n\leqslant 180$ 矛盾! 所以 n 不含 5,3,2 以外的质因数,即可设 $n=2^\alpha 3^\beta 5^\gamma(\alpha,\beta,\gamma\in \mathbf{N}^*)$.

由 $n\leqslant 180$,可试验得出 $n\in\{60,90,120,180\}$. 所以欲证成立.

(2) 由 $\sin n°=\cos(90-n)°$ 及结论(1)可证.

(3) 由诱导公式 $\tan(180+\alpha)°=\tan\alpha°$ 知,即证:若 $n\in\{1,2,3,\cdots,89,91,92,\cdots,180\}$ 且 $\tan n°\in \mathbf{Q}$,则 $n\in\{45,135,180\}$.

当 $n\in\{1,2,3,\cdots,89,91,92,\cdots,180\}$ 时,可设 $n=2^{\alpha_1}3^{\alpha_2}5^{\alpha_3}7^{\alpha_4}11^{\alpha_5}13^{\alpha_6}\cdot\prod_{i=7}^{41}p_i^{\alpha_i}(\alpha_i\in \mathbf{N};i=1,2,\cdots,41)$,$\alpha_1\leqslant 7,\alpha_2\leqslant 4,\alpha_3\leqslant 3,\alpha_k\leqslant 2(k=4,5,6)$,$\alpha_l\leqslant 1(l=7,8,\cdots,41)$.

再由推论 1(2) 及引理 2(2) 可得,若 $\tan n°\in \mathbf{Q}$,则 n 必含质因数 5,3. 所以 n 含因数 $5\times 3=15$. 若 n 还含别的质因数,则只能是 2,7 或 11(因为 $n\leqslant 180$). 即可设 $n=2^\alpha 3^a 5^b 7^\beta 11^\gamma(a,b\in \mathbf{N}^*;\alpha,\beta,\gamma\in \mathbf{N};\alpha\leqslant 3,\beta+\gamma\leqslant 1)$.

若 $\beta=1$,得 $n=3\times 5\times 7=105$,但 $\tan n°=\tan 105°=-2-\sqrt{3}$ 是无理数;
若 $\gamma=1$,得 $n=3\times 5\times 11=165$,但 $\tan n°=\tan 165°=\sqrt{3}-2$ 也是无理数. 所以 $\beta=\gamma=0$,得 $n=2^\alpha 3^a 5^b(a,b\in \mathbf{N}^*;\alpha\in \mathbf{N};\alpha\leqslant 3)$.

通过试验可得出 $n\in\{45,135,180\}$. 所以欲证成立.

猜想 1 定理 1 在 $n\in \mathbf{Q}$ 时也成立.

2. 用 Cardan 公式求不出 $\sin 1°$

文献[1]求出了

$$\sin 3°=\sin(18°-15°)=\cdots=\frac{1}{8}(\sqrt{12+6\sqrt{3}-4\sqrt{5}-2\sqrt{15}}-\sqrt{20-10\sqrt{3}+4\sqrt{5}-2\sqrt{15}})$$

$$\cos 3°=\frac{1}{8}(\sqrt{12-6\sqrt{3}-4\sqrt{5}+2\sqrt{15}}+\sqrt{20+10\sqrt{3}+4\sqrt{5}+2\sqrt{15}})$$

接着又说：

由一元三次方程的 Cardano(专著[3] 第 26 页写的是"Cardan") 公式和三倍角公式可以进一步从 $\sin 3°, \cos 3°$ 算出三角函数值 $\sin 1°, \cos 1°$. 再利用多倍角公式我们可以计算出 $\sin n°$ 和 $\cos n°$. 尽管得到的表达式会很复杂，但是我们可以不必写出其具体表达式而清楚地看到如下结论：

结论 1 对任何整数 n, $\sin n°, \cos n°$ 可以由自然数经过开根号和四则运算得到.

从而，再次应用多倍角公式可知：

结论 2 对任何有理数 q, $\sin q°, \cos q°$ 是代数数（即为一个多项式的根）.

对于这些叙述，笔者有以下注记：

注记 1 用 Cardan 公式求不出 $\sin 1°$, 也求不出 $\sin(3n\pm1)°(n\in \mathbf{N}^*)$.

Cardan 公式即[3]：

一元三次方程

$$x^3 + px + q = 0 \quad (p, q \in \mathbf{R}) \qquad ①$$

的三个根为

$$x_1 = \sqrt[3]{-\frac{q}{2} + \sqrt{\frac{q^2}{4} + \frac{p^3}{27}}} + \sqrt[3]{-\frac{q}{2} - \sqrt{\frac{q^2}{4} + \frac{p^3}{27}}}$$

$$x_2 = \omega \cdot \sqrt[3]{-\frac{q}{2} + \sqrt{\frac{q^2}{4} + \frac{p^3}{27}}} + \omega^2 \cdot \sqrt[3]{-\frac{q}{2} - \sqrt{\frac{q^2}{4} + \frac{p^3}{27}}}$$

$$x_3 = \omega^2 \cdot \sqrt[3]{-\frac{q}{2} + \sqrt{\frac{q^2}{4} + \frac{p^3}{27}}} + \omega \cdot \sqrt[3]{-\frac{q}{2} - \sqrt{\frac{q^2}{4} + \frac{p^3}{27}}}$$

但该公式只有在 $\frac{q^2}{4} + \frac{p^3}{27} \geq 0$ 时，各式的意义才是明确的；否则，虚数的立方根不唯一，因而各式的意义不明确.

还可得方程 ① 的根的虚实情形是：

(1) 当 $\frac{q^2}{4} + \frac{p^3}{27} > 0$ 时，方程 ① 的三个根是一个实数和两个共轭虚数；

(2) 当 $\frac{q^2}{4} + \frac{p^3}{27} = 0$ 时，方程 ① 的三个根全是实数且至少有两个相等；

(3) 当 $\frac{q^2}{4} + \frac{p^3}{27} < 0$ 时，方程 ① 的三个根是两两互异的实数（此种情形叫实系数一元三次方程 ① 的不可约情形（即 $4p^3 + 27q^2 < 0$（此时必有 $p < 0$）时））.

Cardan 公式的缺陷是在不可约情形时不好用，专著[4] 第 295～301 页得到此时方程 ① 的三个实根为：

$$\left.\begin{array}{l} x_1 = 2\sqrt{-\dfrac{p}{3}}\cos\left(\dfrac{1}{3}\arccos\dfrac{3q}{2p}\sqrt{-\dfrac{3}{p}}\right) \\ x_2 = -2\sqrt{-\dfrac{p}{3}}\cos\left(\dfrac{1}{3}\arccos\dfrac{-3q}{2p}\sqrt{-\dfrac{3}{p}}\right) \\ x_3 = -2\sqrt{-\dfrac{p}{3}}\sin\left(\dfrac{1}{3}\arcsin\dfrac{3q}{2p}\sqrt{-\dfrac{3}{p}}\right) \end{array}\right\} \quad ②$$

在公式 $\sin 3\alpha = 3\sin\alpha - 4\sin^3\alpha$ 中令 $\alpha = 1°$ 后再令 $2\sin 1° = x$,得
$$x^3 - 3x + 2\sin 3° = 0$$

由公式 ② 可求得其三个根分别为 $x_1 = 2\cos 31°, x_2 = -2\cos 29°, x_3 = 2\sin 1°$。由此只能得出 $2\sin 1° = 2\sin 1°$,即用 Cardan 公式求不出 $\sin 1°$。

类似地,可得用 Cardan 公式也求不出 $\sin(3n\pm 1)°(n\in \mathbf{N}^*)$.

猜想 2 $\sin(3n\pm 1)°(n\in \mathbf{N}^*)$ 均不能由自然数经过开根号和四则运算(但不涉及负数开偶次方)得到.

由 Cardan 公式知,结论 1 是正确的,并且其中的开根号可以只限定为开二次根号和三次根号,但表示出的 $\sin(3n\pm 1)°(n\in \mathbf{N}^*)$ 没多大意义. 由 $\sin 3°$ 的精确值及和角公式可以求出
$$\sin 3°, \sin 6°, \sin 9°, \cdots, \sin n°(n\in \mathbf{N}^*), \cdots$$
的精确值.

注记 2 应把结论 2 中的"(即为一个多项式的根)"改成"(即为一个整系数多项式的根)",理由见专著[5]第 91 页给出的代数数的定义. 并且可证改动后的结论是正确的.

注记 3 关于文献[1]的问题 2,笔者只能给出部分答案:

定理 2 (1)若 $q = \dfrac{n}{2^k 3^l}(k,l \in \mathbf{N}, n \in \mathbf{Z})$,则 $\sin q°$ 和 $\cos q°$ 均可由自然数经过开根号和四则运算得到;

(2)若 $q = \dfrac{3n}{2^k}(k \in \mathbf{N}, n \in \mathbf{Z})$,则 $\sin q°$ 和 $\cos q°$ 均可由自然数经过开根号和四则运算(但不涉及负数开偶次方)得到.

猜想 3 定理 2(1),(2)的逆命题均成立.

参考文献

[1] 卢莉英. 由计算 $\sin 18°$ 而联想的[J]. 数学通报,2011(3):60-61,63.
[2] 现代工程数学手册编委会. 现代工程数学手册(Ⅲ)[M]. 武汉:华中工学院出版社,1988.
[3] 张远达. 浅谈高次方程[M]. 武汉:湖北教育出版社,1983.
[4] 甘志国. 初等数学研究(Ⅱ)上[M]. 哈尔滨:哈尔滨工业大学出版社,2009.
[5] 谷超豪. 数学词典[M]. 上海:上海辞书出版社,1992.

§18 有理数角度的三角函数值何时是有理数

定理 设 $n \in \mathbf{Q}$，则：

(1) 当且仅当 $n = 60k + 30$ 或 $180k(k \in \mathbf{Z})$ 时，$\sin n° \in \mathbf{Q}$（且 $\sin n° \in \{0, \pm\frac{1}{2}, \pm 1\}$）；

(2) 当且仅当 $n = 60k$ 或 $180k + 90(k \in \mathbf{Z})$ 时，$\cos n° \in \mathbf{Q}$（且 $\cos n° \in \{0, \pm\frac{1}{2}, \pm 1\}$）；

(3) 当且仅当 $n = 45k(k \neq 4l + 2; k, l \in \mathbf{Z})$ 时，$\tan n° \in \mathbf{Q}$（且 $\tan n° \in \{0, \pm 1\}$）.

证明定理，需要用到一些引理. 下面先给出该定理的两个推论：

推论 1 设 $n \in \mathbf{Q}$，则：

(1) 当且仅当 $n = 30k$ 或 $90k + 45(k \in \mathbf{Z})$ 时，$\sin^2 n° \in \mathbf{Q}$（且 $\sin n° \in \{0, \pm\frac{1}{2}, \pm\frac{\sqrt{2}}{2}, \pm\frac{\sqrt{3}}{2}, \pm 1\}$）；

(2) 当且仅当 $n = 30k$ 或 $90k + 45(k \in \mathbf{Z})$ 时，$\cos^2 n° \in \mathbf{Q}$（且 $\cos n° \in \{0, \pm\frac{1}{2}, \pm\frac{\sqrt{2}}{2}, \pm\frac{\sqrt{3}}{2}, \pm 1\}$）；

(3) 当且仅当 $n = 30k(k \neq 6l + 3; k, l \in \mathbf{Z})$ 或 $n = 90m + 45(m \in \mathbf{Z})$ 时，$\tan^2 n° \in \mathbf{Q}$（且 $\tan n° \in \{0, \pm\frac{\sqrt{3}}{3}, \pm 1, \pm\sqrt{3}\}$）.

证明 由公式

$$2\sin^2 n° = 1 - \cos 2n°$$

$$2\cos^2 n° = 1 + \cos 2n°$$

$$\tan^2 n° = \frac{1 - \cos 2n°}{1 + \cos 2n°}, \cos 2n° = \frac{1 - \tan^2 n°}{1 + \tan^2 n°}$$

及定理(2)可证.

推论 2 三边长度均是有理数的三角形若有内角的度数是有理数，则该内角的大小只能是 $60°, 90°$ 或 $120°$.

证明 由余弦定理及定理(2)可得.

引理 1[1] 当 $n \in \mathbf{Z}$ 时，定理成立.

引理 2[2] (1) 若既约分数 $\frac{q}{p}(p \in \mathbf{N}^*, q \in \mathbf{Z}, (p, q) = 1)$ 是关于 x 的整系

数多项式方程 $a_0x^n + a_1x^{n-1} + \cdots + a_{n-1} + a_n = 0(a_0 \neq 0, n \in \mathbf{N}^*)$ 的根,则 $p \mid a_0, q \mid a_n$;

(2)最高次项系数为1的整系数多项式方程的有理根是整数且是常数项的约数.

注 任意整数(当然包括0)都是0的约数.

引理3 设 $m \in \mathbf{N}^*$,则存在 $a_0, a_1, \cdots, a_{2m-1}, b_0, b_1, \cdots, b_{2m} \in \mathbf{Z}$ 且 $a_0 = b_0 = 1$,使

$$\tan 2m\alpha = \frac{a_1 \tan \alpha + a_3 \tan^3 \alpha + \cdots + a_{2m-1} \tan^{2m-1} \alpha}{a_0 + a_2 \tan^2 \alpha + \cdots + a_{2m-2} \tan^{2m-2} \alpha + (-1)^m \tan^{2m} \alpha} \quad ①$$

当 $\tan \alpha, \tan 2m\alpha$ 均有意义时.

$$\tan(2m+1)\alpha = \frac{b_1 \tan \alpha + b_3 \tan^3 \alpha + \cdots + b_{2m-1} \tan^{2m-1} \alpha + (-1)^m \tan^{2m+1} \alpha}{b_0 + b_2 \tan^2 \alpha + \cdots + b_{2m} \tan^{2m} \alpha}$$

②

当 $\tan \alpha, \tan(2m+1)\alpha$ 均有意义时.

(可用数学归纳法同时证得结论①② 成立.)

引理4 定理(3)成立.

证明 只证 $n \in \mathbf{Q}_+$ 的情形. 由引理1(3)知,只需证明:当 n 是正分数且不是正整数,即可设 $n = \frac{q}{p}, p, q \in \mathbf{N}^*, p \geq 2, (p, q) = 1$ 时,$\tan n° \notin \mathbf{Q}$(因为 $\tan n°$ 有意义).

(1)当 p 是正偶数时,可设 $p = 2m(m \in \mathbf{N}^*)$,得 q 是正奇数(所以 $\tan q°$ 有意义).在结论①中可令 $\alpha = n° = \left(\frac{q}{2m}\right)°$,假设 $\tan n° \in \mathbf{Q}$,得①的右边是有理数,所以①的左边 $\tan q°$ 也是有理数.由 q 是正奇数及引理1(3)得 $\tan q° = \pm 1$,所以可把得到的结论①变为关于 $\tan n°$ 的最高次项系数为1、常数项为 ± 1 的 $2m$ 次整系数多项式方程.再由引理2(2)得 $\tan n° = \pm 1$,所以 $n = 180k \pm 45(k \in \mathbf{Z})$,这与"$n$ 是正分数且不是正整数"矛盾!即此时 $\tan n° \notin \mathbf{Q}$.

(2)当 p 是正奇数时,可设 $p = 2m+1(m \in \mathbf{N}^*)$.在结论②中令 $\alpha = n° = \left(\frac{q}{2m+1}\right)°$,假设 $\tan n° \in \mathbf{Q}$:

当 $\tan q°$ 有意义时,在结论②中可令 $\alpha = n° = \left(\frac{q}{2m+1}\right)°$,得②的右边是有理数,所以②的左边 $\tan q°$ 也是有理数.由引理1得 $\tan q° = 0$ 或 ± 1.

若 $\tan q° = \pm 1$,可把得到的结论②变为关于 $\tan n°$ 的最高次项系数为1、常数项为 ± 1 的 $2m+1$ 次整系数多项式方程,同上可得矛盾!所以 $\tan n° \notin \mathbf{Q}$.

当 $\tan q° = 0$ 时,$q = 90 \cdot 2k(k \in \mathbf{N}^*)$.

当 $\tan q°$ 无意义时,$q = 90(2k+1)(k \in \mathbf{N}^*)$.

但 $q=90l(l\in \mathbf{N}^*)$ 时,$n+45=\dfrac{90l}{2m+1}+45=\dfrac{90(l+m)+45}{2m+1}$(易知该式的右边是既约分数). 因为 $\tan[90(l+m)+45]°=\pm 1$,所以由上面已证得的结论,得 $\tan(n+45)°=\dfrac{1+\tan n°}{1-\tan n°}$ 的值是无理数,也得 $\tan n°\notin \mathbf{Q}$.

即欲证成立.

引理 5 (1) 当 n 为正奇数时,存在 $a_1,a_3,\cdots,a_{n-2}\in \mathbf{Z}$,使

$$\cos n\alpha = 2^{n-1}\cos^n\alpha + a_{n-2}\cos^{n-2}\alpha + a_{n-4}\cos^{n-4}\alpha + \cdots + a_1\cos\alpha$$

(2) 若 $\dfrac{180k}{2m+1}(m,k\in \mathbf{N}^*)$ 是既约分数,且 $\cos\dfrac{180k}{2m+1}\in \mathbf{Q}$,则存在正整数 $i\geqslant 2$,使 $\cos\dfrac{180k}{2m+1}=\pm\dfrac{1}{2^i}$;

(3) 若 $\dfrac{180k}{2m+1}(m,k\in \mathbf{N}^*)$ 是既约分数,则 $\cos\dfrac{180k}{2m+1}\notin \mathbf{Q}$.

证明 (1) 即文献[1]的引理1(1).

(2) 在(1)中令 $n=2m+1,\alpha=\dfrac{180k}{2m+1}$ 后,由引理2(1)可证.

(3) 假设 $\cos\dfrac{180k}{2m+1}\in \mathbf{Q}$,得 $\cos\dfrac{180\cdot 2k}{2m+1}=2\cos^2\dfrac{180k}{2m+1}-1$ 的值也是有理数. 再由结论(2)得,存在大于1的正整数 i,j,使得

$$\cos\dfrac{180k}{2m+1}=\pm\dfrac{1}{2^i},\cos\dfrac{180\cdot 2k}{2m+1}=\pm\dfrac{1}{2^j}$$

所以

$$\pm\dfrac{1}{2^j}=\dfrac{1}{2^{2i-1}}-1$$

由 i,j 是大于1的正整数,得

$$-\dfrac{1}{2^j}=\dfrac{1}{2^{2i-1}}-1$$

$$\dfrac{2^j-1}{2^j}=\dfrac{1}{2^{2i-1}}$$

这是两个既约分数相等,所以它们的分子相等,得 $j=1$,与 $j>1$ 矛盾!所以欲证成立.

引理 6 定理(2)成立.

证明 由引理1(2)知,只需证明:当 n 是正分数且不是正整数时,$\cos n°\notin \mathbf{Q}$.

由文献[1]的"**推论 1** (1) 当 $\cos n\alpha$ 是无理数时,$\cos\alpha$ 也是无理数"及引理1(2)知,只需证明:当 $n=\dfrac{q}{2m+1}$ ($q=60k$ 或 $180k+90$ ($k,m\in \mathbf{N}^*$,($q,2m+$

$1)=1))$ 时,$\cos n^\circ \notin \mathbf{Q}$.

易知 $\cos n^\circ \neq -1$,所以

$$\tan^2\left(\frac{n}{2}\right)^\circ = \frac{1-\cos n^\circ}{1+\cos n^\circ}, \cos n^\circ = \frac{1-\tan^2\left(\frac{n}{2}\right)^\circ}{1+\tan^2\left(\frac{n}{2}\right)^\circ}$$

得

$$\tan^2\left(\frac{n}{2}\right)^\circ \in \mathbf{Q} \Leftrightarrow \cos n^\circ \in \mathbf{Q}$$

$\frac{n}{2} = \frac{2m+1}{1}$ $(q'=30k$ 或 $90k+45(k,m \in \mathbf{N}^*,(q',2m+1)=1))$

当 $\tan q'^\circ$ 无意义时,得 n 是既约分数 $\frac{180(2k+1)}{2m+1}(k,m \in \mathbf{N}^*)$,由引理 5(3) 知,$\cos n^\circ \notin \mathbf{Q}$.

当 $\tan q'^\circ$ 有意义时,可得 $\tan^2 q'^\circ \in \left\{0,1,3,\frac{1}{3}\right\}$. 在公式 ② 中可令 $\alpha = \left(\frac{n}{2}\right)^\circ = \left(\frac{q'}{2m+1}\right)^\circ$,得

$\tan^2 q'^\circ =$

$$\tan^2\left(\frac{n}{2}\right)^\circ \left[\frac{b_1 + b_3 \tan^2\left(\frac{n}{2}\right)^\circ + \cdots + b_{2m-1} \tan^{2m-2}\left(\frac{n}{2}\right)^\circ + (-1)^m \tan^{2m}\left(\frac{n}{2}\right)^\circ}{1 + b_2 \tan^2\left(\frac{n}{2}\right)^\circ + \cdots + b_{2m} \tan^{2m}\left(\frac{n}{2}\right)^\circ}\right]^2 \quad ③$$

(1) 当 $\tan^2 q'^\circ = 1$ 时,由式 ③ 可得

$$\left[\tan^2\left(\frac{n}{2}\right)^\circ\right]^{2m+1} + \cdots + (b_1^2 - 2b_2)\left[\tan^2\left(\frac{n}{2}\right)^\circ\right] - 1 = 0$$

若 $\cos n^\circ \in \mathbf{Q}$,得 $\tan^2\left(\frac{n}{2}\right)^\circ \in \mathbf{Q}$,由引理 2(2),得 $\tan^2\left(\frac{n}{2}\right)^\circ = 1$,这将与"$n$ 是正分数且不是正整数"矛盾! 得此时欲证成立.

(2) 当 $\tan^2 q'^\circ = 3$ 时,由式 ③ 可得

$$\left[\tan^2\left(\frac{n}{2}\right)^\circ\right]^{2m+1} + \cdots + (b_1^2 - 6b_2)\left[\tan^2\left(\frac{n}{2}\right)^\circ\right] - 3 = 0$$

若 $\cos n^\circ \in \mathbf{Q}$,得 $\tan^2\left(\frac{n}{2}\right)^\circ \in \mathbf{Q}$,由引理 2(2) 得 $\tan^2\left(\frac{n}{2}\right)^\circ = 1$ 或 3,这也将与"n 是正分数且不是正整数"矛盾! 得此时欲证成立.

(3) 当 $\tan^2 q'^\circ = \frac{1}{3}$ 时,由式 ③ 可得

$$3\left[\tan^2\left(\frac{n}{2}\right)^\circ\right]^{2m+1} + \cdots + (3b_1^2 - 2b_2)\left[\tan^2\left(\frac{n}{2}\right)^\circ\right] - 1 = 0$$

若 $\cos n° \in \mathbf{Q}$，得 $\tan^2\left(\dfrac{n}{2}\right)° \in \mathbf{Q}$。由引理 2(1) 得 $\tan^2\left(\dfrac{n}{2}\right)° = 1$ 或 $\dfrac{1}{3}$，这也将与"n 是正分数且不是正整数"矛盾！得此时欲证成立.

(4) 当 $\tan^2 q'° = 0$ 时，得 n 是既约分数 $\dfrac{180 \cdot 2k}{2m+1}(k, m \in \mathbf{N}^*)$。由引理 5(3) 知，$\cos n° \notin \mathbf{Q}$。

定理的证明　由引理 6,4 分别得(2)(3)成立，所以只需证(1)。

由引理 1(1) 知，只需证明 n 是分数且不是整数时成立：这由 $\sin n° = \cos(90 - n)°$ 及 (2) 可得.

猜想　若 $n \in \mathbf{Q}$，则：

(1) 当 k 是奇数时，$\sin^k n° \in \mathbf{Q} \Leftrightarrow \sin n° \in \mathbf{Q}$，$\cos^k n° \in \mathbf{Q} \Leftrightarrow \cos n° \in \mathbf{Q}$，$\tan^k n° \in \mathbf{Q} \Leftrightarrow \tan n° \in \mathbf{Q}$；当 k 是非零偶数时，$\sin^k n° \in \mathbf{Q} \Leftrightarrow \sin^2 n° \in \mathbf{Q}$，$\cos^k n° \in \mathbf{Q} \Leftrightarrow \cos^2 n° \in \mathbf{Q}$，$\tan^k n° \in \mathbf{Q} \Leftrightarrow \tan^2 n° \in \mathbf{Q}$.

(2) 当 $\alpha = n \text{ rad}(n \neq 0)$ 时，$\sin \alpha, \cos \alpha, \tan \alpha \notin \mathbf{Q}$.

参考文献

[1] 甘志国.整数角度的三角函数值何时是有理数[J].中学数学教学,2013(1):51-52.

[2] 王萼芳,石生明.高等代数[M].3 版.北京:高等教育出版社,2003.

> 数学是数学,物理是物理,但是物理可以通过数学的抽象而受益,而数学则可通过物理的见识而受益。
>
> ——Anonymous

§19 斜抛运动的最佳抛射角

文献[1]介绍了球星德拉普(Rory John Delap):

斯托克城属于英超中的一支中下游足球队,但是该队参加的每一场比赛,往往都能成为人们关注的焦点,因为它拥有一位擅长掷远距离界外球、最远距离为48.17米的世界记录创造者,他就是后卫德拉普(图1).阿森纳主帅温格曾在一场比赛前说:"德拉普的手臂太可怕了,上天保佑这场比赛中他没有掷界外球的机会."

界外球怎样才能掷得更远呢?

通常会认为,以初速度 v_0、抛射角 $\alpha(0°<\alpha<90°)$ 掷出的球在不计空气阻力时的运动是斜抛运动(图2),其运动轨迹的参数方程为

$$\begin{cases} x = v_0 \cos\alpha \cdot t \\ y = v_0 \sin\alpha \cdot t - \dfrac{1}{2}gt^2 \end{cases} \qquad ①$$

(其中 x,y 分别表示球在时刻 t 飞行的水平距离和竖直高度,g 为重力加速度).由此可得球的射程为

$$s = \dfrac{v_0^2}{g}\sin 2\alpha \qquad ②$$

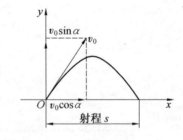

图1　　　　　　　图2

公式②说明,球的射程 s 与初速度 v_0 及抛射角 α 均有关,当 v_0 一定时,当且仅当 $\alpha=45°$ 时射程 s 最大.

但文献[1]还说,英国物理学家尼克·林斯纳尔却给出了否定的答案:球员把求掷得最远时,出手时的初速度与水平方向的夹角并不是 $45°$,而是 $25°$ 至 $30°$.

产生这一结果的原因是:对于公式②,当 v_0 为定值时,$\alpha=45°$ 时 s 最大;而

当 α 为定值时,v_0 越大 s 就越大.可见球的飞行距离与初速度 v_0 及抛射角 α 均有关.而在 $\alpha=45°$ 时 v_0 不能达到最大值,所以在 $\alpha=25°\sim30°$ 时,v_0 可达到最大值,所以 s 取到最大值也是可能的.

早在 2003 年,笔者就在文献[2]中阐述了这样的观点:掷球的最佳抛射角应小于 $45°$.

文献[1]的出现,使笔者重新研究"斜抛运动的最佳抛射角",并得到了漂亮的结论:

定理 如图 3,以初速度 v_0、抛射角 $\alpha(0°<\alpha<90°)$ 使物体作斜抛运动,当射程 s 最大时(也即起点 O 到落点 A 的距离最大(因为在图 3(a)中 $OA=s$,在图 3(b),(c)中 $OA^2=s^2+h^2$,h 为定值)),此时的抛射角 α 称为最佳抛射角,此时的抛射方向是起点 O 竖直向上的方向 OB 与 OA 形成的角 $\angle BOA$ 的平分线,且 OA 是问题运动轨迹(抛物线 OCA)的焦点弦.

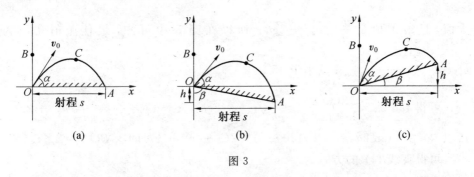

图 3

证明 易知图 3 中抛物线 OCA 的参数方程为 ①(其中 x,y,t,g 的意义也同 ① 中诸字母的意义)

$$\begin{cases} x=v_0\cos\alpha\cdot t \\ y=v_0\sin\alpha\cdot t-\dfrac{1}{2}gt^2 \end{cases}$$

(其中 x,y 分别表示球在时刻 t 飞行的水平距离和竖直高度,g 为重力加速度).化为普通方程,得

$$y=-\frac{g}{2v_0^2\cos^2\alpha}x^2+x\tan\alpha$$

由文献[3]的结论立知,其焦点为 $F\left(\dfrac{v_0^2\sin 2\alpha}{2g},-\dfrac{v_0^2\cos 2\alpha}{2g}\right)$.

即证 $\angle BOA=2\angle v_0OA,F\in OA$.

(1) 图 1(a) 的情形.由式 ② 可得 $\angle v_0OA=\alpha=45°$,又 $\angle BOA=90°$,所以 $\angle BOA=2\angle v_0OA,F\in OA$.

(2) 图 1(b) 的情形(因为掷球时有一个出手高度 $h(h>0)$,掷球时出手高而落点低),用 t_0 表示球运行到落点时的飞行时间,得

$$\begin{cases} s = v_0 \cos\alpha \cdot t \\ -h = v_0 \sin\alpha \cdot t_0 - \dfrac{1}{2}gt_0^2 \end{cases}$$

所以
$$gs^2\tan^2\alpha - 2v_0^2 s\tan\alpha + gs^2 - 2v_0^2 h = 0$$

因为这个关于"$\tan\alpha$"的一元二次方程有实数解,所以
$$\Delta = 4s^2(v_0^4 - g^2 s^2 + 2gv_0^2 h) \geqslant 0$$

又 $s > 0$,所以
$$s \leqslant \frac{v_0}{g}\sqrt{v_0^2 + 2gh}$$

进而可得,当且仅当 $\tan\alpha = \dfrac{1}{\sqrt{1 + \dfrac{2gh}{v_0^2}}}$,即 $\alpha = \text{arccot}\sqrt{1 + \dfrac{2gh}{v_0^2}}$ 时,s 取最大值,且最大值是 $\dfrac{v_0}{g}\sqrt{v_0^2 + 2gh}$. 所以在图 3 中可知,最佳抛射角应为 $\text{arccot}\sqrt{1 + \dfrac{2gh}{v_0^2}}$,它显然小于 $45°$.

可得 $\tan 2\alpha = \dfrac{2\tan\alpha}{1 - \tan^2\alpha} = \dfrac{v_0}{gh}\sqrt{v_0^2 + 2gh}$,又 $\tan\beta = \dfrac{s}{h} = \dfrac{v_0}{gh}\sqrt{v_0^2 + 2gh}$,所以 $\tan\beta = \tan 2\alpha, \beta = 2\alpha, 180° - \beta = 2(\alpha + 90° - \beta)$,即 $\angle BOA = 2\angle v_0 OA$.

可得直线 OA 的方程为
$$y = -\frac{h}{s}x = -\frac{v_0}{gh}\sqrt{v_0^2 + 2gh}\,x$$

再由 $\alpha = \text{arccot}\sqrt{1 + \dfrac{2gh}{v_0^2}}$ 可验证 $F \in OA$.

(3) 图 1(c) 的情形. 同理可算得最大射程 $s = \dfrac{v_0}{g}\sqrt{v_0^2 - 2gh}$,最佳抛射角 $\alpha = \text{arccot}\sqrt{1 - \dfrac{2gh}{v_0^2}}$.

可得 $\tan 2\alpha = -\dfrac{v_0}{gh}\sqrt{v_0^2 - 2gh}$,又 $\cot\beta = \dfrac{s}{h} = \dfrac{v_0}{gh}\sqrt{v_0^2 - 2gh}$,所以 $\tan 2\alpha = -\cot\beta, 2\alpha - \beta = 90°, 90° - \beta = 2(\alpha - \beta)$,即 $\angle BOA = 2\angle v_0 OA$.

可得直线 OA 的方程为
$$y = \frac{h}{s}x = \frac{gh}{v_0\sqrt{v_0^2 - 2gh}}x$$

再由 $\alpha = \text{arccot}\sqrt{1 - \dfrac{2gh}{v_0^2}}$ 可验证 $F \in OA$.

该定理是有用的. 设想在地面 OA 上从点 O 开始让物体作斜抛运动,由 $\angle BOA = 2\angle v_0 OA$ 可迅速确定最佳抛射方向(即使起点 O 到落点 A 的距离最大的初速度 v_0 的方向);设想图 1(c)中的坐标原点是大炮口,落点 A 是射击目标,为增加隐蔽性,应使射程 s 越远越好,所以上述最佳抛射角在军事上也是有用的.

参考文献

[1] 戴静. 界外球怎样才能掷得更远[J]. 数理天地(高中版),2011(1):46.
[2] 甘志国. 推铅球的最佳抛射角应小于 45°[J]. 数学通讯,2003(20):20.
[3] 王四清. 浅谈培养学生观察——归纳能力[J]. 数学通讯,2001(5):6-7.

耶鲁大学

> 看来不证自明的是,我们敞开使数学和自然科学交流的渠道。
> ——M. Kac

§20 爱拼才会赢

网上说,中国目前最强大的力量是"拆",很多建筑都是"建了拆,拆了建,反反复复". 我们在研究函数 $y = \dfrac{x^2+bx+c}{x}$ 的性质也是先拆:把它化成 $y = x + \dfrac{c}{x} + b$ 后再研究.

而我们在解某些三角问题时,却需要拼——爱拼才会赢! 即不要急着用和(差)角公式 $\sin(\alpha \pm \beta)$, $\cos(\alpha \pm \beta)$, $\tan(\alpha \pm \beta)$ 展开,而是先把未知的角拼(表示)成已知角的和或差(有时还要把未知角拼成已知角的倍数和)后再解题. 下面,举例说明这种技巧:

例1 已知 $\tan(\alpha+\beta) = 3$, $\tan(\alpha-\beta) = 5$, 求 $\tan 2\alpha$, $\tan 2\beta$ 的值.

解 $\tan 2\alpha = \tan[(\alpha+\beta)+(\alpha-\beta)] = \dfrac{\tan(\alpha+\beta)+\tan(\alpha-\beta)}{1-\tan(\alpha+\beta)\tan(\alpha-\beta)} =$

$\dfrac{3+5}{1-3\times 5} = -\dfrac{4}{7}$

$\tan 2\beta = \tan[(\alpha+\beta)-(\alpha-\beta)] = \dfrac{\tan(\alpha+\beta)-\tan(\alpha-\beta)}{1+\tan(\alpha+\beta)\tan(\alpha-\beta)} =$

$\dfrac{3-5}{1+3\times 5} = -\dfrac{1}{8}$

例2 求证:$\dfrac{\sin(2\alpha+\beta)}{\sin\alpha} - 2\cos(\alpha+\beta) = \dfrac{\sin\beta}{\sin\alpha}$.

证明 即证

$$\sin(2\alpha+\beta) - \sin\beta = 2\sin\alpha\cos(\alpha+\beta)$$

$$\sin[(\alpha+\beta)+\alpha] - \sin[(\alpha+\beta)-\alpha] = 2\sin\alpha\cos(\alpha+\beta)$$

这时再用和(差)角公式展开上式的左边,即知上式成立,所以要证结论成立.

例3 (普通高中课程标准实验教科书《数学4·必修·A版》(人民教育出版社,2007年第2版)(下简称《必修4》)第140页的例2(2))求证:$\sin\theta + \sin\varphi = 2\sin\dfrac{\theta+\varphi}{2}\cdot\cos\dfrac{\theta-\varphi}{2}$.

分析 先把未知的角 θ, φ 拼成已知角 $\dfrac{\theta+\varphi}{2}, \dfrac{\theta-\varphi}{2}$ 的和(差),再用和(差)角公式展开,可得要证结论成立.

例4 (《必修4》第147页B组第4题)已知 $\cos\left(\dfrac{\pi}{4}+x\right) = \dfrac{3}{5}$, $\dfrac{17\pi}{12} < x <$

$\frac{7\pi}{4}$,求$\frac{\sin 2x + 2\sin^2 x}{1 - \tan x}$的值.

解 得$\left(\frac{\pi}{4}+x\right) \in \left(\frac{5\pi}{3}, 2\pi\right)$,所以$\tan\left(\frac{\pi}{4}+x\right) = -\frac{4}{3}$.

$$\text{原式} = \frac{\sin 2x(1+\tan x)}{1-\tan x} = \sin 2x \tan\left(\frac{\pi}{4}+x\right) =$$

$$-\cos\left(\frac{\pi}{2}+2x\right)\tan\left(\frac{\pi}{4}+x\right) =$$

$$-\cos 2\left(\frac{\pi}{4}+x\right)\tan\left(\frac{\pi}{4}+x\right) =$$

$$\left[1 - 2\cos^2\left(\frac{\pi}{4}+x\right)\right]\tan\left(\frac{\pi}{4}+x\right) =$$

$$\left[1 - 2\left(\frac{3}{5}\right)^2\right] \cdot \left(-\frac{4}{3}\right) = -\frac{28}{75}.$$

例5 已知$\sin\beta = m\sin(2\alpha+\beta)$,且$m \neq 1, \alpha \neq \frac{k\pi}{2}, \alpha+\beta \neq \frac{\pi}{2}+k\pi(k \in \mathbf{Z})$,求证:$\tan(\alpha+\beta) = \frac{1+m}{1-m}\tan\alpha$.

分析 先把未知的角$\beta, 2\alpha+\beta$拼成已知角$\alpha+\beta, \alpha$的差、和,再用和(差)角公式展开,可得要证结论成立.

练习

1. 已知$\cos(\alpha-\beta) = -\frac{4}{5}, \cos(\alpha+\beta) = \frac{4}{5}$,且$(\alpha-\beta) \in \left(\frac{\pi}{2}, \pi\right), (\alpha+\beta) \in \left(\frac{3\pi}{2}, 2\pi\right)$,求$\cos 2\alpha, \cos 2\beta$的值(提示:$2\alpha = (\alpha+\beta) + (\alpha-\beta)$).

2. 已知$\cos\alpha = \frac{1}{7}, \cos(\alpha+\beta) = -\frac{11}{14}$,且$\alpha, \beta \in \left(0, \frac{\pi}{2}\right)$,求$\cos\beta$的值.

参考答案 1. $\cos 2\alpha = -\frac{7}{25}, \cos 2\beta = -1$;

2. $\cos\beta = \frac{1}{2}$.

§21 对一道课本复习参考题的简解

普通高中课程标准实验教科书《数学 5·必修·A 版》（人民教育出版社，2007 年第 3 版）（下简称《必修 5》）《第一章　解三角形》复习参考题的最后一题是 B 组的第 3 题：

题目　研究一下，是否存在一个三角形同时具有下面两条性质：

(1) 三边是三个连续的自然数；

(2) 最大角是最小角的 2 倍.

与《必修 5》配套使用的《教师教学用书》给出的答案是（解答过程比较复杂）：存在唯一的满足题意的三角形，且此三角形的三边是 4, 5, 6.

下面，给出这道题的两种解法：

解法 1　假设存在满足题意的 $\triangle ABC$，且其三个内角 A, B, C 所对的边长分别是 a, b, c. 可设 $a = n-1, b = n, c = n+1 (n \in \mathbf{N}, n \geqslant 2)$，得 $C = 2A, B = \pi - 3A$. 由正弦定理，得

$$\frac{n-1}{\sin A} = \frac{n}{\sin 3A} = \frac{n+1}{\sin 2A}$$

即

$$\frac{n-1}{\sin A} = \frac{n}{3\sin A - 4\sin^3 A} = \frac{n+1}{2\sin A \cos A}$$

$$n-1 = \frac{n}{4\cos^2 A - 1} = \frac{n+1}{2\cos A}$$

解此方程组，可得 $n = 5, \cos A = \dfrac{3}{4}$.

所以，存在唯一的满足题意的三角形，且此三角形的三边是 4, 5, 6.

方磊编著的《中学数学思维与方法》（陕西人民教育出版社，1987）第 362 页第 3 题是下面的结论的一半：

定理　在 $\triangle ABC$ 中，若其三个内角 A, B, C 所对的边长分别是 a, b, c，则 $a^2 = b(b+c) \Leftrightarrow A = 2B$.

证明　如图 1，延长 CA 至点 D，使 $AD = c$，连 BD. 得 $\angle D = \angle ABD, \angle CAB = 2\angle D$.

$\Rightarrow$ 若 $a^2 = b(b+c)$，得 $\dfrac{b}{a} = \dfrac{a}{b+c}$，即 $\dfrac{AC}{BC} = \dfrac{BC}{DC}$，进而可得 $\triangle ABC \backsim \triangle BDC$，所以 $\angle ABC = \angle D = \angle ABD$，所以 $\angle CAB = 2\angle D = 2\angle ABC$，即 $A = 2B$.

$\Leftarrow$ 若 $A = 2B$，得 $\angle ABC = \angle D = \angle ABD$，所以 $\triangle ABC \backsim$

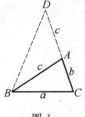

图 1

$\triangle BDC$, $\dfrac{AC}{BC}=\dfrac{BC}{DC}$, 即 $\dfrac{b}{a}=\dfrac{a}{b+c}$, $a^2=b(b+c)$.

解法 2 假设存在满足题意的 $\triangle ABC$, 且其三个内角 A,B,C 所对的边长分别是 a,b,c. 可设 A 是最大角, B 是最小角, 得 $A=2B$.

可设 $a=n+1, b=n-1, c=n(n\in \mathbf{N}, n\geq 2)$, 由以上结论, 得
$$(n+1)^2=(n-1)(2n-1)$$

解得 $n=5$.

所以, 存在唯一的满足题意的三角形, 且此三角形的三边是 $4,5,6$.

结论 1 (以上课本题的推广)已知 $\triangle ABC$ 的三个内角 A,B,C 所对的边长分别是 a,b,c, 且 $a+c=2b, A=2C$, 则 $a:b:c=4:5:6$.

证法 1 由 $a+c=2b, A=2C$ 知 a,b,c 成等差数列且公差不为 0, 所以 $A>B>C$ 或 $A<B<C$. 再由 $A>C$ 得 $A>B>C$, 所以 $a>b>c$.

所以可不妨设 $a=2+2d, b=2, c=2-2d\left(0<d<\dfrac{1}{2}\right)$.

由 $A=2C$, 得 $\sin A=\sin 2C=2\sin C\cos C$, $\cos C=\dfrac{a}{2c}=\dfrac{1+d}{2-2d}$.

又 $\cos C=\dfrac{a^2+b^2-c^2}{2ab}=\cdots=\dfrac{4d+1}{2d+2}$, 所以 $\dfrac{4d+1}{2d+2}=\dfrac{1+d}{2-2d}$, $d=\dfrac{1}{5}$, 得 $a:b:c=6:5:4$.

证法 2 同证法 1 知, 可不妨设 $a=1+d, b=1, c=1-d\left(0<d<\dfrac{1}{2}\right)$.

由 $A=2C$ 及以上定理, 得 $a^2=c(b+c)$, 即 $(1+d)^2=(1-d)(2-d)$, 解得 $d=\dfrac{1}{5}$, 所以 $a:b:c=6:5:4$.

结论 2 已知 $\triangle ABC$ 的三个内角 A,B,C 所对的边长分别是 a,b,c, 且 $a+c=2b, A=2B$, 求 $a:b:c$.

证法 1 由结论 1 的证法 2 知, 可不妨设 $a=1+d, b=1, c=1-d\left(0<d<\dfrac{1}{2}\right)$.

由 $A=2B$, 得 $\sin A=\sin 2B=2\sin B\cos B$, $\cos B=\dfrac{a}{2b}=\dfrac{1+d}{2}$.

又 $\cos B=\dfrac{a^2+c^2-b^2}{2ac}=\cdots=\dfrac{2d^2+1}{2-2d^2}$, 所以 $\dfrac{2d^2+1}{2-2d^2}=\dfrac{1+d}{2}$, $d=\dfrac{\sqrt{13}-3}{2}$ (满足 $0<d<\dfrac{1}{2}$), 得 $a:b:c=(\sqrt{13}-1):2:(5-\sqrt{13})$.

证法 2 同证法 1 知, 可不妨设 $a=1+d, b=1, c=1-d\left(0<d<\dfrac{1}{2}\right)$.

由 $A=2B$ 及以上定理,得 $a^2=b(b+c)$,即 $(1+d)^2=2-d$,解得 $d=\dfrac{1}{5}$,所以 $a:b:c=6:5:4$.

结论 3 若 $\triangle ABC$ 的三个内角 A,B,C 所对的边长分别是 a,b,c,则满足 $a+c=2b, B=2C$ 的 $\triangle ABC$ 不存在.

证法 1 由结论 1 的证法 2 知,可不妨设 $a=1+d, b=1, c=1-d\left(0<d<\dfrac{1}{2}\right)$.

由 $B=2C$,得 $\sin B=\sin 2C=2\sin C\cos C$,$\cos C=\dfrac{b}{2C}=\dfrac{1}{2-2d}$.

又 $\cos C=\dfrac{a^2+b^2-c^2}{2ab}=\cdots=\dfrac{4d+1}{2d+2}$,所以 $\dfrac{4d+1}{2d+2}=\dfrac{1}{2-2d}$,$d=\dfrac{1}{2}$(不满足 $0<d<\dfrac{1}{2}$),所以此时的 $\triangle ABC$ 不存在.

证法 2 同证法 1 知,可不妨设 $a=1+d, b=1, c=1-d\left(0<d<\dfrac{1}{2}\right)$.

由 $B=2C$ 及以上定理,得 $b^2=c(a+c)$,从而 $d=\dfrac{1}{2}$(不满足 $0<d<\dfrac{1}{2}$),所以此时的 $\triangle ABC$ 不存在.

参考文献

[1] 甘志国. 一道课本复习参考题的简解[J]. 中学数学教学,2011(6):42.

§22 正、余弦定理及其应用的突破

正弦定理和余弦定理是架起三角形边角关系的两座桥梁,所以它们是解决三角形的有关问题(也包括解三角形)的两个有力武器.

重点难点归纳

1. 正弦定理:

$\dfrac{a}{\sin A} = \dfrac{b}{\sin B} = \dfrac{c}{\sin C} = 2R$($R$ 表示 $\triangle ABC$ 外接圆的半径).

2. 余弦定理:

$a^2 = b^2 + c^2 - 2bc\cos A$；

$b^2 = c^2 + a^2 - 2ca\cos B$；

$c^2 = a^2 + b^2 - 2ab\cos C$.

3. 三角形面积公式:

$S = \dfrac{1}{2}ah_a$(h_a 表示边 a 上的高)；

$S = \dfrac{1}{2}ab\sin C$；

$S = \dfrac{1}{2}r(a+b+c)$(r 表示 $\triangle ABC$ 内切圆的半径)；

$S = 2R^2\sin A\sin B\sin C = \dfrac{abc}{4R}$($R$ 表示 $\triangle ABC$ 外接圆的半径)；

$S = \sqrt{p(p-a)(p-b)(p-c)}$($p = \dfrac{1}{2}(a+b+c)$).

4. 解斜三角形的类型:

(1) 已知两角一边,用正弦定理,有解时,只有一解.

(2) 已知三边,用余弦定理,有解时,只有一解.

(3) 已知两边及其夹角,用余弦定理,必有唯一解.

(4) 已知两边及其中一边的对角(不妨设为 a,b,A),解法有两种:

① 由正弦定理 $\dfrac{a}{\sin A} = \dfrac{b}{\sin B}$ 求出 $\sin B = \dfrac{b}{a}\sin A$,再由 $0 < B < \pi$,得出 B 的值有 $0,1,$ 或 2 个,只要满足 $A+B < \pi$ 的 B 都是符合题意的,再由(1)的方法可完整求解；

② 由余弦定理 $a^2 = b^2 + c^2 - 2bc\cos A$ 求出 c,得到的正数 c(有 $0,1,$ 或 2 个)都是符合题意的,再由(2)的方法可完整求解.

方法技巧归纳

1. 用正、余弦定理的变式解题:

$$a=2R\sin A, b=2R\sin B, c=2R\sin C; \sin A=\frac{a}{2R}, \sin B=\frac{b}{2R}, \sin C=\frac{c}{2R};$$

$$a:b:c=\sin A:\sin B:\sin C; \frac{a+b+c}{\sin A+\sin B+\sin C}=\frac{a}{\sin A}.$$

$$\cos A=\frac{b^2+c^2-a^2}{2bc}, \cos B=\frac{c^2+a^2-b^2}{2ca}, \cos C=\frac{c^2+a^2-b^2}{2ca}.$$

2. 两个重要结论:在 $\triangle ABC$ 中,有:

① $\sin A > (=, <) \sin B \Leftrightarrow a > (=, <) b$;

② $\sin(A+B)=\sin C, \cos(A+B)=-\cos C, \tan(A+B)=-\tan C$.

3. 射影定理:在 $\triangle ABC$ 中,有 $a=b\cos C+c\cos B$.

4. 正弦平方差公式: $\sin^2\alpha-\sin^2\beta=\sin(\alpha+\beta)\sin(\alpha-\beta)$.

典例讲解

例 1 在 $\triangle ABC$ 中, a,b,c 分别是角 A,B,C 的对边长. 若 $a=\sqrt{3}, b=\sqrt{2}$, $B=45°$, 解三角形.

分析 这是"边边角"问题,可用正弦定理求解,也可用余弦定理求解.

解法 1 由正弦定理 $\frac{a}{\sin A}=\frac{b}{\sin B}$, 得

$$\frac{\sqrt{3}}{\sin A}=\frac{\sqrt{2}}{\sin 45°}, \sin A=\frac{\sqrt{3}}{2}, A=60° \text{ 或 } 120°$$

因为这两个 A 均满足 $A+B<180°$, 所以本题有两解(再用正弦定理):

(1) $A=60°, C=75°, c=\frac{\sqrt{6}+\sqrt{2}}{2}$;

(2) $A=120°, C=15°, c=\frac{\sqrt{6}-\sqrt{2}}{2}$.

解法 2 由余弦定理 $b^2=c^2+a^2-2ca\cos B$, 得

$$c^2-\sqrt{6}c+1=0, c=\frac{\sqrt{6}\pm\sqrt{2}}{2}$$

因为这两个 c 均是正数,所以本题有两解(再用余弦定理的变式):

(1) $A=60°, C=75°, c=\frac{\sqrt{6}+\sqrt{2}}{2}$;

(2) $A=120°, C=15°, c=\frac{\sqrt{6}-\sqrt{2}}{2}$.

注 同学们要熟记 $15°,75°$ 的三角函数值,否则由解法 2 得不出角 A,C.

例 2 在 $\triangle ABC$ 中, a,b,c 分别是角 A,B,C 的对边长. 已知 a,b 是方程

$x^2-2\sqrt{3}x+2=0$ 的两个根,且 $2\cos(A+B)=1$,求 C,c.

分析 这是一道综合题且不熟悉,但认真读题后便知,本题实则是"边角边"形式(已知 a,b,C)的解三角形问题,可用余弦定理求解.

解 由 $2\cos(A+B)=1$,得 $-2\cos C=1,\cos C=-\dfrac{1}{2},C=120°$.

由 a,b 是方程 $x^2-2\sqrt{3}x+2=0$ 的两个根,可得 $a+b=2\sqrt{3},ab=2$.
由余弦定理 $c^2=a^2+b^2-2ab\cos C$,得
$$c^2=a^2+b^2+ab=(a+b)^2-ab=(2\sqrt{3})^2-2=10, c=\sqrt{10}$$
所以 $C=120°,c=\sqrt{10}$.

例3 在 $\triangle ABC$ 中,a,b,c 分别是角 A,B,C 的对边长.已知 $\dfrac{\tan A}{\tan B}=\dfrac{a^2}{b^2}$,试判断 $\triangle ABC$ 的形状.

分析 在边角混合的等式中,可先用正弦定理的变式先把边化成角,再用三角恒等式的变形进行化简;也可先用正、余弦定理先把角的正、余弦化成边的等式,再化简.

解法1 由正弦定理的变式 $a=2R\sin A,b=2R\sin B$,得
$$\dfrac{\tan A}{\tan B}=\dfrac{\sin^2 A}{\sin^2 B}$$
$$\sin A\cos A=\sin B\cos B, \sin 2A=\sin 2B$$
因为 $2A,2B\in(0,2\pi)$,所以 $2A=2B$ 或 $2A+2B=\pi$ 或 $2A+2B=3\pi$.再由 $A+B<\pi$,得 $A=B$ 或 $A+B=\dfrac{\pi}{2}$.所以 $\triangle ABC$ 是等腰三角形或直角三角形.

解法2 由正、余弦定理,可得
$$\dfrac{\tan A}{\tan B}=\dfrac{\sin A}{\sin B}\cdot\dfrac{\cos B}{\cos A}=\dfrac{a}{b}\cdot\dfrac{\dfrac{c^2+a^2-b^2}{2ca}}{\dfrac{b^2+c^2-a^2}{2bc}}=\dfrac{c^2+a^2-b^2}{b^2+c^2-a^2}$$
再由 $\dfrac{\tan A}{\tan B}=\dfrac{a^2}{b^2}$,得
$$\dfrac{c^2+a^2-b^2}{b^2+c^2-a^2}=\dfrac{a^2}{b^2}$$
$$(a^2-b^2)(a^2+b^2-c^2)=0$$
$$a=b \text{ 或 } a^2+b^2=c^2$$
所以 $\triangle ABC$ 是等腰三角形或直角三角形.

例4 在 $\triangle ABC$ 中,a,b,c 分别是角 A,B,C 的对边长.已知 $B=\dfrac{\pi}{3},\cos A=\dfrac{4}{5},b=\sqrt{3}$.

(1) 求 $\sin C$；

(2) 求 $\triangle ABC$ 的面积 S.

分析 第(1)问实质上是已知 A, B 求 C，用"$A+B+C=\pi$"即可求解；第(2)问可先解三角形，再用公式 $S=\dfrac{1}{2}ab\sin C$ 求解.

解 (1) 由 $\cos A=\dfrac{4}{5}\left(0<A<\dfrac{\pi}{2}\right)$，得 $\sin A=\dfrac{3}{5}$，所以

$$\sin C=\sin(A+B)=\sin A\cos B+\cos A\sin B=\dfrac{3}{5}\cdot\dfrac{1}{2}+\dfrac{4}{5}\cdot\dfrac{\sqrt{3}}{2}=\dfrac{3+4\sqrt{3}}{10}$$

(2) 由正弦定理 $\dfrac{a}{\sin A}=\dfrac{b}{\sin B}$，得

$$\dfrac{a}{\dfrac{3}{5}}=\dfrac{\sqrt{3}}{\dfrac{\sqrt{3}}{2}}, a=\dfrac{6}{5}$$

所以 $S=\dfrac{1}{2}ab\sin C=\dfrac{1}{2}\cdot\dfrac{6}{5}\cdot\sqrt{3}\cdot\dfrac{3+4\sqrt{3}}{10}=\dfrac{9\sqrt{3}+36}{50}$.

例5 有一解三角形的题因纸张破损而使得有一个条件看不清，具体如下：在 $\triangle ABC$ 中，a, b, c 分别是角 A, B, C 的对边长. 已知 $a=\sqrt{3}$，$2\cos^2\dfrac{A+C}{2}=(\sqrt{2}-1)\cos B$，求 A.

经推断知，破损处的条件为三角形一边的长度，且答案为 $60°$，试将条件补充完整，并写出详细的推导过程.

分析 本题是探究条件的开放性问题，即由结论 $A=60°$ 探求出应填的一条边长. 首先由正弦定理求出三条边长，再逐一检验哪一个作条件可以推出结论，即综合运用正、余弦定理去求角 A.

解 由 $2\cos^2\dfrac{A+C}{2}=(\sqrt{2}-1)\cos B$，得

$$1+\cos(A+C)=1-\cos B=(\sqrt{2}-1)\cos B, \cos B=\dfrac{1}{\sqrt{2}}, B=45°$$

再由 $a=\sqrt{3}, A=60°, B=45°$ 及正弦定理可求得 $b=\sqrt{2}, c=\dfrac{\sqrt{6}+\sqrt{2}}{2}$.

若 $b=\sqrt{2}$，则原题的题设是 $a=\sqrt{3}, B=45°, b=\sqrt{2}$，仿照例1的两种解法可求得 A 有两个值：$60°, 120°$. 所以此时不合题意.

若 $c=\dfrac{\sqrt{6}+\sqrt{2}}{2}$，则原题的题设是"角边角"的条件 $a=\sqrt{3}, B=45°, c=\dfrac{\sqrt{6}+\sqrt{2}}{2}$，所以解三角形的答案是唯一的. 所以此时不合题意.

即所缺条件是"$c = \dfrac{\sqrt{6}+\sqrt{2}}{2}$".

例 6 （2006・四川・理・11）设 a,b,c 分别是 $\triangle ABC$ 的三个内角 A,B,C 所对的边，则 $a^2 = b(b+c)$ 是 $A = 2B$ 的（　　）．

A. 充要条件　　　　　　　　B. 充分而不必要条件

C. 必要而不充分条件　　　　D. 既不充分又不必要条件

分析　先用正弦定理的变式把条件"$a^2 = b(b+c)$"化成角的等式后再解答．

解　A. 由正弦定理及正弦平方差公式，可得

$a^2 = b(b+c) \Leftrightarrow \sin^2 A - \sin^2 B = \sin B \sin C \Leftrightarrow$

$\sin(A+B)\sin(A-B) = \sin B \sin C \Leftrightarrow$

$\sin(A-B) = \sin B$（因为 $\sin(A+B) = \sin C > 0$）$\Leftrightarrow$

$A - B = B \Leftrightarrow$

$A = 2B$

（倒数第二步中"$\Rightarrow$"的理由是：在 $\triangle ABC$ 中，由 $\sin(A-B) = \sin B > 0$，得 B，$A - B \in (0, \pi)$．又得 $A - B = B$，或 $(A-B) + B = \pi$，所以 $A = 2B$．）

例 7　（普通高中课程标准实验教科书《数学 5・必修・A 版》（人民教育出版社，2007 年第 3 版）第 20 页第 14 题）在 $\triangle ABC$ 中，求证：$c(a\cos B - b\cos A) = a^2 - b^2$．

分析　先用正弦定理的变式把欲证的结论化成角的等式后再用分析法证之．

证明　由正弦定理知，即证

$\sin C(\sin A \cos B - \cos A \sin B) = \sin^2 A - \sin^2 B$

再由正弦平方差公式知，即证

$\sin C \sin(A-B) = \sin(A+B)\sin(A-B)$

易知此式成立，所以欲证成立．

例 8　（《数学通报》问题 1897）设 a,b,c 分别是 $\triangle ABC$ 的内角 A,B,C 的对边长，求证

$(a^2 - b^2)(a^2 - b^2 + ac) = b^2 c^2 \Leftrightarrow A = \dfrac{3}{2}B$ 或 $A = \dfrac{3}{2}B - \pi$

分析　先用正弦定理的变式把欲证结论中边的等式化成角的等式后再解答．

证明　由正弦定理及题设，得

$(a^2 - b^2)(a^2 - b^2 + ac) = b^2 c^2 \Leftrightarrow$

$(\sin^2 A - \sin^2 B)(\sin^2 A - \sin^2 B + \sin A \sin C) = \sin^2 B \sin^2 C \Leftrightarrow$

$$(\sin^2 A - \sin^2 B)(\sin^2 A - \sin^2 B + \sin A\sin C) = \sin^2 B\sin^2 C \Leftrightarrow$$
$$\sin(A-B)[\sin(A-B) + \sin A] = \sin^2 B \Leftrightarrow$$
$$\sin A\sin(A-B) = \sin^2 B - \sin^2(A-B) \Leftrightarrow$$
$$\sin(A-B) = \sin(2B-A) \Leftrightarrow \sin(2B-A) - \sin(A-B) = 0 \Leftrightarrow$$
$$2\cos\frac{B}{2}\sin\frac{3B-2A}{2} = 0 \Leftrightarrow$$
$$\sin\frac{3B-2A}{2} = 0 \Leftrightarrow$$
$$\frac{3B-2A}{2} = 0 \text{ 或 } \frac{3B-2A}{2} = \pi \Leftrightarrow$$
$$A = \frac{3}{2}B \text{ 或 } A = \frac{3}{2}B - \pi.$$

例9 (2009·宁夏、海南·理·17) 为了测量两山顶 M,N 间的距离,飞机沿水平方向在 A,B 两点进行测量,A,B,M,N 在同一个铅垂平面内 (如图1示意图). 飞机能够测量的数据有俯角和 A,B 间的距离. 请设计一个方案,包括:① 指出需要测量的数据(用字母表示,并在图中标出);② 用文字和公式写出计算 M,N 间距离的步骤.

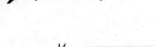

图1

分析 因为得到更多的边不太容易,得到角的大小比较容易,所以应当先用正弦定理求解.

参考答案 ① 需要测量的数据有:点 A 到 M,N 两点的俯角 α_1,β_1;点 B 到 M,N 两点的俯角 α_2,β_2;A,B 间的距离 d (如图2所示).

② 第一步:计算 AM. 由正弦定理得 $AM = \dfrac{d\sin\alpha_2}{\sin(\alpha_1+\alpha_2)}$;

第二步:计算 AN. 由正弦定理得 $AN = \dfrac{d\sin\beta_2}{\sin(\beta_2-\beta_1)}$;

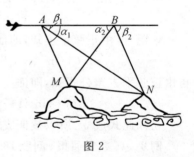

图2

第三步:计算 MN. 由余弦定理得
$$MN = \sqrt{AM^2 + AN^2 - 2AM \cdot AN\cos(\alpha_1-\beta_1)}.$$

例10 (1) 如图3,E 是正方形 $ABCD$ 内的一点,$\angle ECD = \angle EDC = 15°$. 求证:$\triangle ABE$ 是正三角形;

(2) 如图4,在 $\triangle ABC$ 中,$\angle C = 90°$,$\angle A = 30°$,在 $\triangle ABC$ 的外部作正三角形 ABE,ACD,DE 与 AB 交于点 F. 求证:$EF = FD$.

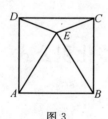
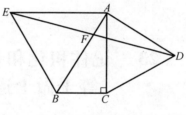

图 3　　　　　　　　图 4

分析　这两道小题都是平面几何题,但用正、余弦定理及三角形面积公式可简洁证得它们.

证明　(1) 如图 3,在 $\triangle ECD$ 中,由正弦定理,得

$$\frac{DE}{\sin 15°} = \frac{DC}{\sin 150°} = 2AD, DE = 2AD\sin 15°$$

在 $\triangle ADE$ 中,由余弦定理,得

$$AE^2 = AD^2 + DE^2 - 2AD \cdot DE\cos 75° =$$
$$AD^2 + 4AD^2\sin^2 15° - 4AD^2\sin 15°\cos 75°$$

因为 $\cos 75° = \sin 15°$,所以 $AE = AD$. 同理,有 $BE = BC$,所以 $AE = AB = BE$,即 $\triangle ABE$ 是正三角形.

(2) 如图 4,在 $\triangle AEF$,$\triangle ADF$ 中,分别用正弦定理,得

$$\frac{EF}{\sin 60°} = \frac{AE}{\sin \angle AFE}, \frac{FD}{\sin 90°} = \frac{AD}{\sin \angle AFD}$$

又　　　　　　　$\sin \angle AFE = \sin \angle AFD$

所以　　$\dfrac{EF}{FD} = \dfrac{AE\sin 60°}{AD} = \dfrac{AB\sin 60°}{AC} = 1, EF = ED$

(2) 的另证　(面积法)如图 4,$\dfrac{EF}{FD} = \dfrac{2S_{\triangle AEF}}{2S_{\triangle ADF}} = \dfrac{AE \cdot AF\sin 60°}{AD \cdot AF} = \dfrac{AB\sin 60°}{AC} = 1, EF = FD$.

备考建议

1. 弄清正、余弦定理的内容(包括证明)及其变式(包括各种常用的三角形面积公式).

2. 能熟练运用正、余弦定理及其变式进行边角互化,还包括对三角恒等式的化简要熟练(比如本文介绍的正弦平方差公式).

3. 运用正、余弦定理解决解三角形的实际问题时要弄清题意,包括一些专用名词:仰角和俯角,东北方向,东偏北 $n°$. 对于还有一些不常用的名词也要有所了解:方位角、方向角、坡角、坡比.

§23 记住积化和差、和差化积公式等于做十道难题！

三角函数中的积化和差、和差化积公式分别是

$$\left.\begin{aligned} 2\sin\alpha\cos\beta &= \sin(\alpha+\beta) + \sin(\alpha-\beta) \\ 2\cos\alpha\sin\beta &= \sin(\alpha+\beta) - \sin(\alpha-\beta) \\ 2\cos\alpha\cos\beta &= \cos(\alpha+\beta) + \cos(\alpha-\beta) \\ -2\sin\alpha\sin\beta &= \cos(\alpha+\beta) - \cos(\alpha-\beta) \end{aligned}\right\} \quad ①$$

$$\left.\begin{aligned} \sin\theta + \sin\varphi &= 2\sin\frac{\theta+\varphi}{2}\cos\frac{\theta-\varphi}{2} \\ \sin\theta - \sin\varphi &= 2\cos\frac{\theta+\varphi}{2}\sin\frac{\theta-\varphi}{2} \\ \cos\theta + \cos\varphi &= 2\cos\frac{\theta+\varphi}{2}\cos\frac{\theta-\varphi}{2} \\ \cos\theta - \cos\varphi &= -2\sin\frac{\theta+\varphi}{2}\sin\frac{\theta-\varphi}{2} \end{aligned}\right\} \quad ②$$

在20世纪的高中数学教科书（人教版，下同）它们是以公式的形式给出的，并且运用广泛,高考时也运用较多（并要求熟记这些公式）；但到了20世纪90年代后期，它们虽然也是教科书上的公式，但在高考时不要求记忆这些公式（在高考试卷的开头总是给出它们），只要会套用它们就行了；到了新千年，它们在教科书中仅以例题、练习题的形式给出（比如，普通高中课程标准实验教科书《数学4·必修·A版》（人民教育出版社,2007年第2版）（下简称《数学4》）第140页的例2及第142页练习的第2,3题），高考时也可以不用它们来解题（所以高考试卷上也没给出这些公式）．

但笔者要说明的是：

（1）记住这两组公式是很容易的——运用整体记忆法：只需要按顺序记住其框架

$$\left.\begin{aligned} 2\sin\alpha\cos\beta &= \sin @ + \sin \# \\ 2\cos\alpha\sin\beta &= \sin @ - \sin \# \\ 2\cos\alpha\cos\beta &= \cos @ + \cos \# \\ -2\sin\alpha\sin\beta &= \cos @ - \cos \# \end{aligned}\right\}$$

其中"@"表示"$(\alpha+\beta)$","#"表示"$(\alpha-\beta)$".

三角与平面向量

$$\left.\begin{array}{l}\sin\theta+\sin\varphi=2\sin*\cos\&\\ \sin\theta-\sin\varphi=2\cos*\sin\&\\ \cos\theta+\cos\varphi=2\cos*\cos\&\\ \cos\theta-\cos\varphi=-2\sin*\sin\&\end{array}\right\}$$

其中"$*$"表示"$\dfrac{\theta+\varphi}{2}$","$\&$"表示"$\dfrac{\theta-\varphi}{2}$".

(2)证明这两组公式是很容易的:对于式①,只需要用学生熟知的和差角公式把右边展开;对于需要②,先把左边的"θ"改成"$\dfrac{\theta+\varphi}{2}+\dfrac{\theta-\varphi}{2}$","$\varphi$"改成"$\dfrac{\theta+\varphi}{2}-\dfrac{\theta-\varphi}{2}$",再用和差角公式展开.运用这种证明方法也可及时迅速的检验记忆的公式是否正确.

(3)这两组公式可以互推,所以记住了一组也就记住了另一组:在式①中令$\alpha+\beta=\theta$,$\alpha-\beta=\varphi$得式②,在式②中令$\dfrac{\theta+\varphi}{2}=\alpha$,$\dfrac{\theta-\varphi}{2}=\beta$得式①.

(4)这两组公式可以帮助我们简洁解题.

例1 在$\triangle ABC$中,$\angle B=\dfrac{2}{3}\pi$,$AC=2$,$\angle A=\theta$,设$\triangle ABC$的面积为$f(\theta)$,求$f(\theta)$的解析式,并求函数$f(\theta)$的单调区间.

解 由正弦定理可得$AB=\dfrac{4}{\sqrt{3}}\sin\left(\dfrac{\pi}{3}-\theta\right)$,所以

$$f(\theta)=\dfrac{1}{2}AB\cdot AC\cdot\sin\theta=\dfrac{1}{2}\cdot\dfrac{4}{\sqrt{3}}\sin\left(\dfrac{\pi}{3}-\theta\right)\cdot 2\cdot\sin\theta=$$

$$\dfrac{4}{\sqrt{3}}\sin\left(\dfrac{\pi}{3}-\theta\right)\sin\theta=\dfrac{4}{\sqrt{3}}\left(\dfrac{\sqrt{3}}{2}\cos\theta-\dfrac{1}{2}\sin\theta\right)\sin\theta=$$

$$2\sin\theta\cos\theta-\dfrac{2}{\sqrt{3}}\sin^2\theta=\sin 2\theta-\dfrac{2}{\sqrt{3}}\cdot\dfrac{1-\cos 2\theta}{2}=$$

$$\sin 2\theta+\dfrac{1}{\sqrt{3}}\cos 2\theta-\dfrac{1}{\sqrt{3}}=\dfrac{2}{\sqrt{3}}\left(\dfrac{\sqrt{3}}{2}\sin 2\theta+\dfrac{1}{2}\cos 2\theta\right)-\dfrac{1}{\sqrt{3}}=$$

$$\dfrac{2}{3}\sqrt{3}\sin\left(2\theta+\dfrac{\pi}{6}\right)-\dfrac{\sqrt{3}}{3}$$

所以

$$f(\theta)=\dfrac{2}{3}\sqrt{3}\sin\left(2\theta+\dfrac{\pi}{6}\right)-\dfrac{\sqrt{3}}{3}\quad\left(0<\theta<\dfrac{\pi}{3}\right)$$

由$0<\theta<\dfrac{\pi}{3}$,得$\dfrac{\pi}{6}<2\theta+\dfrac{\pi}{6}<\dfrac{5\pi}{6}$.再由复合函数单调性的判别法则"同增异减"得,当且仅当$\dfrac{\pi}{6}<2\theta+\dfrac{\pi}{6}\leqslant\dfrac{\pi}{2}$,$\dfrac{\pi}{2}\leqslant 2\theta+\dfrac{\pi}{6}<\dfrac{5\pi}{6}$即$0<\theta\leqslant\dfrac{\pi}{6}$,

$\frac{\pi}{6} \leqslant \theta < \frac{\pi}{3}$ 时函数 $f(\theta)$ 分别是增函数、减函数,所以函数 $f(\theta)$ 的单调区间是 $\left(0, \frac{\pi}{6}\right], \left[\frac{\pi}{6}, \frac{\pi}{3}\right)$.

评注 这里把 $f(\theta) = \frac{4}{\sqrt{3}} \sin\left(\frac{\pi}{3} - \theta\right) \sin\theta$ 化成 $f(\theta) = \frac{2}{3}\sqrt{3} \sin\left(2\theta + \frac{\pi}{6}\right) - \frac{\sqrt{3}}{3}$ 经过了六步运算(且一步不能少,步步复杂),其中第三步还使用了不要求记忆的半角公式的平方,即降幂公式"$\sin^2\theta = \frac{1-\cos 2\theta}{2}$"(见《数学 4》第 139 页的例 1 及其批注). 若使用积化和差公式 ① 中的第四个公式只需两三步(对公式熟练者,第一步可以省略)

$$f(\theta) = \frac{4}{\sqrt{3}} \sin\left(\frac{\pi}{3} - \theta\right) \sin\theta =$$
$$-\frac{2}{\sqrt{3}}\left\{\cos\left[\left(\frac{\pi}{3} - \theta\right) + \theta\right] - \cos\left[\left(\frac{\pi}{3} - \theta\right) - \theta\right]\right\} =$$
$$\frac{2}{\sqrt{3}}\left[\cos\left(\frac{\pi}{3} - 2\theta\right) - \frac{1}{2}\right] =$$
$$\frac{2}{3}\sqrt{3} \sin\left(2\theta + \frac{\pi}{6}\right) - \frac{\sqrt{3}}{3}$$

对比一下:前者是多么的复杂,后者又是多么的简洁呀!

例 2 (2012・天津・理・15) 已知函数 $f(x) = \sin\left(2x + \frac{\pi}{3}\right) + \sin\left(2x - \frac{\pi}{3}\right) + 2\cos^2 x - 1, x \in \mathbf{R}$.

(1) 求函数 $f(x)$ 的最小正周期;

(2) 求函数 $f(x)$ 在区间 $\left[-\frac{\pi}{4}, \frac{\pi}{4}\right]$ 上的最大值和最小值.

解 由和差化积公式 ② 中的第一个公式,立得
$$f(x) = 2\sin 2x \cos\frac{\pi}{3} + \cos 2x = \sqrt{2} \sin\left(2x + \frac{\pi}{4}\right), x \in \mathbf{R}$$

从而可得答案:

(1) 函数 $f(x)$ 的最小正周期是 π.

(2) 所求最大值和最小值分别是 $\sqrt{2}, -1$.

例 3 (2012・湖南・文・18) 已知函数 $f(x) = A\sin(\omega x + \varphi)(x \in \mathbf{R}, \omega > 0, 0 < \varphi < \frac{\pi}{2})$ 的部分图象如图 1 所示.

(1) 求函数 $f(x)$ 的解析式;

(2) 求函数 $g(x)=f\left(x-\dfrac{\pi}{12}\right)-f\left(x+\dfrac{\pi}{12}\right)$ 的单调递增区间.

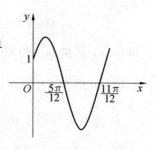

图 1

解 (1) $f(x)=2\sin\left(2x+\dfrac{\pi}{6}\right)$ (过程略).

(2) 由和差化积公式 ② 中的第二个公式,可得

$g(x)=2\sin 2x-2\sin\left(2x+\dfrac{\pi}{3}\right)=-2\cos\left(2x+\dfrac{\pi}{6}\right)$

由 $2k\pi\leqslant 2x+\dfrac{\pi}{6}\leqslant 2k\pi+\pi(k\in\mathbf{Z})$,得 $k\pi-\dfrac{\pi}{12}\leqslant x\leqslant k\pi+\dfrac{5\pi}{12}(k\in\mathbf{Z})$,

所以所求单调递增区间是 $\left[k\pi-\dfrac{\pi}{12},k\pi+\dfrac{5\pi}{12}\right](k\in\mathbf{Z})$.

例 4 (2011・北京・文理・15) 已知函数 $f(x)=4\cos x\sin\left(x+\dfrac{\pi}{6}\right)-1$.

(1) 求 $f(x)$ 的最小正周期;

(2) 求 $f(x)$ 在区间 $\left[-\dfrac{\pi}{6},\dfrac{\pi}{4}\right]$ 上的最大值和最小值.

解 由积化和差公式 ① 中的第二个公式,立得

$f(x)=4\cos x\sin\left(x+\dfrac{\pi}{6}\right)-1=2\left[\sin\left(2x+\dfrac{\pi}{6}\right)-\sin\left(-\dfrac{\pi}{6}\right)\right]-1=$

$2\sin\left(2x+\dfrac{\pi}{6}\right)$

(1) $f(x)$ 的最小正周期为 π.

(2) 因为 $-\dfrac{\pi}{6}\leqslant x\leqslant\dfrac{\pi}{4}$,所以 $-\dfrac{\pi}{6}\leqslant 2x+\dfrac{\pi}{6}\leqslant\dfrac{2\pi}{3}$. 于是,当且仅当 $2x+\dfrac{\pi}{6}=\dfrac{\pi}{2}$ 即 $x=\dfrac{\pi}{6}$ 时,$f(x)$ 取得最大值且最大值是 2;当且仅当 $2x+\dfrac{\pi}{6}=-\dfrac{\pi}{6}$ 即 $x=-\dfrac{\pi}{6}$ 时,$f(x)$ 取得最小值且最小值是 -1.

例 5 (2010・湖北・理・16) 已知函数 $f(x)=\cos\left(\dfrac{\pi}{3}+x\right)\cos\left(\dfrac{\pi}{3}-x\right)$,

$g(x)=\dfrac{1}{2}\sin 2x-\dfrac{1}{4}$.

(1) 求函数 $f(x)$ 的最小正周期;

(2) 求函数 $h(x)=f(x)-g(x)$ 的最大值,并求使 $h(x)$ 取得最大值的 x 的集合.

解 (1) 由积化和差公式 ① 中的第三个公式,立得

$$f(x) = \frac{1}{2}\left(\cos\frac{2}{3}\pi + \cos 2x\right) = \frac{1}{2}\cos 2x - \frac{1}{4}$$

所以 $f(x)$ 的最小正周期为 π.

(2) 可得 $h(x) = \cdots = \frac{\sqrt{2}}{2}\cos\left(2x + \frac{\pi}{4}\right)$，所以函数 $h(x)$ 的最大值是 $\frac{\sqrt{2}}{2}$，使 $h(x)$ 取得最大值的 x 的集合是 $\left\{k\pi - \frac{\pi}{8} \mid k \in \mathbf{Z}\right\}$.

例 6 （2010·江苏·理·23）已知 $\triangle ABC$ 的三边长都是有理数.

(1) 求证: $\cos A$ 是有理数；

(2) 求证: 对任意正整数 n, $\cos nA$ 是有理数.

评注 对于此压轴题第(2)问，常见的证法是加强命题——用数学归纳法同时证明 $\cos nA$, $\sin A\sin nA$ 均是有理数:

易证 $n=1$ 时成立: $\sin^2 A = 1 - \cos^2 A$.

假设 $n=k(k \in \mathbf{N}^*)$ 时成立: $\cos kA$, $\sin A\sin kA$ 均是有理数.

当 $n=k+1$ 时，由

$$\cos(k+1)A = \cos A\cos kA - \sin A\sin kA$$
$$\sin A\sin(k+1)A = \sin A\sin A\cos kA + \sin A\sin kA\cos A$$

及归纳假设知，$n=k+1$ 时也成立，所以欲证成立.

但这种证法对于绝大部分考生来说，因平时训练的少所以很难想到. 而下面运用积化和差公式的证法是可以摸索出来的:

我们用步长为 2 的数学归纳法来证明第(2)问:

由(1)知 $n=1$ 时成立.

假设 $n=k, k+1(k \in \mathbf{N}^*)$ 时均成立: $\cos kA$, $\cos(k+1)A$ 均是有理数.

当 $n=k+2$ 时，由

$$2\cos(k+2)A = 2\cos A\cos(k+1)A - 2\sin A\sin(k+1)A =$$
$$2\cos A\cos(k+1)A + \cos(k+2)A - \cos kA$$
$$\cos(k+2)A = 2\cos A\cos(k+1)A - \cos kA$$

及归纳假设知，$n=k+2$ 时也成立，所以欲证成立.

例 7 （2013·福建·文·21）如图 2，在等腰直角三角形 $\triangle OPQ$ 中，$\angle OPQ = 90°$，$OP = 2\sqrt{2}$，点 M 在线段 PQ 上.

(1) 若 $OM = \sqrt{3}$，求 PM 的长;

(2) 若点 N 在线段 MQ 上，且 $\angle MON = 30°$，问: 当 $\angle POM$ 取何值时，$\triangle OMN$ 的面积最小？并求出面积的最小值.

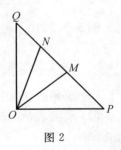

图 2

解 (1) 在 $\triangle OMP$ 中,$\angle OPM = 45°$,$OM = \sqrt{5}$,$OP = 2\sqrt{2}$,由余弦定理得
$$OM^2 = OP^2 + MP^2 - 2 \cdot OP \cdot MP \cdot \cos 45°$$
$$MP^2 - 4MP + 3 = 0$$
$$MP = 1 \text{ 或 } MP = 3$$

(2) 设 $\angle POM = \alpha$,$0° \leqslant \alpha \leqslant 60°$.

在 $\triangle OMP$ 中,由正弦定理,得 $\dfrac{OM}{\sin \angle OPM} = \dfrac{OP}{\sin \angle OMP}$,所以 $OM = \dfrac{OP \sin 45°}{\sin(45° + \alpha)}$.

同理,得 $ON = \dfrac{OP \sin 45°}{\sin(75° + \alpha)}$. 所以

$S_{\triangle OMN} = \dfrac{1}{2} \cdot OM \cdot ON \cdot \sin \angle MON = \dfrac{1}{4} \cdot \dfrac{OP^2 \sin^2 45°}{\sin(45° + \alpha) \sin(75° + \alpha)} = \dfrac{-2}{-2\sin(\alpha + 75°)\sin(\alpha + 45°)} = \dfrac{2}{\cos 30° - \cos(2\alpha + 120°)} = \dfrac{2}{\cos 30° + \cos(2\alpha - 60°)}$

因为 $-60° \leqslant 2\alpha - 60° \leqslant 60°$,所以当且仅当 $2\alpha - 60° = 0°$ 即 $\alpha = 30°$ 时,$\triangle OMN$ 的面积取到最小值,且最小值是 $8 - 4\sqrt{3}$.

例 8 若函数 $f(x) = \sin(x + \varphi)$ 是偶函数,求 φ 的值.

解 函数 $f(x) = \sin(x + \varphi)$ 是偶函数 $\Leftrightarrow$
$\sin(-x + \varphi) = \sin(x + \varphi)$ 恒成立 $\Leftrightarrow$
$\sin(x - \varphi) + \sin(x + \varphi) = 0$ 恒成立 $\Leftrightarrow$
$(\sin x \cos \varphi - \cos x \sin \varphi) + (\sin x \cos \varphi - \cos x \sin \varphi) = 0$ 恒成立 $\Leftrightarrow$
$2\sin x \cos \varphi = 0$ 恒成立 $\Leftrightarrow$
$\cos \varphi = 0 \Leftrightarrow$
$\varphi = k\pi + \dfrac{\pi}{2} (k \in \mathbf{Z})$

所以所求 φ 的值为 $\varphi = k\pi + \dfrac{\pi}{2} (k \in \mathbf{Z})$.

评注 若用和差化积公式 ② 的第二个公式可得更简洁的解法.

函数 $f(x) = \sin(x + \varphi)$ 是偶函数 $\Leftrightarrow$
$\sin(-x + \varphi) - \sin(x + \varphi) = 0$ 恒成立 $\Leftrightarrow$
$2\cos \varphi \sin(-x) = 0$ 恒成立 $\Leftrightarrow$
$\cos \varphi = 0 \Leftrightarrow$
$\varphi = k\pi + \dfrac{\pi}{2} (k \in \mathbf{Z})$

所以所求 φ 的值为 $\varphi = k\pi + \dfrac{\pi}{2}(k \in \mathbf{Z})$.

例 9 （莫斯科大学数学力学系入学考试试题 2009 年第 5(Ⅰ) 题, 也即口试第一题）叙述并证明正弦和差化积公式、余弦和差化积公式.

例 10 （2011 年华约自主招生试题第 11 题）已知 $\triangle ABC$ 不是直角三角形.
(1) 证明: $\tan A + \tan B + \tan C = \tan A \tan B \tan C$;
(2) 若 $\sqrt{3}\tan C - 1 = \dfrac{\tan B + \tan C}{\tan A}$, 且 $\sin 2A, \sin 2B, \sin 2C$ 的倒数成等差数列, 求 $\cos\dfrac{A-C}{2}$ 的值.

解答例 10 的第 (2) 问就要用到积化和差、和差化积公式, 答案为 1 或 $\dfrac{\sqrt{6}}{4}$.

例 11 （2013 年华约自主招生试题第 2 题）已知 $\sin x + \sin y = \dfrac{1}{3}$, $\cos x - \cos y = \dfrac{1}{5}$, 求 $\cos(x+y), \sin(x-y)$ 的值.

求例 11 中 $\sin(x-y)$ 的值就要用到和差化积公式, 本题的答案为 $\dfrac{208}{225}$, $-\dfrac{15}{17}$.

所以从一定程度上来说: 记住积化和差、和差化积公式等于做十道难题!

§24 对一道课本习题的研究

全日制普通高级中学教科书(必修)《数学·第一册(下)》(人民教育出版社,2006 年第 2 版)(下简称《教科书第一册(下)》)第 46 页第 16 题是:

课本习题 已知 $\sin\alpha - \sin\beta = -\dfrac{1}{3}$,$\cos\alpha - \cos\beta = \dfrac{1}{2}$,求 $\cos(\alpha-\beta)$ 的值.

解 记

$$\begin{cases} \sin\alpha - \sin\beta = -\dfrac{1}{3} \\ \cos\alpha - \cos\beta = \dfrac{1}{2} \end{cases} \quad\begin{matrix}①\\②\end{matrix}$$

$①^2 + ②^2$ 后可求得

$$\cos(\alpha-\beta) = \dfrac{59}{72} \qquad ③$$

问题 若 ①② 均成立,分别求 $\cos(\alpha+\beta)$,$\sin(\alpha+\beta)$,$\sin(\alpha-\beta)$ 的值.

分析 (1) $②^2 - ①^2$ 后可得

$$\cos 2\alpha + \cos 2\beta - 2\cos(\alpha+\beta) = \dfrac{5}{36}$$

$$2\cos(\alpha+\beta)[\cos(\alpha-\beta) - 1] = \dfrac{5}{36}$$

再由式 ③,得

$$\cos(\alpha+\beta) = -\dfrac{5}{13} \qquad ④$$

(2) ①×② 后可得

$$\dfrac{1}{2}(\sin 2\alpha + \sin 2\beta) - \sin(\alpha+\beta) = -\dfrac{1}{6}$$

$$\sin(\alpha+\beta)[\cos(\alpha-\beta) - 1] = -\dfrac{1}{6}$$

再由式 ③,得

$$\sin(\alpha+\beta) = \dfrac{12}{13} \qquad ⑤$$

(先把式 ②① 的左边和差化积再相除,可得 $\tan\dfrac{\alpha+\beta}{2} = \dfrac{3}{2}$,再用万能公式也可求得 $\sin(\alpha+\beta) = \dfrac{12}{13}$.)

(3) 由 $\cos(\alpha-\beta)=\dfrac{59}{72}$,得 $\sin(\alpha-\beta)=\pm\dfrac{\sqrt{1\,703}}{72}$,下面证明这两个值均能取到.

由 $\sin(\alpha+\beta)=\dfrac{12}{13}$,$\cos(\alpha+\beta)=-\dfrac{5}{13}$,得 $\alpha+\beta=\pi-\arccos\dfrac{5}{13}+2k\pi(k\in\mathbf{Z})$.

由 $\cos(\alpha-\beta)=\dfrac{59}{72}$,得 $\alpha-\beta=\pm\arccos\dfrac{59}{72}+2l\pi(l\in\mathbf{Z})$.

所以
$$2\alpha=\pi-\arccos\dfrac{5}{13}\pm\arccos\dfrac{59}{72}+2(k+l)\pi$$
$$2\beta=\pi-\arccos\dfrac{5}{13}\mp\arccos\dfrac{59}{72}+2(k-l)\pi$$

再由式①②,可得
$$\begin{cases}2\alpha=\pi-\arccos\dfrac{5}{13}+\arccos\dfrac{59}{72}+2(2m+1)\pi\\ 2\beta=\pi-\arccos\dfrac{5}{13}-\arccos\dfrac{59}{72}+2(2n-1)\pi\end{cases}$$

或
$$\begin{cases}2\alpha=\pi-\arccos\dfrac{5}{13}-\arccos\dfrac{59}{72}+4m\pi\\ 2\beta=\pi-\arccos\dfrac{5}{13}+\arccos\dfrac{59}{72}+4n\pi\end{cases}$$

其中 $m,n\in\mathbf{Z}$.对于前者,可得 $\sin(\alpha-\beta)=\dfrac{\sqrt{1\,703}}{72}$;对于后者,可得 $\sin(\alpha-\beta)=-\dfrac{\sqrt{1\,703}}{72}$.

2013 年华约自主招生第 2 题 已知:$\sin x+\sin y=\dfrac{1}{3}$,$\cos x-\cos y=\dfrac{1}{5}$,求 $\sin(x-y),\cos(x+y)$.

同以上解答,可求得
$$\sin(x+y)=\pm\dfrac{\sqrt{7\,361}}{225},\sin(x-y)=-\dfrac{15}{17}$$
$$\cos(x+y)=\dfrac{208}{225},\cos(x-y)=\dfrac{8}{17}$$

一般问题 已知:$\sin\alpha+\sin\beta=a$,$\cos\alpha+\cos\beta=b(a^2+b^2\neq 0)$,求 $\sin(\alpha\pm\beta),\cos(\alpha\pm\beta)$ 的值.

解 用以上方法可以求解,这里再给出一种好方法,可得
$$a=\sin\alpha+\sin\beta=\sin[(\alpha+\beta)-\beta]+\sin[(\alpha+\beta)-\alpha]=\cdots=$$

$$b = \cos\alpha + \cos\beta = \cos[(\alpha+\beta)-\beta] + \cos[(\alpha+\beta)-\alpha] = \cdots = a\sin(\alpha+\beta) + b\cos(\alpha+\beta)$$

$$b\sin(\alpha+\beta) - a\cos(\alpha+\beta)$$

解方程组
$$\begin{cases} b\sin(\alpha+\beta) - a\cos(\alpha+\beta) = a \\ a\sin(\alpha+\beta) + b\cos(\alpha+\beta) = b \end{cases}$$

得
$$\begin{cases} \sin(\alpha+\beta) = \dfrac{2ab}{a^2+b^2} \\ \cos(\alpha+\beta) = \dfrac{b^2-a^2}{a^2+b^2} \end{cases}$$

把题设中的两式平方相加后,可得 $\cos(\alpha-\beta) = \dfrac{a^2+b^2}{2} - 1$. 由此还可得

$$\sin(\alpha-\beta) = \pm\dfrac{1}{2}\sqrt{(a^2+b^2)(4-a^2-b^2)}$$

下面证明这两个值均能取到

$$\begin{cases} \sin\alpha+\sin\beta=a \\ \cos\alpha+\cos\beta=b \end{cases} \Leftrightarrow \begin{cases} 2\sin\dfrac{\alpha+\beta}{2}\cos\dfrac{\alpha-\beta}{2}=a \\ 2\cos\dfrac{\alpha+\beta}{2}\cos\dfrac{\alpha-\beta}{2}=b \end{cases} \Leftrightarrow$$

$$\begin{cases} 2\sin\dfrac{\alpha+\beta}{2}\cos\dfrac{\alpha-\beta}{2}=a \\ 2\cos\dfrac{\alpha+\beta}{2}\cos\dfrac{\alpha-\beta}{2}=b \\ \tan\dfrac{\alpha+\beta}{2}=\dfrac{a}{b} \end{cases} \qquad ⑥$$

又 $\tan\dfrac{\alpha+\beta}{2} = \dfrac{a}{b} \Leftrightarrow \dfrac{\alpha+\beta}{2} = k\pi + \arctan\dfrac{a}{b}(k\in\mathbf{Z})$,得

(1) 当 $a>0, b>0, k$ 为偶数时, 由式 ⑥

$$\begin{cases} \sin\alpha+\sin\beta=a \\ \cos\alpha+\cos\beta=b \end{cases} \Leftrightarrow \begin{cases} \sin\dfrac{\alpha+\beta}{2}=\dfrac{a}{\sqrt{a^2+b^2}}, \cos\dfrac{\alpha+\beta}{2}=\dfrac{b}{\sqrt{a^2+b^2}} \\ \cos\dfrac{\alpha-\beta}{2}=\dfrac{\sqrt{a^2+b^2}}{2} \\ \dfrac{\alpha+\beta}{2}=2m\pi+\arctan\dfrac{a}{b}(m\in\mathbf{Z}) \end{cases} \Leftrightarrow$$

$$\begin{cases} \dfrac{\alpha+\beta}{2}=2m\pi+\arctan\dfrac{a}{b} \\ \dfrac{\alpha-\beta}{2}=2n\pi\pm\arccos\dfrac{\sqrt{a^2+b^2}}{2} \end{cases} \quad (m,n\in\mathbf{Z})$$

所以

$$\sin(\alpha-\beta)=\pm 2\sin\left(\arccos\frac{\sqrt{a^2+b^2}}{2}\right)\cos\left(\arccos\frac{\sqrt{a^2+b^2}}{2}\right)=$$
$$\pm\frac{1}{2}\sqrt{(a^2+b^2)(4-a^2-b^2)}$$

(2) 当 $a>0, b>0, k$ 为奇数时，由式 ⑥ 得

$$\begin{cases}\sin\alpha+\sin\beta=a\\\cos\alpha+\cos\beta=b\end{cases}\Leftrightarrow\begin{cases}\sin\dfrac{\alpha+\beta}{2}=-\dfrac{a}{\sqrt{a^2+b^2}},\cos\dfrac{\alpha+\beta}{2}=-\dfrac{b}{\sqrt{a^2+b^2}}\\\cos\dfrac{\alpha-\beta}{2}=-\dfrac{\sqrt{a^2+b^2}}{2}\\\dfrac{\alpha+\beta}{2}=2m\pi+\pi+\arctan\dfrac{a}{b}(m\in\mathbf{Z})\end{cases}\Leftrightarrow$$

$$\begin{cases}\dfrac{\alpha+\beta}{2}=2m\pi+\pi+\arctan\dfrac{a}{b}\\\dfrac{\alpha-\beta}{2}=2n\pi+\pi\pm\arccos\dfrac{\sqrt{a^2+b^2}}{2}\end{cases}(m,n\in\mathbf{Z})$$

所以

$$\sin(\alpha-\beta)=\pm 2\sin\left(\arccos\frac{\sqrt{a^2+b^2}}{2}\right)\cos\left(\arccos\frac{\sqrt{a^2+b^2}}{2}\right)=$$
$$\pm\frac{1}{2}\sqrt{(a^2+b^2)(4-a^2-b^2)}$$

(3) 当 $a>0, b<0, k$ 为偶数时，由式 ⑥ 可得

$$\begin{cases}\sin\alpha+\sin\beta=a\\\cos\alpha+\cos\beta=b\end{cases}\Leftrightarrow\begin{cases}\dfrac{\alpha+\beta}{2}=2m\pi+\arctan\dfrac{a}{b}\\\dfrac{\alpha-\beta}{2}=2n\pi+\pi\pm\arccos\dfrac{\sqrt{a^2+b^2}}{2}\end{cases}(m,n\in\mathbf{Z})$$

所以

$$\sin(\alpha-\beta)=\cdots=\pm\frac{1}{2}\sqrt{(a^2+b^2)(4-a^2-b^2)}$$

(4) 当 $a>0, b<0, k$ 为奇数时，由式 ⑥ 可得

$$\begin{cases}\sin\alpha+\sin\beta=a\\\cos\alpha+\cos\beta=b\end{cases}\Leftrightarrow\begin{cases}\dfrac{\alpha+\beta}{2}=2m\pi+\pi+\arctan\dfrac{a}{b}\\\dfrac{\alpha-\beta}{2}=2n\pi\pm\arccos\dfrac{\sqrt{a^2+b^2}}{2}\end{cases}(m,n\in\mathbf{Z})$$

所以

$$\sin(\alpha-\beta)=\cdots=\pm\frac{1}{2}\sqrt{(a^2+b^2)(4-a^2-b^2)}$$

(5) 当 $a<0, b>0, k$ 为偶数时，由式 ⑥ 可得

三角与平面向量

$$\left.\begin{cases} \sin\alpha + \sin\beta = a \\ \cos\alpha + \cos\beta = b \end{cases}\right\} \Leftrightarrow \begin{cases} \dfrac{\alpha+\beta}{2} = 2m\pi + \arctan\dfrac{a}{b} \\ \dfrac{\alpha-\beta}{2} = 2n\pi \pm \arccos\dfrac{\sqrt{a^2+b^2}}{2} \end{cases} \quad (m,n \in \mathbf{Z})$$

所以
$$\sin(\alpha-\beta) = \cdots = \pm\frac{1}{2}\sqrt{(a^2+b^2)(4-a^2-b^2)}$$

(6) 当 $a<0, b>0, k$ 为奇数时，由式 ⑥ 可得

$$\left.\begin{cases} \sin\alpha + \sin\beta = a \\ \cos\alpha + \cos\beta = b \end{cases}\right\} \Leftrightarrow \begin{cases} \dfrac{\alpha+\beta}{2} = 2m\pi + \pi + \arctan\dfrac{a}{b} \\ \dfrac{\alpha-\beta}{2} = 2n\pi + \pi \pm \arccos\dfrac{\sqrt{a^2+b^2}}{2} \end{cases} \quad (m,n \in \mathbf{Z})$$

所以
$$\sin(\alpha-\beta) = \cdots = \pm\frac{1}{2}\sqrt{(a^2+b^2)(4-a^2-b^2)}$$

(7) 当 $a<0, b<0, k$ 为偶数时，由式 ⑥ 可得

$$\left.\begin{cases} \sin\alpha + \sin\beta = a \\ \cos\alpha + \cos\beta = b \end{cases}\right\} \Leftrightarrow \begin{cases} \dfrac{\alpha+\beta}{2} = 2m\pi + \arctan\dfrac{a}{b} \\ \dfrac{\alpha-\beta}{2} = 2n\pi + \pi \pm \arccos\dfrac{\sqrt{a^2+b^2}}{2} \end{cases} \quad (m,n \in \mathbf{Z})$$

所以
$$\sin(\alpha-\beta) = \cdots = \pm\frac{1}{2}\sqrt{(a^2+b^2)(4-a^2-b^2)}$$

(8) 当 $a<0, b<0, k$ 为奇数时，由式 ⑥ 可得

$$\left.\begin{cases} \sin\alpha + \sin\beta = a \\ \cos\alpha + \cos\beta = b \end{cases}\right\} \Leftrightarrow \begin{cases} \dfrac{\alpha+\beta}{2} = 2m\pi + \pi + \arctan\dfrac{a}{b} \\ \dfrac{\alpha-\beta}{2} = 2n\pi \pm \arccos\dfrac{\sqrt{a^2+b^2}}{2} \end{cases} \quad (m,n \in \mathbf{Z})$$

所以
$$\sin(\alpha-\beta) = \cdots = \pm\frac{1}{2}\sqrt{(a^2+b^2)(4-a^2-b^2)}$$

由以上推导，还可得：

定理 1 （1）若 $a \neq 0, b > 0$，则

$$\left.\begin{cases} \sin\alpha + \sin\beta = a \\ \cos\alpha + \cos\beta = b \end{cases}\right\} \Leftrightarrow \begin{cases} \alpha = 2k\pi + \arctan\dfrac{a}{b} \pm \arccos\dfrac{\sqrt{a^2+b^2}}{2} \\ \beta = 2l\pi + \arctan\dfrac{a}{b} \mp \arccos\dfrac{\sqrt{a^2+b^2}}{2} \end{cases} \quad (k,l \in \mathbf{Z})$$

（2）若 $a \neq 0, b < 0$，则

$$\left.\begin{aligned}\sin\alpha+\sin\beta&=a\\\cos\alpha+\cos\beta&=b\end{aligned}\right\}\Leftrightarrow$$

$$\begin{cases}\alpha=(2k-1)\pi+\arctan\dfrac{a}{b}\pm\arccos\dfrac{\sqrt{a^2+b^2}}{2}\\\beta=(2l-1)\pi+\arctan\dfrac{a}{b}\mp\arccos\dfrac{\sqrt{a^2+b^2}}{2}\end{cases}(k,l\in\mathbf{Z})$$

定理 2 （1）若

$$\sin\alpha+\sin\beta=a,\cos\alpha+\cos\beta=b\quad(a^2+b^2\neq 0)$$

则

$$\sin(\alpha+\beta)=\frac{2ab}{a^2+b^2},\cos(\alpha+\beta)=\frac{b^2-a^2}{a^2+b^2},\cos(\alpha-\beta)=\frac{a^2+b^2}{2}-1$$

$$\sin(\alpha-\beta)=\pm\frac{1}{2}\sqrt{(a^2+b^2)(4-a^2-b^2)}\quad(\text{这两个值均能取到})$$

在定理 1,2 中令 $\beta=\pi+\beta'$ 或 $\beta=\pi-\beta'$ 可得新的结论，由后者还可解答 2013 年华约自主招生第 2 题.

> 最令人兴奋的时刻不在什么东西被证明之日，而在一个新的概念被引伸出来之时。
> ——I. Kaplansky

三角与平面向量

§25 谈一道高考模拟题

全国 100 所名校最新高考模拟示范卷·理科数学卷(六)(金太阳教育研究院数学所编,2012)第 16 题(即解答题的第一题)是:

题 1 在 $\triangle ABC$ 中,内角 A,B,C 的对边分别为 a,b,c,其外接圆半径为 6,且 $\dfrac{b}{1-\cos B}=24$,$\sin A+\sin C=\dfrac{4}{3}$.

(1) 求 $\cos B$;

(2) 求 $\triangle ABC$ 面积的最大值.

参考答案 (1) 由 $\dfrac{b}{1-\cos B}=24$,得

$$\dfrac{2\cdot 6\sin B}{1-\cos B}=24, \dfrac{\sin B}{1-\cos B}=2$$

两边平方后再约分,得

$$\dfrac{1+\cos B}{1-\cos B}=4, \cos B=\dfrac{3}{5}$$

(2) 由 $\sin A+\sin C=\dfrac{4}{3}$,得 $\dfrac{a}{12}+\dfrac{c}{12}=\dfrac{4}{3}$,$a+c=16$.

又由 $\cos B=\dfrac{3}{5}$,得 $\sin B=\dfrac{4}{5}$,所以

$$S=\dfrac{1}{2}ac\sin B=\dfrac{2}{5}ac\leqslant\dfrac{2}{5}\left(\dfrac{a+c}{2}\right)^2=\dfrac{128}{5}$$

所以当 $a=c=8$ 时,$S_{\max}=\dfrac{128}{5}$.

对参考答案的质疑 第(1)问的解答完整无误,但第(2)问的解答不对:在 $\triangle ABC$ 中,若 $\cos B=\dfrac{3}{5}$,$a=c=8$,由余弦定理可求得 $b=\dfrac{16}{\sqrt{5}}$,作等腰 $\triangle ABC$ 底边上的高后,可求得 $\sin A+\sin C=\dfrac{4}{\sqrt{5}}$,与题设 $\sin A+\sin C=\dfrac{4}{3}$ 矛盾;在 $\triangle ABC$ 中,若 $\cos B=\dfrac{3}{5}$,$a=c=8$,由余弦定理可求得 $b=\dfrac{16}{\sqrt{5}}$,由题设还得 $b=2\cdot 6\sin B=\dfrac{48}{5}$,前后矛盾.这均说明 $S_{\max}=\dfrac{128}{5}$ 是错误的!

事实上,我们可以这样来解答第(2)问:一般来说,由三个独立的条件是可以解三角形的,本题的题设就是三个独立的条件"外接圆半径为 6,$\dfrac{b}{1-\cos B}=$

$24, \sin A + \sin C = \dfrac{4}{3}$",所以本题的 $\triangle ABC$ 是可以求解的,且最多两组解(可求出是两组解),面积最多两个(可求出这两个三角形的面积是相等的),因而上述用均值不等式求解的思路是错误的.

题 1 第(2)问的正确解答 在参考答案中已求得 $a+c=16$,再由 $\cos B = \dfrac{3}{5}, b = 2 \cdot 6\sin B = \dfrac{48}{5}$ 及 $\cos B = \dfrac{a^2+c^2-b^2}{2ac}$,得

$$\dfrac{16^2 - 2ac - \left(\dfrac{48}{5}\right)^2}{2ac} = \dfrac{3}{5}$$

$$ac = \dfrac{256}{5}$$

$$S = \dfrac{1}{2}ac\sin B = \dfrac{1}{2} \cdot \dfrac{256}{5} \cdot \dfrac{4}{5} = \dfrac{512}{25}$$

$$S_{\max} = \dfrac{512}{25}$$

注 由 $ac = \dfrac{256}{5}$ 及 $a+c=16$,可求得满足题设的 $\triangle ABC$ 有两个

$$(a,b,c) = \left(8 + \dfrac{8}{5}\sqrt{5}, \dfrac{48}{5}, 8 - \dfrac{8}{5}\sqrt{5}\right), \left(8 - \dfrac{8}{5}\sqrt{5}, \dfrac{48}{5}, 8 + \dfrac{8}{5}\sqrt{5}\right)$$

这份数学卷(六)也是我校 2012 届高三理科学生的考试试卷,答题结果绝大部分与参考答案相同,且实验班比平行班(前者比后者基础、应考能力都要好很多)更是这样,实验班算出答案是 $\dfrac{512}{25}$ 的比平行班要少很多. 笔者对实验班的学生讲了正确解答后,学生还都不认同:

(1) 因为是求最小值,所以我们都想到了均值不等式,以前很多求三角形面积最值的题都是这样解答的;

(2) 因为本题中的三角形面积 S 是常数,所以 S 没有最大值,因而本题是错题;

(3) 这道题很不常规,以前也没见过这种题,这种题不应当作为解答题的第一题.

关于(1),我们应当再一次的看到套题型的害处,老师教学生盲目套题型使学生上当吃亏的情形还少吗? 比如解答 2010 年高考湖北理科卷第 20(1) 题就会出现这种情况[1].

关于(2),显然是没有理解最值的概念造成的,应注意常数函数的最大值、最小值均是这个常数本身. 有不少考生(也有不少老师也这样教学生)只需作题不用思考,作对了就是成功,无需任何思考,只需要练就熟练. 这与清兵"放枪不瞄准"[2,3]有什么区别呢? 读者还可阅读拙文[4]～[8].

关于(3),模拟考试就是要查漏补缺,实际上这道题是解三角形的常规题,只是问话有些不常规而已.若看清了本题的三角形可解,就不会解错.

编拟一道好题确实不易,在高考题、课本题中也有需要完善的题目[9—13],不过,错题也是一种资源,也给我们提供了很好的研究对象,认真研究它们,也定会使自己提高不少.

还可把题 1 改编成下面的题目:

题 2 $\triangle ABC$ 的外接圆半径为 6,内角 B 的对边为 b,$\dfrac{b}{1-\cos B}=24$.

(1) 求 $\cos B$;

(2) 若 $\sin A+\sin C=\dfrac{4}{3}$,求 $\triangle ABC$ 的面积.

参考答案 (1) $\dfrac{3}{5}$;(2) $\dfrac{512}{25}$.

题 3 $\triangle ABC$ 的外接圆半径为 6,内角 B 的对边为 b,$\dfrac{b}{1-\cos B}=24$,$\sin A+\sin C=\dfrac{4}{3}$,求 $\triangle ABC$ 的内角 A,B,C 的对边 a,b,c.

参考答案 有两组解

$$(a,b,c)=\left(8+\dfrac{8}{5}\sqrt{5},\dfrac{48}{5},8-\dfrac{8}{5}\sqrt{5}\right),\left(8-\dfrac{8}{5}\sqrt{5},\dfrac{48}{5},8+\dfrac{8}{5}\sqrt{5}\right)$$

题 4 若 $\triangle ABC$ 的外接圆半径为 6,内角 B 的对边为 b,$\dfrac{b}{1-\cos B}=24$,则 $\triangle ABC$ 面积的最大值是_____.

参考答案 $\dfrac{1\,152}{25}$.

题 5 已知 $\triangle ABC$ 的外接圆半径为 6,$\sin A+\sin C=\dfrac{4}{3}$,求 $\triangle ABC$ 面积 S 的取值范围.

解 由正弦定理及题设可得 $BA+BC=16$,所以点 B 在以 A,C 为焦点、长轴长为 16 的椭圆上.如图 1,当点 B 从短轴的端点(比如 B')向长轴的端点(比如 B'')移动时,$\triangle ABC$ 的面积 S 在减小(因为底边 AC 的长不变,AC 边上的高在减小).可不妨设点 B 在椭圆弧 $\overset{\frown}{B'B''}$ 上运动且 $\angle BAC$ 是锐角,得 S 随 $\angle BAC$ 的减小而减小.

当且仅当 $\angle BAC$ 最大即点 B 与点 B' 重合时 S 最大,此时可得

$$\sin A=\sin C=\dfrac{2}{3},\sin B=\sin 2A=2\sin A\cos A=2\cdot\dfrac{2}{3}\cdot\dfrac{\sqrt{5}}{3}=\dfrac{4}{9}\sqrt{5}$$

所以 S 的最大值为

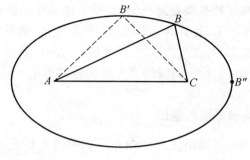

图 1

$$2R^2\sin A\sin B\sin C=\frac{32}{81}\sqrt{5}R^2=\frac{128}{9}\sqrt{5}$$

当 $\angle BAC\to 0$ 时,$S\to 0$.

再由 S 是连续变化的,可得其取值范围是 $\left(0,\dfrac{128}{9}\sqrt{5}\right]$.

题 5 的一般情形　已知 $\triangle ABC$ 的外接圆半径为 R,$BA+BC$ 为定值 $2g(0<2g<4R$,否则 $\triangle ABC$ 不存在$)$,求 $\triangle ABC$ 面积 S 的取值范围.

参考答案　$\left(0,\dfrac{g^3}{4R^2}\sqrt{4R^2-g^2}\right]$. 下面给出一般情形中最大值的一种简洁证明：

在 $\triangle ABC$ 中,设 $AB=c$,$BC=a$,$CA=b$. 由 $S=\dfrac{1}{2}ab\sin C=\dfrac{abc}{4R}$,得 $ac=\dfrac{4RS}{b}$. 又 $a+c=2g$,所以 a,c 是关于 x 的一元二次方程

$$x^2-2gx+\frac{4RS}{b}=0$$

的两个正数根,易知该方程有两个正数根的充要条件是 $\Delta\geqslant 0$ 即 $S\leqslant\dfrac{bg^2}{4R}$（当且仅当 $a=c$ 时取等号）. 即当且仅当 $a=c$ 时 S 取到最大值. 下面用图 2 来求这个最大值.

在图 2 中,设点 O 是 $\triangle ABC(BA=BC)$ 的外心,得 $AC\perp OB$,设垂足为点 D,所以

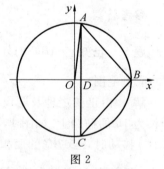

图 2

$$R^2-(R-BD)^2=AD^2=AB^2-BD^2=g^2-BD^2$$

$$BD=\frac{g^2}{2R}$$

又 $AD=\sqrt{AB^2-BD^2}=\sqrt{g^2-\left(\dfrac{g^2}{2R}\right)^2}=\dfrac{g}{2R}\sqrt{4R^2-g^2}$,得 S 的最大值为

$$AD \cdot BD = \frac{g}{2R}\sqrt{4R^2-g^2} \cdot \frac{g^2}{2R} = \frac{g^3}{4R^2}\sqrt{4R^2-g^2}$$

参考文献

[1] 甘志国. 为2010年的高考数学湖北卷叫好[J]. 数学通讯,2010(8下):46-50.

[2] 张奠宙,赵小平. 从清兵"放枪不瞄准"的毛病说起[J]. 数学教学,2008(4):封底.

[3] 文欢. 历史不忍细看[M]. 郑州:河南文艺出版社,2007.

[4] 甘志国. "思、探、练、变、提"的解题教学[J]. 中小学数学(高中),2009(12):7.

[5] 甘志国. 数学教学要注意有效性原则和可接受性原则[J]. 数学教学,2010(5):8-9,封底.

[6] 甘志国. 数学教学更需要"慢教育"[J]. 中学数学月刊,2010(3):22-23.

[7] 甘志国. 利滚利、漂洗衣服与题海战术[J]. 中小学数学(高中),2011(3):8-10.

[8] 甘志国. 教育者也要关注另一个1‰——谈数学特困生的成长[J]. 中国数学教育(高中),2011(1,2):16-19.

[9] 甘志国. 题设最好别多余[J]. 数学教学,2012(4):41-45.

[10] 甘志国. 改成小于多好——例谈编拟数学题要注意考查知识的有效性[J]. 中学数学(高中),2010(8):54-56.

[11] 甘志国. 是很巧,还是有不足?[J]. 中学生数学(高中),2010(8):4-5.

[12] 甘志国. 条件"墙长18 m"多余吗?[J]. 中学数学(高中),2010(7):15-16.

[13] 甘志国. 这是数列问题而不是连续函数问题[J]. 中学数学(高中),2010(6):23-24,36.

§26 订正公式 $a\sin\theta + b\cos\theta = \sqrt{a^2+b^2}\sin\left(\theta + \arctan\dfrac{b}{a}\right)$ $(ab \neq 0)$

有很多文献(比如[1],[2])给出了下面的公式

$$a\sin\theta + b\cos\theta = \sqrt{a^2+b^2}\sin\left(\theta + \arctan\dfrac{b}{a}\right) \quad (ab \neq 0)$$

实际上,此公式并不正确,反例:当 $a=-1, b=\sqrt{3}$ 时,$-\sin\theta + \sqrt{3}\cos\theta = 2\sin\left(\theta + \dfrac{2}{3}\pi\right)$,但由以上公式得到的却是

$$-\sin\theta + \sqrt{3}\cos\theta = 2\sin(\theta - \arctan\sqrt{3}) = 2\sin\left(\theta - \dfrac{\pi}{3}\right)$$

正确的结论应当是

$$a\sin\theta + b\cos\theta = \begin{cases} \sqrt{a^2+b^2}\sin\left(\theta + \arctan\dfrac{b}{a}\right) & (a>0) \\ \sqrt{a^2+b^2}\sin\left(\theta + \dfrac{\pi}{2}\right) & (b>a=0) \\ \sqrt{a^2+b^2}\sin\left(\theta - \dfrac{\pi}{2}\right) & (b<a=0) \\ \sqrt{a^2+b^2}\sin\left(\theta + \pi + \arctan\dfrac{b}{a}\right) & (a<0) \end{cases}$$

证明 可得

$$a\sin\theta + b\cos\theta = \sqrt{a^2+b^2}\left(\dfrac{a}{\sqrt{a^2+b^2}}\sin\theta + \dfrac{b}{\sqrt{a^2+b^2}}\cos\theta\right) \quad (ab \neq 0)$$

可设 $\dfrac{a}{\sqrt{a^2+b^2}} = \cos\varphi, \dfrac{b}{\sqrt{a^2+b^2}} = \sin\varphi \quad \left(-\dfrac{\pi}{2} \leqslant \varphi < \dfrac{3\pi}{2}\right)$

得

$$a\sin\theta + b\cos\theta = \sqrt{a^2+b^2}\sin(\theta + \varphi) \quad (ab \neq 0)$$

(1) 先证 $a>0$ 时成立:

① 当 $a>0, b>0$ 时,$\sin\varphi > 0, \cos\varphi > 0 \left(0<\varphi<\dfrac{\pi}{2}\right)$,得 $\varphi = \arctan\dfrac{b}{a}$,欲证成立;

② 当 $a>b=0$ 时,$\varphi = 0$,可欲证成立;

③ 当 $a>0>b$ 时,$\cos\varphi > 0 > \sin\varphi\left(-\dfrac{\pi}{2}<\varphi<0\right)$,得 $\varphi = \arctan\dfrac{b}{a}$,

欲证成立.

(2) 再证 $a=0$ 时成立：

④ 当 $b>a=0$ 时,得 $\varphi=\dfrac{\pi}{2}$,欲证成立；

⑤ 当 $b<a=0$ 时,得 $\varphi=-\dfrac{\pi}{2}$,欲证成立.

(3) 还证 $a<0$ 时成立：

① 当 $a<0,b>0$ 时,$\cos\varphi<0<\sin\varphi\left(\dfrac{\pi}{2}<\varphi<\pi\right)$,得 $\varphi=\pi+\arctan\dfrac{b}{a}$,欲证成立；

② 当 $a<b=0$ 时,$\varphi=\pi$,欲证成立；

③ 当 $a<0,b<0$ 时,$\cos\varphi<0,\sin\varphi<0\left(\pi<\varphi<\dfrac{3}{2}\pi\right)$,得 $\varphi=\pi+\arctan\dfrac{b}{a}$,欲证成立.

例1 （2004年同济大学自主招生优秀考生文化测试数学卷第9题）求函数 $f(x)=4-2x^2+x\sqrt{1-x^2}$ 的最大值与最小值.

解 可设 $x=\sin\alpha\left(-\dfrac{\pi}{2}\leqslant\alpha\leqslant\dfrac{\pi}{2}\right)$,得

$$f(x)=3+\cos 2\alpha+\dfrac{1}{2}\sin 2\alpha=3+\dfrac{\sqrt{5}}{2}\sin(2\alpha+\arctan 2)$$

因为 $-\dfrac{\pi}{2}\leqslant\alpha\leqslant\dfrac{\pi}{2}$,所以 $g(\alpha)=\sin(2\alpha+\arctan 2)$ 的值域是 $[-1,1]$,所以函数 $f(x)$ 的值域是 $\left[3-\dfrac{\sqrt{5}}{2},3+\dfrac{\sqrt{5}}{2}\right]$,即所求最大值、最小值分别是 $3+\dfrac{\sqrt{5}}{2},3-\dfrac{\sqrt{5}}{2}$.

例2 设函数 $f(x,y)=\dfrac{ax^2+xy+y^2}{x^2+y^2}$ 满足 $\max\limits_{x^2+y^2\neq 0}f(x,y)-\min\limits_{x^2+y^2\neq 0}f(x,y)=2$,求实数 a 的值.

解 可设 $x^2+y^2=r^2(r>0)$ 即可设 $x=r\cos\theta,y=r\sin\theta(0\leqslant\theta<2\pi)$,得

$$f(x,y)=\sin^2\theta+\sin\theta\cos\theta+a\cos^2\theta=\dfrac{1}{2}\sin 2\theta+\dfrac{a-1}{2}\cos 2\theta+\dfrac{a+1}{2}=$$

$$\dfrac{1}{2}\sqrt{a^2-2a+2}\left(\dfrac{1}{\sqrt{a^2-2a+2}}\sin 2\theta+\dfrac{a-1}{\sqrt{a^2-2a+2}}\cos 2\theta\right)+\dfrac{a+1}{2}=$$

$$\dfrac{1}{2}\sqrt{a^2-2a+2}\sin(2\theta+\varphi)+\dfrac{a+1}{2}$$

其中

$$\begin{cases} \sin\varphi = \dfrac{a-1}{\sqrt{a^2-2a+2}} \\ \cos\varphi = \dfrac{1}{\sqrt{a^2-2a+2}} \end{cases} (0 \leqslant \varphi < 2\pi)$$

因为 $0 \leqslant \theta < 2\pi$，所以函数 $f(\theta) = \sin(2\theta + \varphi)$ 的值域是 $[-1,1]$，得函数 $f(x,y)$ 的值域是 $\left[\dfrac{a+1}{2} - \dfrac{1}{2}\sqrt{a^2-2a+2}, \dfrac{a+1}{2} + \dfrac{1}{2}\sqrt{a^2-2a+2}\right]$，所以题设 $\max\limits_{x^2+y^2 \neq 0} f(x,y) - \min\limits_{x^2+y^2 \neq 0} f(x,y) = 2$ 即

$$\left(\dfrac{a+1}{2} + \dfrac{1}{2}\sqrt{a^2-2a+2}\right) - \left(\dfrac{a+1}{2} - \dfrac{1}{2}\sqrt{a^2-2a+2}\right) = \sqrt{a^2-2a+2} = 2$$

$$a = 1 \pm \sqrt{3}$$

参考文献

[1] 徐章韬. $a\sin\theta + b\cos\theta = \sqrt{a^2+b^2}\sin\left(\theta + \arctan\dfrac{b}{a}\right)$ 的推导——生成合适的教学表征的一个案例[J]. 中学数学教学参考(上旬), 2009(6):13-14.

[2] 公式 $a\sin\theta + b\cos\theta = \sqrt{a^2+b^2}\sin\left(\theta + \arctan\dfrac{b}{a}\right)$ 怎么教[J]. 河北理科教学研究, 2013(2):26-29.

§27 快求一类三角函数值的和

定理 设 k 是已知的正整数，$f(x) = \sin\left(\dfrac{\pi}{k}x + \varphi\right)$ 或 $f(x) = \cos\left(\dfrac{\pi}{k}x + \varphi\right)$，则

$$f(1) + f(2) + f(3) + \cdots + f(2k) =$$
$$f(2) + f(3) + f(4) + \cdots + f(2k+1) =$$
$$f(3) + f(4) + f(5) + \cdots + f(2k+2) = \cdots = 0$$

即数列 $\{f(n)\}$ 在一个周期上的各项和为 0.

证明 设 $S = f(1) + f(2) + f(3) + \cdots + f(2k)$，得
$$S = [f(1) + f(k+1)] + [f(2) + f(k+2)] + [f(3) + f(k+3)] + \cdots + [f(k) + f(2k)]$$

用公式 $\sin(\pi + \alpha) + \sin\alpha = 0$ 及 $\cos(\pi + \alpha) + \cos\alpha = 0$，得 $S = 0$，所以可得欲证成立.

例 (1) 设 $f(x) = \sin\dfrac{\pi}{3}x$，求 $f(1) + f(2) + f(3) + \cdots + f(2\,013)$；

(2) 设 $f(x) = \cos\dfrac{\pi}{5}x$，求 $f(10) + f(11) + f(12) + \cdots + f(2\,012)$.

解 (1) 由函数 $f(x)$ 的周期是 6 及定理，得 $f(1) + f(2) + \cdots + f(6) = 0$. 又 2 010 是 6 的倍数，所以 $f(1) + f(2) + \cdots + f(2\,010) = 0$，进而得
$$f(1) + f(2) + f(3) + \cdots + f(2\,013) = f(2\,011) + f(2\,012) + f(2\,013) =$$
$$f(1) + f(2) + f(3) = \sqrt{3}$$

(2) 由函数 $f(x)$ 的周期是 10 及定理，得 $f(10) + f(11) + \cdots + f(19) = 0$，所以

$$f(10) + f(11) + \cdots + f(19) =$$
$$f(20) + f(21) + \cdots + f(29) = \cdots =$$
$$f(2\,000) + f(2\,001) + \cdots + f(2\,009) = 0$$
$$f(10) + f(11) + f(12) + \cdots + f(2\,012) =$$
$$f(2\,010) + f(2\,011) + f(2\,012) =$$
$$f(0) + f(1) + f(2) = \cos\dfrac{\pi}{5}$$

§28 由图象求解析式 $y = A\sin(\omega x + \varphi)$ 时无需限定"$(A>0, \omega>0, 0 \leqslant \varphi < 2\pi)$"

普通高中课程标准实验教科书《数学 4·必修·A 版》(人民教育出版社,2007 年第 2 版)(下简称《必修 4》)第 49 页写到"前面我们接触过形如 $y = A\sin(\omega x + \varphi)$(其中 A, ω, φ 都是常数)的函数",而在第 52 页又写到"现在我们知道了 A, ω, φ 对函数 $y = A\sin(\omega x + \varphi)(A>0, \omega>0)$ 的图象变化的影响情况".为什么对于函数 $y = A\sin(\omega x + \varphi)$,前面说"(其中 A, ω, φ 都是常数)",而后面限定"$(A>0, \omega>0)$"呢?

实际上,所有形如 $y = A\sin(\omega x + \varphi)$(其中 A, ω, φ 都是常数且 $A\omega \neq 0$)的函数都可化成 $y = A'\sin(\omega' x + \varphi')$(其中 A', ω', φ' 都是常数且 $A'>0, \omega'>0$, $0 \leqslant \varphi' < 2\pi$)的形式.由教科书第 14 页的诱导公式一容易理解"$0 \leqslant \varphi' < 2\pi$"是怎么来的,再分以下四种情形来说明"$A'>0, \omega'>0$"是怎么来的:

(1) 当 $A>0, \omega>0$ 时已经成立;

(2) 当 $A<0, \omega<0$ 时也成立:$y = A\sin(\omega x + \varphi) = -A\sin(-\omega x - \varphi)$;

(3) 当 $A>0, \omega<0$ 时也成立:$y = A\sin(\omega x + \varphi) = A\sin(-\omega x - \varphi + \pi)$;

(4) 当 $A<0, \omega>0$ 时也成立:$y = A\sin(\omega x + \varphi) = -A\sin(\omega x + \varphi + \pi)$.

这一点,所有的教科书都没有说明,且老师往往也不会说明,所以学生往往也不明白上面的道理.

所以,在由图象求解析式 $y = A\sin(\omega x + \varphi)$ 时无需限定"$(A>0, \omega>0, 0 \leqslant \varphi < 2\pi)$".

我们由此来分析几道高考题:

高考题 1 (2012·湖南·文·18) 已知函数 $f(x) = A\sin(\omega x + \varphi)(x \in \mathbf{R}, \omega>0, 0<\varphi<\dfrac{\pi}{2})$ 的部分图象如图 1 所示.

(1) 求函数 $f(x)$ 的解析式;

(2) 求函数 $g(x) = f\left(x - \dfrac{\pi}{12}\right) - f\left(x + \dfrac{\pi}{12}\right)$ 的单调递增区间.

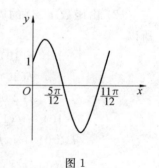

图 1

参 考 答 案 (1) $f(x) = 2\sin\left(2x + \dfrac{\pi}{6}\right)$;

(2) $\left[k\pi - \dfrac{\pi}{12}, k\pi + \dfrac{5\pi}{12}\right](k \in \mathbf{Z})$.

分析 这里的条件"其中 $\omega>0,0<\varphi<\dfrac{\pi}{2}$"是多余的. 如果没有此条件, 可以这样求解第(1)问:

可不妨设 $\omega>0,0\leqslant\varphi<2\pi$, 容易求得 $\omega=2$. 由"五点法"可得 $2\cdot\dfrac{5\pi}{12}+\varphi=\pi,\varphi=\dfrac{\pi}{6}$. 再由 $f(0)=1$ 可得 $A=2$, 所以 $f(x)=2\sin\left(2x+\dfrac{\pi}{6}\right)$.

高考题 2 (2009·陕西·理·17) 已知函数 $f(x)=A\sin(\omega x+\varphi),x\in\mathbf{R}$(其中 $A>0,\omega>0,0<\varphi<\dfrac{\pi}{2}$)的图象与 x 轴的交点中, 相邻两个交点之间的距离为 $\dfrac{\pi}{2}$, 且图象上一个最低点为 $M\left(\dfrac{2\pi}{3},-2\right)$.

(1) 求 $f(x)$ 的解析式;

(2) 当 $x\in\left[\dfrac{\pi}{12},\dfrac{\pi}{2}\right]$ 时, 求 $f(x)$ 的值域.

参考答案 $(1)f(x)=2\sin\left(2x+\dfrac{\pi}{6}\right);(2)[-1,2]$.

分析 这里的条件"$A>0,0<\varphi<\dfrac{\pi}{2}$"是多余的. 如果没有此条件, 可以这样求解第(1)问:

可不妨设 $A>0,\omega>0$. 先得 $\omega=2,A=2$. 由 $2\cdot\dfrac{2\pi}{3}+\varphi=\dfrac{3\pi}{2}+2k\pi(k\in\mathbf{Z})$, 得 $\varphi=\dfrac{\pi}{6}+2k\pi(k\in\mathbf{Z})$, 所以 $f(x)=2\sin\left(2x+\dfrac{\pi}{6}\right)$.

高考题 3 (2011·福建·理·16) 已知等比数列 $\{a_n\}$ 的公比 $q=3$, 前 3 项和 $S_3=\dfrac{13}{3}$.

(1) 求数列 $\{a_n\}$ 的通项公式;

(2) 若函数 $f(x)=A\sin(2x+\varphi)(A>0,0<\varphi<\pi)$ 在 $x=\dfrac{\pi}{6}$ 处取得最大值, 且最大值为 a_3, 求函数 $f(x)$ 的解析式.

参考答案 $(1)a_n=3^{n-2};(2)f(x)=3\sin\left(2x+\dfrac{\pi}{6}\right)$.

分析 这里的条件"$(A>0,0<\varphi<\pi)$"是多余的. 如果没有此条件, 可以这样求解第(2)问:

当 $A>0$ 时, 得 $A=3$. 从而可得 $2\cdot\dfrac{\pi}{6}+\varphi=\dfrac{\pi}{2}+2k\pi(k\in\mathbf{Z}),\varphi=\dfrac{\pi}{6}+2k\pi(k\in\mathbf{Z})$, 所以 $f(x)=3\sin\left(2x+\dfrac{\pi}{6}\right)$.

当 $A<0$ 时,得 $A=-3$. 从而可得 $2\cdot\dfrac{\pi}{6}+\varphi=-\dfrac{\pi}{2}+2k\pi(k\in\mathbf{Z})$,$\varphi=-\dfrac{5\pi}{6}+2k\pi(k\in\mathbf{Z})$,所以 $f(x)=3\sin\left(2x+\dfrac{\pi}{6}\right)$.

总之,函数 $f(x)$ 的解析式是 $f(x)=3\sin\left(2x+\dfrac{\pi}{6}\right)$.

高考题 4 (2008·四川·理·10) 设 $f(x)=\sin(\omega x+\varphi)$,其中 $\omega>0$,则 $f(x)$ 是偶函数的充要条件是( ).

A. $f(0)=1$　　B. $f(0)=0$　　C. $f'(0)=1$　　D. $f'(0)=0$

参考答案　D.

分析　这里的条件"其中 $\omega>0$"是多余的. 如果没有此条件,可以这样求解:

有 $f'(x)=\omega\cos(\omega x+\varphi)$.

若 $f(x)$ 是偶函数,得

当 $\omega=0$ 时,可得 $f'(0)=0$;当 $\omega\neq 0$ 时,可得 $\varphi=k\pi+\dfrac{\pi}{2}(k\in\mathbf{Z})$,也得 $f'(0)=0$.

若 $f'(0)=0$,可得 $\omega=0$ 或 $\varphi=k\pi+\dfrac{\pi}{2}(k\in\mathbf{Z})$,均可得 $f(x)$ 是偶函数.

高考题 5 (2011·天津·文·7) 已知函数 $f(x)=2\sin(\omega x+\varphi),x\in\mathbf{R}$,其中 $\omega>0,-\pi<\varphi\leqslant\pi$,若 $f(x)$ 的最小正周期为 6π,且当 $x=\dfrac{\pi}{2}$ 时,$f(x)$ 取得最大值,则( ).

A. $f(x)$ 在 $[-2\pi,0]$ 上是增函数　　B. $f(x)$ 在 $[-3\pi,-\pi]$ 上是增函数
C. $f(x)$ 在 $[3\pi,5\pi]$ 上是减函数　　D. $f(x)$ 在 $[4\pi,6\pi]$ 上是减函数

参考答案　A.

分析　这里的条件"其中 $\omega>0,-\pi<\varphi\leqslant\pi$"是多余的. 如果没有此条件,可以这样求解:

可得 $\omega=\pm\dfrac{1}{3}$,$\pm\dfrac{1}{3}\cdot\dfrac{\pi}{2}+\varphi=2k\pi+\dfrac{\pi}{2}$,再得 $f(x)=2\sin\left(\dfrac{1}{3}x+\dfrac{\pi}{3}\right)$ 或 $f(x)=2\sin\left(-\dfrac{1}{3}x+\dfrac{2\pi}{3}\right)$,也即 $f(x)=2\sin\left(\dfrac{1}{3}x+\dfrac{\pi}{3}\right)$,进而可得选 A.

§28　三边长均为有理数且有内角度数是正整数的三角形边长的求法

含有 $90°$ 角的整边三角形的三边长(下面把"边长"简称为"边")即勾股数组,人们早已求出了全部勾股数组,任一边为定值的勾股数组的组数也已求出,见[1]或[2]。若 $\triangle ABC$ 的三边 $a,b,c \in \mathbf{Q}_+$,由余弦定理知,$\cos A, \cos B, \cos C \in \mathbf{Q}$。若 $\triangle ABC$ 中又有内角的度数是正整数,由文献[3]的定理(1)知,该内角的大小只能是 $60°, 90°$ 或 $120°$。

定理 1　有一个角是 $60°$ 的整边三角形的三边 a,b,c(其中 c 为 $60°$ 角的对边)为

$$\begin{cases} a = kv(2u-3v) \\ b = ku(u-2v) \\ c = k(u^2-3uv+3v^2) \end{cases} \quad (k,u,v \in \mathbf{N}^*, (u,v)=1, 3 \nmid u, u > 2v) \quad ①$$

或

$$\begin{cases} a = kv(2u'-v) \\ b = ku'(3u'-2v) \\ c = k(3u'^2-3u'v+v^2) \end{cases} \quad (k,u',v \in \mathbf{N}^*, (u',v)=1, 3 \nmid v, 3u' > 2v) \quad ②$$

证明　先证明由①或②确定的 a,b,c 为 c 边所对角是 $60°$ 的整边三角形的三边,这只需验证:

(1) $a,b,c \in \mathbf{N}^*$;

(2) $a+b > c, b+c > a, c+a > b$;

(3) $c^2 = a^2 + b^2 - 2ab\cos 60°$.

这是容易的。

再证明有一个角是 $60°$ 的整边三角形的三边 a,b,c(其中 c 为 $60°$ 角的对边)均可由①或②表示。

由余弦定理,得 $c^2 = a^2 + b^2 - ab$,即

$$a(a-b) = (c+b)(c-b)$$

当 $a = b$ 时,得 $a = b = c$。它可由②中 $u' = v = 1$ 时得到。

当 $a \neq b$ 时,可设 $\dfrac{a}{c+b} = \dfrac{c-b}{a-b} = \dfrac{v}{u-v}$,其中 $u,v \in \mathbf{N}^*, (u,v)=1$。

由 $a,b,c \in \mathbf{N}^*, a < b+c$,得 $u > 2v$,还可得

$$\begin{cases} \dfrac{a}{b} = \dfrac{2uv-3v^2}{u^2-2uv} \\ \dfrac{c}{b} = \dfrac{u^2-3uv+3v^2}{u^2-2uv} \end{cases}$$

可以证明,当 $3\nmid u$ 时,$\dfrac{2uv-3v^2}{u^2-2uv}$,$\dfrac{u^2-3uv+3v^2}{u^2-2uv}$ 均为既约分数,所以

$$\begin{cases} a=kv(2u-3v) \\ b=ku(u-2v) \\ c=k(u^2-3uv+3v^2) \end{cases} \quad (k,u,v\in \mathbf{N}^*,(u,v)=1,3\nmid u,u>2v)$$

当 $3\mid u$ 时,设 $u=3u'$,由 $(u,v)=1$,得 $(u',v)=1$,$3\nmid v$,所以

$$\begin{cases} \dfrac{a}{b}=\dfrac{v(2u'-v)}{u'(3u'-2v)} \\ \dfrac{c}{b}=\dfrac{3u'^2-3u'v+v^2}{u'(3u'-2v)} \end{cases}$$

可以证明,此时 $\dfrac{v(2u'-v)}{u'(3u'-2v)}$,$\dfrac{3u'^2-3u'v+v^2}{u'(3u'-2v)}$ 也均为既约分数,所以

$$\begin{cases} a=kv(2u'-v) \\ b=ku'(3u'-2v) \\ c=k(3u'^2-3u'v+v^2) \end{cases} \quad (k,u',v\in \mathbf{N}^*,(u',v)=1,3\nmid v,3u'>2v)$$

综上所述,可得欲证成立.

定理 2 有一个角是 $120°$ 的整边三角形的三边 a,b,c(其中 c 为 $120°$ 角的对边,a,b 无序)为

$$\begin{cases} a=kv(2u+3v) \\ b=ku(u+2v) \\ c=k(u^2+3uv+3v^2) \end{cases} \quad (k,u,v\in \mathbf{N}^*,(u,v)=1,3\nmid u) \quad ③$$

证明 先证明由 ③ 确定的 a,b,c 为 c 边所对角是 $120°$ 的整边三角形的三边,这由定理 1 的证明可证.

再证明有一个角是 $120°$ 的整边三角形的三边 a,b,c(其中 c 为 $120°$ 角的对边)均可由 ③ 表示.

由余弦定理,得 $c^2=a^2+b^2+ab$,即
$$a(a+b)=(c+b)(c-b)$$

可设 $\dfrac{a}{c+b}=\dfrac{c-b}{a+b}=\dfrac{v}{u+v}$,其中 $u,v\in \mathbf{N}^*$,$(u,v)=1$.

由 $a,b,c\in \mathbf{N}^*$,$a<b+c$,得 $u>2v$,还可得

$$\begin{cases} \dfrac{a}{b}=\dfrac{2uv+3v^2}{u^2+2uv} \\ \dfrac{c}{b}=\dfrac{u^2+3uv+3v^2}{u^2+2uv} \end{cases}$$

可以证明,当 $3\nmid u$ 时,$\dfrac{2uv+3v^2}{u^2+2uv}$,$\dfrac{u^2+3uv+3v^2}{u^2+2uv}$ 均为既约分数,所以

$$\begin{cases} a = kv(2u+3v) \\ b = ku(u+2v) \\ c = k(u^2+3uv+3v^2) \end{cases} \quad (k,u,v \in \mathbf{N}^*, (u,v)=1, 3 \nmid u) \quad ④$$

当 $3 \mid u$ 时,设 $u = 3u'$,由 $(u,v) = 1$,得 $(u',v) = 1, 3 \nmid v$,所以

$$\begin{cases} \dfrac{a}{b} = \dfrac{v(2u'+v)}{u'(3u'+2v)} \\ \dfrac{c}{b} = \dfrac{3u'^2 + 3u'v + v^2}{u'(3u'+2v)} \end{cases}$$

可以证明,此时 $\dfrac{v(2u'+v)}{u'(3u'+2v)}, \dfrac{3u'^2+3u'v+v^2}{u'(3u'+2v)}$ 也均为既约分数,所以

$$\begin{cases} a = kv(2u'+v) \\ b = ku'(3u'+2v) \\ c = k(3u'^2+3u'v+v^2) \end{cases} \quad (k,u',v \in \mathbf{N}^*, (u',v)=1, 3 \nmid v) \quad ⑤$$

把式 ⑤ 中的 u',v,a,b 分别换成 v,u,b,a 后,就得式 ④,所以欲证成立!

推论 1 任一边为定值且有一个角是 $60°$(或 $120°$)的整边三角形只有有限个.

证明 先证明关于 $60°$ 的结论.

设此整边三角形的三边为 a,b,c(其中 c 为 $60°$ 角的对边),则 a,b,c 可由定理 1 确定.

当 a 或 b 为定值时,显然 $<a,b,c>$ 的组数是有限的.

当 c 为定值时,若 $c = k(u^2 - 3uv + 3v^2) \geqslant u^2 - 3uv + 3v^2 = \left(u - \dfrac{3}{2}v\right)^2 + \dfrac{3}{4}v^2$,得数组 $<u - \dfrac{3}{2}v, v>$ 的取法是有限的,即 $<u,v>$ 的取法是有限的,$<k,u,v>$ 的取法是有限的,所以 $<a,b,c>$ 的组数也是有限的. 同理可证:若 $c = k(3u'^2 - 3u'v + v^2)$ 时,$<a,b,c>$ 的组数也是有限的.

由定理 2 知,关于 $120°$ 的结论显然成立.

推论 2 有一个角是 $60°$(或 $120°$)的整边三角形 $<a,b,c>$(c 为 $60°$(或 $120°$)角的对边,$(a,b,c)=1$)为定理 1(或定理 2)中 $k=1$ 的情形.

证明 这是因为由定理 1(或定理 2)可以证明:$(a,b,c)=1 \Leftrightarrow k=1$.

由推论 2,还可得:

推论 3 有一边是素数且有一个角是 $60°$(或 $120°$)的整边三角形且不是正三角形的三边互素.

例 1 (1)求有一边是 8 且有一个角是 $60°$ 的整边三角形的三边;

(2)求有一边是 8 且有一个角是 $120°$ 的整边三角形的三边.

解 (1)用定理 1 可求得答案为 $<3,7,8>$,$<5,7,8>$,$<8,8,8>$,

$<8,13,15>$,其中 $60°$ 所对的边分别为 $7,7,8,13$.

(2)用定理 2 可得这样的三角形不存在.

例 2 (1)求有一边是 13 且有一个角是 $60°$ 的整边三角形的三边;

(2)求有一边是 13 且有一个角是 $120°$ 的整边三角形的三边.

解 (1)用定理 1 可求得答案为 $<13,48,43>$,$<7,15,13>$,$<13,13,13>$,$<8,13,15>$,$<13,133,127>$,其中 $60°$ 所对的边分别为 $43,13,13,13,127$.

(2)用定理 2 可求得答案为 $<7,8,13>$,$<13,35,43>$,$<13,120,127>$.

文献[4]中的锦云三角形模型一定均可由本文得到(因为由本文的定理 1,2 可求出所有的锦云三角形),比如 ① $<2x+3,x^2+2x,x^2+3x+3>(x \in \mathbf{N}^*)$:当 $3 \nmid x$ 时,它可由定理 2 中的 $k=v=1,u=x$ 得到;当 $3 \mid x$ 时,它可由定理 2 中的 $k=3,u=1,v=\frac{x}{3}$ 得到.

在定理 2 中令 $k=u=1,v=5$,得 $<a,b,c>=<85,11,91>$,可证它不能由文献[3]中的锦云三角形模型① $<2x+3,x^2+2x,x^2+3x+3>(x \in \mathbf{N}^*)$ 或 ② $<(m+n)(m-3n),4mn,m^2+3n^2>(m,n,m-3n \in \mathbf{N}^*)$ 得到.

定理 3 三边是正有理数且有一个角是 $60°$ 的三角形三边 a,b,c(其中 c 为 $60°$ 角的对边)为

$$\begin{cases} a=\frac{1}{k}v(2u-3v) \\ b=\frac{1}{k}u(u-2v) \\ c=\frac{1}{k}(u^2-3uv+3v^2) \end{cases} \quad (k,u,v \in \mathbf{N}^*,(u,v)=1,3 \nmid u,u>2v)$$

或

$$\begin{cases} a=\frac{1}{k}v(2u'-v) \\ b=\frac{1}{k}u'(3u'-2v) \\ c=\frac{1}{k}(3u'^2-3u'v+v^2) \end{cases} \quad (k,u',v \in \mathbf{N}^*,(u',v)=1,3 \nmid v,3u'>2v)$$

证明 可得 $c^2=a^2+b^2-ab$,又可设 $a=\frac{k}{a'},b=\frac{k}{b'},c=\frac{k}{c'}(k \in \mathbf{N}^*,(a',b',c')=1)$,所以 $c'^2=a'^2+b'^2-a'b'((a',b',c')=1)$.

由定理 1 及推论 2,可得欲证成立.

定理 4 三边是正有理数且有一个角是 $120°$ 的三角形三边 $<a,b,c>$(其中 c 为 $120°$ 角的对边,a,b 无序)为

$$\begin{cases} a = \dfrac{1}{k}v(2u+3v) \\ b = \dfrac{1}{k}u(u+2v) \\ c = \dfrac{1}{k}(u^2+3uv+3v^2) \end{cases} \quad (k,u,v \in \mathbf{N}^*, (u,v)=1, 3 \nmid u)$$

证明 全同定理 3 的证明.

参考文献

[1] 傅钟鹏. 数学的魅力[M]. 福州:福建科学技术出版社,1988.
[2] 甘志国. 初等数学研究(Ⅱ)上[M]. 哈尔滨:哈尔滨工业大学出版社,2009.
[3] 甘志国. 整数角度的三角函数值何时是有理数[J]. 中学数学教学,2013(1):51-52.
[4] 岳昌庆. 三边长为自然数且有一个角是 60°或 120°的三角形初探[J]. 数学通报,2012(11):55-57.

> 数学并不从课本中已完成的定理出发,而是始于丰富而又变化的环境。在得到初步结果之前有一个发现,创造,犯错误,丢弃和承认的阶段。
> ——T. J. Fletcher

§30 定义域是区间的函数 $f(x)=a\sin x+b\cos x$ 何时是常数函数

定理 定义域是区间的函数 $f(x)=a\sin x+b\cos x(a,b$ 是常数$)$ 是常数函数的充要条件是 $a=b=0$.

证法 1 只证必要性. 设函数 $f(x)$ 的定义域是区间 I.

可得 $f(x)=\sqrt{a^2+b^2}\sin(x+\varphi)(\varphi$ 是仅与常数 a,b 有关的常数$)$.

因为当 $x\in I$ 时, $f(x)$ 是常数函数, 所以 $f'(x)=\sqrt{a^2+b^2}\cos(x+\varphi)=0$ 在 $x\in I$ 时恒成立, 所以 $\sqrt{a^2+b^2}=0$, 即 $a=b=0$.

证法 2 也只证必要性. 设函数 $f(x)$ 的定义域是区间 I.

因为当 $x\in I$ 时, $f(x)$ 是常数函数, 所以 $f'(x)=a\cos x-b\sin x=0$, 即 $a\cos x=b\sin x$ 在 $x\in I$ 时恒成立.

再得 $(a\cos x)'=(b\sin x)'$, 即 $b\cos x=-a\sin x$ 在 $x\in I$ 时恒成立, 把该等式与 $a\cos x=b\sin x$ 相乘后, 可得 $ab=0$.

再由 $a\cos x=b\sin x$ 在 $x\in I$ 时恒成立, 得 $a=b=0$.

注 不能认为以上定理是显然的结论, 是需要严格证明的. 定理中的题设 "定义域是区间"不可少, 因为可以找到函数 $f(x)=a\sin x+b\cos x(a,b$ 是常数$)$ 有无穷多个函数值相等但 $a=b=0$ 不成立, 比如 $f(x)=\sin x+\cos x$ 均满足 $f\left(k\pi-\dfrac{\pi}{4}\right)=0(k\in \mathbf{Z})$.

下面用该定理来简解两道题:

题 1 已知 $f(\theta)=\cos^2\theta+\cos^2(\theta+\alpha)+\cos^2(\theta+\beta)$, 问是否存在满足 $0\leqslant\alpha<\beta\leqslant\pi$ 的 α,β 使得 $f(\theta)$ 的值不随 θ 的变化而变化? 如果存在, 求出 α,β 的值; 如果存在, 说明理由.

解 可得 $2f(\theta)-3=(1+\cos 2\alpha+\cos 2\beta)\cos 2\theta-(\sin 2\alpha+\sin 2\beta)\sin 2\theta$ 的值不随 θ 的变化而变化.

由定理, 得

$$\cos 2\alpha+\cos 2\beta=-1, \sin 2\alpha+\sin 2\beta=0$$

$$\cos(\alpha+\beta)\cos(\alpha-\beta)=-\dfrac{1}{2}, \sin(\alpha+\beta)\cos(\alpha-\beta)=0$$

得 $\sin(\alpha+\beta)=0$. 又 $0\leqslant\alpha\leqslant\beta\leqslant\pi$, 得 $\alpha=\beta=0$ 或 $\alpha=\beta=\pi$ 或 $\alpha+\beta=\pi$.

再得 $\alpha+\beta=\pi$, 又由 $\cos(\alpha+\beta)\cos(\alpha-\beta)=-\dfrac{1}{2}$, 可求得 $\alpha=\dfrac{\pi}{3}, \beta=\dfrac{2\pi}{3}$.

所以满足题意的 α, β 存在，且 $\alpha = \dfrac{\pi}{3}, \beta = \dfrac{2\pi}{3}$.

题 2 （2012 年卓越联盟自主招生数学试题第 6 题）设函数 $f(x) = \sin(\omega x + \varphi)$，其中 $\omega > 0, \varphi \in \mathbf{R}$. 若存在常数 $T(T < 0)$，使得对任意 $x \in \mathbf{R}$ 有 $f(x+T) = Tf(x)$，求 ω 可取到的最小值.

解 $f(x+T) = Tf(x)$ 即
$$\sin(\omega x + \varphi + \omega T) = T\sin(\omega x + \varphi)$$
也即
$$(\cos \omega T - T)\sin(\omega x + \varphi) + \sin \omega T \cdot \cos(\omega x + \varphi) = 0$$
对任意 $x \in \mathbf{R}$ 恒成立. 由定理，得 $\cos \omega T - T = \sin \omega T = 0$.

再由 $T < 0$，得 $T = -1$，进而可得 ω 可取到的最小值是 π.

注 由此解法，还可把题 2 中的题设"$f(x+T) = Tf(x)$"减弱为"$f(x+T) - Tf(x)$ 的值为常数"，且答案不变.

人们之所以不能成为纯数学家，其性格上的原因远比任何智力问题更大；只有少数人能够和感情上的困难共同生活，而这种困难又是数学生命所固有的.

——D. R. Weidman

§31 《三角》练习题

1. 函数 $y = \sqrt{\frac{1}{4} - \sin^2 x} + |\sin x|$ 的值域是（　　）.

   A. $\left[0, \frac{1}{2}\right]$　　B. $\left[0, \frac{\sqrt{2}}{2}\right]$　　C. $\left[\frac{1}{2}, \frac{\sqrt{2}}{2}\right]$　　D. $\left[\frac{\sqrt{2}}{2}, 1\right]$

2. 已知 $0 \leqslant \theta \leqslant \frac{\pi}{2}$，且 $\sin\theta + \tan\frac{\theta}{2} = 0$，则 $\theta = $（　　）.

   A. $\frac{\pi}{6}$　　B. 0　　C. $\frac{\pi}{4}$　　D. $\frac{\pi}{2}$

3. 设角 β 的终边过点 $(-3a, -4a)(a \neq 0)$，则 $\sin\alpha - \cos\alpha = $（　　）.

   A. $\frac{1}{5}$　　B. $-\frac{1}{5}$　　C. $-\frac{1}{5}$ 或 $-\frac{7}{5}$　　D. $-\frac{1}{5}$ 或 $\frac{1}{5}$

4. 若 $\sin\alpha = \frac{1}{\sqrt{5}}$，则 $\sin^4\alpha - \cos^4\alpha = $（　　）.

   A. $-\frac{1}{5}$　　B. $-\frac{3}{5}$　　C. $\frac{1}{5}$　　D. $\frac{3}{5}$

5. 设 $\theta \in (0, \pi)$，若 $x \in \mathbf{R}$ 时恒有 $x^2 \cos\theta - 4x\sin\theta + 6 > 0$ 成立，则 θ 的取值范围是（　　）.

   A. $\left(\frac{\pi}{3}, \frac{\pi}{2}\right)$　　B. $\left(\frac{\pi}{6}, \frac{\pi}{2}\right)$　　C. $\left(0, \frac{\pi}{6}\right)$　　D. $\left(0, \frac{\pi}{3}\right)$

6. 设锐角三角形的内角 A, B 满足 $\tan A - \frac{1}{\sin 2A} = \tan B$，则（　　）.

   A. $\sin 2A - \cos B = 0$　　　　B. $\sin 2A + \cos B = 0$
   C. $\sin 2A - \sin B = 0$　　　　D. $\sin 2A + \sin B = 0$

7. 已知 $\alpha, \beta \in \left(\frac{3}{4}\pi, \pi\right)$，$\sin(\alpha + \beta) = -\frac{3}{5}$，$\sin\left(\beta - \frac{\pi}{4}\right) = \frac{12}{13}$，则 $\cos\left(\alpha + \frac{\pi}{4}\right) = $（　　）.

   A. $\frac{56}{65}$　　B. $-\frac{16}{65}$　　C. $-\frac{56}{65}$　　D. $\frac{56}{65}$ 或 $-\frac{16}{65}$

8. 设 $\left|\log_\pi \frac{\varphi}{\pi}\right| < 2$，则使关于 x 的函数 $y = \sin(x + \varphi) + \cos(x - \varphi)$（$x \in \mathbf{R}$）为偶函数的 φ 的个数是（　　）.

   A. 8　　B. 9　　C. 10　　D. 12

9. 函数 $f(x) = \sin^2 x + \cos x$ 的值域是（　　）.

A. $\left(-\infty, \frac{5}{4}\right)$ B. $\left(-\infty, \frac{5}{4}\right]$ C. $\left(-1, \frac{5}{4}\right]$ D. $\left[-1, \frac{5}{4}\right]$

10. 设 $n=4k+1(k\in \mathbf{N})$，且 $\cos nx=f(\cos x)$，则 $\sin nx=(\quad)$.
  A. $f(\sin x)$ B. $f(\cos x)$ C. $f(\sin nx)$ D. $f(\cos nx)$

11. 若 $\cos\alpha+2\sin\alpha=-\sqrt{5}$，则 $\tan\alpha=(\quad)$.
  A. $\frac{1}{2}$ B. 2 C. $-\frac{1}{2}$ D. -2

12. 若函数 $f(x)=\sin 2x+a\cos 2x$ 的图象关于直线 $x=-\frac{\pi}{8}$ 对称，则 $a=(\quad)$.
  A. $\sqrt{2}$ B. $-\sqrt{2}$ C. 1 D. -1

13. 函数 $f(x)=\frac{1+\sin x-\cos x}{1+\sin x+\cos x}$ 的奇偶性是( ).
  A. 奇函数 B. 偶函数 C. 即奇又偶 D. 非奇非偶

14. 已知 $\theta\in\left[\frac{5\pi}{4},\frac{3\pi}{2}\right]$，则 $\sqrt{1-\sin 2\theta}-\sqrt{1+\sin 2\theta}$ 可化简为( ).
  A. $2\sin\theta$ B. $-2\sin\theta$ C. $-2\cos\theta$ D. $2\cos\theta$

15. 已知函数 $f(x)=\sin(2x-\frac{\pi}{6})-m$ 在 $\left[0,\frac{\pi}{2}\right]$ 上有两个零点，则 m 的取值范围为( ).
  A. $\left(\frac{1}{2},1\right)$ B. $\left[\frac{1}{2},1\right]$ C. $\left[\frac{1}{2},1\right)$ D. $\left(\frac{1}{2},1\right]$

16. 若偶函数 $f(x)$ 在区间 $[-1,0]$ 上是增函数，α,β 是某锐角三角形的两个内角，则下列不等式中正确的是( ).
  A. $f(\cos\alpha)>f(\cos\beta)$ B. $f(\sin\alpha)>f(\cos\beta)$
  C. $f(\sin\alpha)>f(\sin\beta)$ D. $f(\cos\alpha)>f(\sin\beta)$

17. 若 $2^a=\sqrt{3}\sin 2+\cos 2$，则实数 $a\in(\quad)$.
  A. $\left(0,\frac{1}{2}\right)$ B. $\left(\frac{1}{2},1\right)$ C. $\left(-1,-\frac{1}{2}\right)$ D. $\left(-\frac{1}{2},0\right)$

18. 定义 $a\otimes b=\begin{cases}a & a\leqslant b\\ b & a>b\end{cases}$，令 $f(x)=(\cos^2 x+\sin x)\otimes\frac{5}{4}$ $\left(0\leqslant x\leqslant\frac{\pi}{2}\right)$，则函数 $f\left(x-\frac{\pi}{2}\right)$ 的最大值是( ).
  A. $\frac{5}{4}$ B. $-\frac{5}{4}$ C. 1 D. -1

19. 已知当 $x\in[0,\pi]$ 时，四个函数 $y=\sin(\cos x), y=\cos(\sin x), y=\tan(\sin x)$ 的最小值依次为 a,b,c，则( ).

A. $a<c<b$ B. $c<a<b$ C. $a<c<b$ D. $b<a<c$

20. 已知函数 $f(x)=\sin(\omega x+\varphi)(\omega>0, x\in \mathbf{R})$ 满足 $f(x)=f(x+1)-f(x+2)$. 若 $A=\sin(\omega x+\varphi+9\omega)$, $B=\sin(\omega x+\varphi-9\omega)$, 则 A 与 B 的大小关系是( ).

A. $A=B$ B. $A>B$ C. $A<B$ D. 不确定的

21. 若 $x\in\left(-\dfrac{1}{2},0\right)$, $a=\cos(\sin\pi x)$, $b=\sin(\cos\pi x)$, $c=\cos(x+1)\pi$, 则( ).

A. $c<b<a$ B. $a<c<b$ C. $c<a<b$ D. $b<c<a$

22. 已知 $\cos 4\theta=\dfrac{1}{5}$, 则 $\sin^4\theta+\cos^4\theta=$ _____.

23. 若圆 $x^2+y^2=1$ 与抛物线 $y=x^2+h$ 有公共点, 则实数 h 的取值范围是 _____.

24. 已知 P 是 $\triangle ABC$ 所在平面上一点, 满足 $\overrightarrow{PA}+\overrightarrow{PB}+2\overrightarrow{PC}=3\overrightarrow{AB}$, 则 $\triangle ABP$ 与 $\triangle ABC$ 的面积之比为 _____.

25. 已知 $\alpha\in\mathbf{R}$:

(1) 如果集合 $\{\sin\alpha,\cos 2\alpha\}=\{\cos\alpha,\sin 2\alpha\}$, 则角 α 构成的集合为 _____;

(2) 如果集合 $\{\sin\alpha,\sin 2\alpha,\sin 3\alpha\}=\{\cos\alpha,\cos 2\alpha,\cos 3\alpha\}$, 则角 α 构成的集合为 _____.

26. 满足方程 $x^2+8x\sin(xy)+16=0$ ($x\in\mathbf{R},y\in[0,2\pi)$) 的实数对 (x,y) 的个数为 _____.

27. $\sin^2 10°+\sin^2 20°+\sin^2 30°+\cdots+\sin^2 90°=$ _____.

28. 函数 $f(x)=2\sin\dfrac{x}{2}-\sqrt{3}\cos x$ 的最小正周期为 _____.

29. 若向量 $\boldsymbol{a}=(1,\sin\theta)$, $\boldsymbol{b}=(\cos\theta,\sqrt{3})$, $\theta\in\mathbf{R}$, 则 $|\boldsymbol{a}-\boldsymbol{b}|$ 的取值范围为 _____.

30. 有一解三角形的题因纸张破损而使得有一个条件看不清, 具体如下: 在 $\triangle ABC$ 中, a,b,c 分别是角 A,B,C 的对边长. 已知 $a=\sqrt{3}$, $2\cos^2\dfrac{A+C}{2}=(\sqrt{2}-1)\cos B$, 求 A.

经推断知, 破损处的条件为三角形一边的长度, 且答案为 $A=60°$, 试将条件补充完整, 并写出详细的推导过程.

31. 若 $\tan\alpha=2$, 则 $\dfrac{\sin^3\alpha-\cos\alpha}{5\sin\alpha-3\cos\alpha}=$ _____.

32. 已知两函数 $y=\sin^2\left(x+\dfrac{\pi}{6}\right)$ 与 $y=\sin 2x+a\cos 2x$ 的图象对称轴相

同，则 $a = $ _____．

33. 已知函数 $f(x)=A\cos(\omega x+\varphi)$ 的部分图象如图 1 所示，该部分图象过点 $\left(\frac{7}{12}\pi, 0\right)$，$\left(\frac{11}{12}\pi, 0\right)$，且 $f\left(\frac{\pi}{2}\right)=-\frac{2}{3}$，则该函数的解析式是 $f(x)=$ _____．

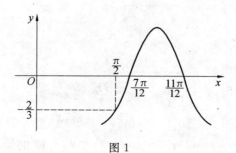

图 1

34. 若 $\dfrac{1+\tan\alpha}{1-\tan\alpha}=2\,012$，则 $\dfrac{1}{\cos 2\alpha}+\tan 2\alpha=$ _____．

35. 若 $\triangle ABC$ 的内角 A，B，C 的对边 a，b，c 成递减的等差数列，且 $A-C=90°$，则 $a:b:c=$ _____．

36. 已知 $\cos\alpha=\dfrac{1}{7}$，$\cos(\alpha+\beta)=-\dfrac{11}{14}$，$\alpha,\beta\in\left(0,\dfrac{\pi}{2}\right)$，则 $\cos\beta=$ _____．

37. 已知 $\alpha,\beta\in(0,\pi)$，$\tan(\alpha-\beta)=\dfrac{1}{2}$，$\tan\beta=-\dfrac{1}{7}$，则 $2\alpha-\beta=$ _____．

38. 已知 $0<\beta<\dfrac{\pi}{2}<\alpha<\pi$，$\sin\left(\alpha+\dfrac{\beta}{2}\right)=\dfrac{2}{3}$，$\cos\left(\dfrac{\alpha}{2}+\beta\right)=-\dfrac{1}{9}$，则 $\cos(\alpha-\beta)=$ _____．

39. 已知 $0<\alpha<\dfrac{\pi}{4}<\beta<\dfrac{3\pi}{4}$，$\sin\left(\dfrac{3\pi}{4}+\alpha\right)=\dfrac{5}{13}$，$\cos\left(\dfrac{\pi}{4}-\beta\right)=\dfrac{3}{5}$，则 $\sin(\alpha+\beta)=$ _____．

40. 已知 $\tan(\alpha+\beta)=-1$，$\tan(\alpha-\beta)=\dfrac{1}{2}$，则 $\dfrac{\sin 2\alpha}{\sin 2\beta}=$ _____．

41. 已知 $\cos(2\alpha-\beta)=-\dfrac{11}{14}$，$\sin(\alpha-2\beta)=\dfrac{4}{7}\sqrt{3}$，$0<\beta<\dfrac{\pi}{4}<\alpha<\dfrac{\pi}{2}$，则 $\alpha+\beta=$ _____．

42. 已知 $\alpha,\beta\in\left(0,\dfrac{\pi}{4}\right)$，$3\sin\beta=\sin(2\alpha+\beta)$，$4\tan\dfrac{\alpha}{2}=1-\tan^2\dfrac{\alpha}{2}$，则 $\alpha+\beta=$ _____．

43. 已知 $5\sin(\alpha+\beta)+3\sin\alpha=0$，$\cos\left(\alpha+\dfrac{\beta}{2}\right)\cos\dfrac{\beta}{2}\ne 0$，则 $\tan\left(\alpha+\dfrac{\beta}{2}\right)\cot\dfrac{\beta}{2}=$ _____．

44. $\dfrac{\sin 7° + \cos 15° \sin 8°}{\cos 7° - \sin 15° \sin 8°} = $ _____.

45. $\dfrac{2\cos^2 42° + \sin 75° \cos 81° - 1}{\cos 6° - \cos 75° \cos 81°} = $ _____.

46. $\dfrac{2\cos 10° - \sin 20°}{\cos 20°} = $ _____.

47. $\sin^4 \dfrac{\pi}{8} + \sin^4 \dfrac{3\pi}{8} + \sin^4 \dfrac{5\pi}{8} + \sin^4 \dfrac{7\pi}{8} = $ _____.

48. $\tan 20° + 4\sin 20° = $ _____.

49. 若 $\cos\left(x + \dfrac{\pi}{4}\right) = \dfrac{3}{5}, \dfrac{5\pi}{4} < x < \dfrac{7\pi}{4}$,则 $\cos x$ _____.

50. 函数 $y = 3\sin(x+20°) + 5\sin(x+80°)$ 的最大值为 _____.

51. 函数 $y = 3x - 4\cos(\arcsin x)(-1 < x < 1)$ 的最小值是 _____.

52. 若实数 x, y 满足 $x^2 + y^2 - 2x - 2y + 1 = 0$,则使 $x + y \leqslant k$ 恒成立的实数 k 的取值范围是 _____.

53. 方程 $3\cos x + 4\sin x = 6$ 的解集是 _____.

54. 若 $\sqrt{\dfrac{1+\sin \alpha}{1-\sin \alpha}} - \sqrt{\dfrac{1-\sin \alpha}{1+\sin \alpha}} = 2\tan \alpha$,则角 α 的取值范围是 _____.

55. $\dfrac{\sin 3\alpha}{\sin \alpha} - \dfrac{\cos 3\alpha}{\cos \alpha} = $ _____.

56. $\sin 20° \cos 40°(\sqrt{3} + \tan 10°) = $ _____.

57. $\dfrac{2\sin 50° + \sin 10°}{\cos 10°} = $ _____.

58. 若 $\cos(\alpha+\beta) = \dfrac{1}{5}, \cos(\alpha-\beta) = \dfrac{3}{5}$,则 $\tan \alpha \tan \beta = $ _____.

59. 若 $\tan \alpha, \tan \beta$ 是方程 $x^2 + 3\sqrt{3}x + 4 = 0$ 的两个根,且 $\alpha, \beta \in \left(-\dfrac{\pi}{2}, \dfrac{\pi}{2}\right)$,则 $\alpha + \beta = $ _____.

60. 已知 θ 是三角形的一个内角, $\sin \theta + \cos \theta = \dfrac{1}{5}$,则 $\tan \theta = $ _____.

61. 若 $0 < \alpha < \beta < \gamma < 2\pi, \cos \alpha + \cos \beta + \cos \gamma = \sin \alpha + \sin \beta + \sin \gamma = 0$,则 $\beta - \alpha = $ _____.

62. 若 $\sin \alpha \cos \beta = 0.9$,则 $\cos \alpha \sin \beta$ 的取值范围是 _____.

63. 在 $\triangle ABC$ 中,若 $4\sin A + 2\cos B = 1, 2\sin B + 4\cos A = 3\sqrt{3}$,则 $\angle C = $ _____.

64. 设 $\sin \alpha = a, \sin \beta = b(a, b$ 已知$)$,则 $\sin(\alpha+\beta)\sin(\alpha-\beta) = $ _____.

65. $\arcsin(\sin 2\ 000°) = $ _____.

66. 已知 $\tan\dfrac{\alpha-\beta}{2}=3$，则 $u=\sin 2\alpha\sin 2\beta$ 的最大值为_____.

67. 函数 $y=\arcsin(x^2+x)$ 的最大单调减区间是_____.

68. 关于函数 $f(x)=\sin^2 x-\left(\dfrac{2}{3}\right)^{|x|}+\dfrac{1}{2}$，有下面四个结论：(1) $f(x)$ 是奇函数；(2) 当 $x>2\,003$ 时，$f(x)>\dfrac{1}{2}$；(3) $f(x)$ 的最大值是 $\dfrac{3}{2}$；(4) $f(x)$ 的最小值是 $-\dfrac{1}{2}$，其中正确的结论是_____.

69. 若关于 x 的方程 $2\cos^2 x-\sin x+a=0$ 在区间 $\left[0,\dfrac{7\pi}{6}\right]$ 上恰有两个不等实根，则实数 a 的取值范围是_____.

70. 若 $3\sin^2\alpha+2\sin^2\beta-2\sin\alpha=0$，则 $\cos^2\alpha+\cos^2\beta$ 的最小值是_____.

71. 已知 $x\cos\theta=a$，$y=b\tan\theta(ab\neq 0)$，则 $\dfrac{x^2}{a^2}-\dfrac{y^2}{b^2}=$ _____.

72. $(1+\tan 1°)(1+\tan 44°)=$ _____.

73. 若 $f(x)=a\sin\left(x+\dfrac{\pi}{4}\right)+b\sin\left(x-\dfrac{\pi}{4}\right)(ab\neq 0)$ 是偶函数，则有序实数对 (a,b) 可以是_____.（写出你认为正确的一组数即可）

74. 已知函数 $f(x)$ 的定义域是 $\mathbf{R}$，满足 $f(0)=0$，$f(1)=1$，且存在锐角 α 满足当 $x\geqslant y$ 时恒有 $f\left(\dfrac{x+y}{2}\right)=f(x)\sin\alpha+(1-\sin\alpha)f(y)$，则 $f\left(\dfrac{3}{8}\right)=$ _____；$f(-\sqrt{2})=$ _____.

75. 若 $\alpha\in\left(\dfrac{\pi}{4},\dfrac{\pi}{2}\right)$，则 $a=(\cos\alpha)^{\cos\alpha}$，$b=(\sin\alpha)^{\cos\alpha}$，$c=(\cos\alpha)^{\sin\alpha}$ 的大小顺序为_____.

76. 满足 $2\sin^2 x+\sin x-\sin 2x=3\cos x$ 的锐角 $x=$ _____.

77. 若 $\theta\in\left(0,\dfrac{\pi}{2}\right)$，则 $\sin(\cos\theta)$，$\cos(\sin\theta)$，$\cos\theta$ 的大小关系是_____.

78. 若关于 x 的方程 $\sin x+\cos x=a$ 与 $\tan x+\cot x=a$ 的解集都是空集，则实数 a 的取值范围是_____.

79. 已知 $\sin\alpha=2\sin\beta$，$\tan\alpha=3\tan\beta$，求 $\cos\alpha$ 的值.

80. 已知 $\tan(\alpha-\beta)=\dfrac{1}{2}$，$\tan\beta=-\dfrac{1}{7}$ 且 $\alpha,\beta\in(0,\pi)$，求 $2\alpha-\beta$ 的值.

81. 已知 $\alpha,\beta\in\left(0,\dfrac{\pi}{2}\right)$，且 $\sin\alpha-\sin\beta=-\dfrac{1}{2}$，$\cos\alpha-\cos\beta=\dfrac{\sqrt{3}}{2}$，求 $\alpha-\beta$ 的值.

82. 已知一元二次方程 $x^2+4ax+3a+1=0(a\in\mathbf{R}_+)$ 的两根为 $\tan\alpha$，

$\tan \beta$,且 $\alpha, \beta \in \left(-\dfrac{\pi}{2}, \dfrac{\pi}{2}\right)$,求 $\tan \dfrac{\alpha+\beta}{2}$ 的值.

83. 已知 $\alpha, \beta \in \left(0, \dfrac{\pi}{2}\right)$,且 $\cos \alpha = \dfrac{4}{5}$,$\tan(\alpha-\beta) = -\dfrac{1}{3}$,求 $\cos \beta$ 的值.

84. 在 $\triangle ABC$ 中,若 $\sin A = \dfrac{3}{5}$,$\cos B = \dfrac{5}{13}$,求 $\cos C$ 的值.

85. 已知 $x^2 - 2x + y^2 + 4y = 0$,求 $x - 2y$ 的取值范围.

86. 求函数 $z = x^2 + \dfrac{81}{x^2} - 2xy + \dfrac{18}{x}\sqrt{2-y^2}$ 的最小值.

87. 求函数 $y = \dfrac{\sin x - \cos x}{2\sin x + \cos x - 3}$ 的值域.

88. 求函数 $y = \sqrt{2008 - x} + \sqrt{x - 2007}$ 的值域.

89. 设 $U = \{(x,y) \mid x, y \in \mathbf{R}\}$,$A = \{(x,y) \mid x\cos \theta + y\sin \theta = 1, x, y, \theta \in \mathbf{R}\}$,求 $\complement_U A$.

90. 计算:(1) $\sin^2 20° + \cos^2 80° + \sqrt{3}\sin 20° \cos 80°$;

(2) $\sin 10° \sin 50° \sin 70°$.

91. 已知 A, B, C 是 $\triangle ABC$ 的三个内角,且成等差数列,$\dfrac{1}{\cos A} + \dfrac{1}{\cos C} = -\dfrac{\sqrt{2}}{\cos B}$,求 $\cos \dfrac{A-C}{2}$ 的值.

92. 化简 $\tan\left(\dfrac{\pi}{6} - \theta\right) + \tan\left(\dfrac{\pi}{6} + \theta\right) + \sqrt{3}\tan\left(\dfrac{\pi}{6} - \theta\right)\tan\left(\dfrac{\pi}{6} + \theta\right)$.

93. 求 $\dfrac{1 + \tan 15°}{1 - \tan 15°}$ 的值.

94. 已知 $2 - \sqrt{3}$ 是方程 $x^2 - (\tan \theta + \cot \theta)x + 1 = 0$ 的根,求 $\cos 4\theta$ 的值.

95. 已知 α 是第三象限角,且 $\sin\left(\alpha - \dfrac{7}{2}\pi\right) = -\dfrac{1}{5}$,求

$\dfrac{\sin(\pi - \alpha)\cos(2\pi - \alpha)\tan\left(-\alpha + \dfrac{3}{2}\pi\right)}{\cot(-\alpha - 3\pi)\sin\left(-\dfrac{\pi}{2} - \alpha\right)}$ 的值.

96. 已知 $\tan \alpha, \cot \alpha$ 是一元二次方程 $x^2 - 2x + 2m = 0$ 的两个根,求

$\dfrac{\sin(\alpha - \pi)\cos\left(\alpha - \dfrac{3}{2}\pi\right)\cot(-\pi - \alpha)}{\csc(-\alpha - 2\pi)\csc\left(\dfrac{\pi}{2} - \alpha\right)\tan(3\pi + \alpha)}$ 的值.

97. 若 $\cos^2 \theta + 2m\sin \theta - 2m - 2 < 0$ 对 $\theta \in \mathbf{R}$ 恒成立,求实数 m 的取值范围.

98. (1) 请仅用 $\sin \alpha$ 表示 $\sin 3\alpha$,仅用 $\cos \alpha$ 表示 $\cos 3\alpha$;

(2) 求 $\sin 18°$ 的值.

99. (1) 求 $\cos\dfrac{2}{5}\pi + \cos\dfrac{4}{5}\pi$ 的值;

(2) 求 $\sin^2 20° + \cos^2 50° + \sin 20°\cos 50°$ 的值.

100. 若 $\alpha + \beta = \dfrac{\pi}{12}$, $\tan\alpha$, $\tan\beta$ 均有意义, $1 + \tan\alpha + \tan\beta - \tan\alpha\tan\beta \neq 0$, 求 $\dfrac{1 - \tan\alpha - \tan\beta - \tan\alpha\tan\beta}{1 + \tan\alpha + \tan\beta - \tan\alpha\tan\beta}$ 的值.

101. 设 α, β, γ 均为锐角, 且 $\tan\alpha = \cos\beta$, $\tan\beta = \cos\gamma$, $\tan\gamma = \cos\alpha$, 求 $\sin\alpha$ 的值.

102. 设 $M = \{\theta \mid 0 < \theta < 2\pi, \theta \in \mathbf{R}\}$ 到坐标平面上点集的映射是 $f: \theta \to (\sin\theta, 2\sin\theta\cos\theta)$, $N = \{f(\theta) \mid \theta \in M\}$, $P(r) = \{(x, y) \mid x^2 + y^2 \leqslant r^2, r \geqslant 0\}$, 试求满足 $N \subseteq P(r)$ 的 r 的最小值.

103. 已知函数 $f(x) = 10 + 10\sin x\cos x - 20\cos^2 x$, 若方程 $f(x) = m$ 在 $[0, \pi]$ 上恰有两个不相等的实数根, 求 m 的取值范围.

104. 已知 $f(\theta) = \cos^2\theta + \cos^2(\theta + \alpha) + \cos^2(\theta + \beta)$, 问是否存在满足 $0 \leqslant \alpha < \beta \leqslant \pi$ 的 α, β, 使得 $f(\theta)$ 的值不随 θ 的变化而变化? 如果存在, 求出 α, β 的值; 如果存在, 说明理由.

105. 已知函数 $f(x) = a + b\cos x + c\sin x$ 的图象过点 $A(0, 1)$ 及 $B\left(\dfrac{\pi}{2}, 1\right)$.

(1) 若 $b > 0$, 求 $f(x)$ 的单调递减区间;

(2) 若 $x \in \left(0, \dfrac{\pi}{2}\right)$ 时, $|f(x)| \leqslant 2$ 恒成立, 求实数 a 的取值范围;

(3) 当 a 取上述范围内的最大整数值时, 若有实数 m, n, φ, 使 $mf(x) + nf(x - \varphi) = 1$ 对于 $x \in \mathbf{R}$ 恒成立, 求 m, n, φ 的值.

106. 若 $\triangle ABC$ 的内角 $A = \theta$ (已知), 其对边长 $BC = a$, 求该三角形内切圆半径 r 的最大值.

107. 已知 $\sin(x + 20°) = \cos(x + 10°) + \cos(x - 10°)$, 求 $\tan x$.

108. 若在 $\triangle ABC$ 中, $\sin A\cos^2\dfrac{C}{2} + \sin C\cos^2\dfrac{A}{2} = \dfrac{3}{2}\sin B$, 求 $\cos\dfrac{A - C}{2} - 2\sin\dfrac{B}{2}$ 的值.

109. 已知 $\dfrac{\sin^2\gamma}{\sin^2\alpha} = 1 - \dfrac{\tan(\alpha - \beta)}{\tan\alpha}$, 求证: $\tan^2\gamma = \tan\alpha\tan\beta$.

110. 求函数 $f(x) = |\sin x| + \sin^4 2x + |\cos x|$ 的最大值与最小值.

111. 已知不等式 $\sqrt{2}(2a + 3)\cos\left(\theta - \dfrac{\pi}{4}\right) + \dfrac{6}{\sin\theta + \cos\theta} - 2\sin 2\theta < 3a + 6$

对于 $\theta \in \left[0, \dfrac{\pi}{2}\right]$ 恒成立,求 a 的取值范围.

112. 设 a, b, c 是正实数,$abc + a + c = b$,求 $P = \dfrac{2}{a^2+1} - \dfrac{2}{b^2+1} + \dfrac{3}{c^2+1}$ 的最大值.

113. 已知 $\sin x + \sin y = \dfrac{\sqrt{2}}{2}$,$\cos x + \cos y = \dfrac{\sqrt{6}}{2}$,求 $\sin(x+y)$ 的值.

114. 求 $\tan 70° \cos 10° (\sqrt{3} \tan 20° - 1)$ 的值.

115. 已知函数 $f(x) = 3\sin x + 2\cos x + 1$,若实数 a, b, c 使得 $af(x) + bf(x-c) = 1$ 对任意实数 x 恒成立,求 $\dfrac{b \cos C}{a}$ 的值.

116. 若 $0 < \alpha < \beta < \gamma < 2\pi$,对于任意的实数 x 恒有 $\cos(x+\alpha) + \cos(x+\beta) + \cos(x+\gamma) = 0$,求 $\gamma - \alpha$ 的值.

117. 求函数 $f(x) = \sin 2x + e^{|\sin x + \cos x|}$ 的最大值与最小值的差.

118. 在一很大的湖岸边(可视湖岸为直线)停放着一只小船,由于缆绳突然断开,小船被风刮跑,其方向与湖岸成 $15°$ 角,速度为 2.5 km/h,同时岸边有一人从同一地点开始追赶小船.已知人在岸上跑的速度为 4 km/h,在水中游的速度为 2 km/h,问此人能否追上小船?若小船改变速度,则小船能被人追上的最大速度是多少?

119. 若对于任意的 $\theta \in \left[0, \dfrac{\pi}{2}\right]$,$(x + 3 + \sin 2\theta)^2 + (x + a\sin\theta + a\cos\theta)^2 \geqslant \dfrac{1}{8}$ 恒成立,求实数 a 的取值范围.

120. 在 $\triangle ABC$ 中,角 A, B, C 的对边分别是 a, b, c,BC 边上的高 $AD = BC$,求 $\dfrac{b}{c} + \dfrac{c}{b}$ 的取值范围.

121. 已知 A, B, C 是 $\triangle ABC$ 的三个内角,$y = \cot A + \dfrac{2\sin A}{\cos A + \cos(B-C)}$.

(1) 若任意交换两个角的位置,y 的值是否变化?为什么?

(2) 求 y 的最小值.

122. 在 $\triangle ABC$ 中,求证:$\cos(A-30°) + \cos(B-30°) + \cos(C-30°) \leqslant \dfrac{3}{2}\sqrt{3}$.

123. 已知 $0 < \alpha_1 < \alpha_2 < \cdots < \alpha_n < \dfrac{\pi}{2}$ $(n \geqslant 2)$,求证:$\tan \alpha_1 < \dfrac{\sin \alpha_1 + \sin \alpha_2 + \cdots + \sin \alpha_n}{\cos \alpha_1 + \cos \alpha_2 + \cdots + \cos \alpha_n} < \tan \alpha_n$.

124. 已知 $9\cos B + 3\sin A + \tan C = \sin^2 A - 4\cos B \tan C = 0$,求证:

$\tan C = 9\cos B$.

125. (1) 化简:$\dfrac{1-\cos^4\alpha-\sin^4\alpha}{1-\cos^6\alpha-\sin^6\alpha}$;

(2) 求函数 $y=\dfrac{1+\cos^4 x+\sin^4 x}{1-\cos^6 x-\sin^6 x}$ 的值域.

126. 已知 $\sin\alpha+\cos\beta=\dfrac{3}{5}$,$\sin\beta+\cos\alpha=\dfrac{4}{5}$,求 $\cos\alpha\sin\beta$ 的值.

127. 化简:$8\sin^2 20°+\sqrt{3}\csc 20°$.

128. 求值:(1)$\sin 6°\sin 42°\sin 66°\sin 78°$;

(2)$\cos 6°\cos 42°\cos 66°\cos 78°$;

(3)$\tan 6°\tan 42°\tan 66°\tan 78°$.

129. 在周长为 6 的 $\triangle ABC$ 中,$\angle A$,$\angle B$,$\angle C$ 的对边分别为 a,b,c,且 a,b,c 成等比数列,求 b 的长度的取值范围.

130. 已知函数 $f(x)=a\sin^2 x+b\sin x+c$,其中 a,b,c 是非零实数.甲、乙两人作一游戏:他们轮流确定系数 a,b,c(比如甲令 $b=1$,乙令 $a=2$,甲再令 $c=3$)后,若对于任意的实数 x,总有 $f(x)\neq 0$,则甲获胜;若存在实数 x,使 $f(x)=0$,则乙获胜.若让甲先选数,他是否有必胜策略? 为什么? 若 a,b,c 是任意实数,结论如何? 为什么?

131. 在一场亚洲杯比赛中,球员 A 位于球员 B 北偏西 30°且相距 20 m 处,并以 5 m/s 的速度带球沿正东方向匀速奔跑.假设球员 B 沿直线方向以 v m/s 的速度前往拦截,经过 t s 后与球员 A 相遇.

(1) 若球员 B 截住球员 A 时所奔跑的距离最短,则球员 B 奔跑的速度应为多少?

(2) 若球员 B 的最大速度是 5 m/s,试设计拦截方案(即确定奔跑方向与奔跑速度的大小),使得球员 B 能以最短时间截住球员 A,并说明理由.

132. 设 $\triangle ABC$ 的内角 A,B,C 的对边长分别为 a,b,c,已知 $\cos(A-C)+\cos B=t$(t 是已知的正数),根据下列条件分别求出角 B 的大小:

(1) a,b,c 成等比数列;

(2) a,b,c 成等差数列.

133. 已知 a,b,c 是 $\triangle ABC$ 的三边,S 是其面积,试比较 $c^2-a^2-b^2+4ab$ 与 $4\sqrt{3}S$ 的大小.

134. 证明:(1) 若 $x+y+z=0$,则 $\sin x+\sin y+\sin z=-4\sin\dfrac{x}{2}\sin\dfrac{y}{2}\cdot\sin\dfrac{z}{2}$;

(2) 在 $\triangle ABC$ 中,若 $\dfrac{\sin A+\sin B+\sin C}{\cos A+\cos B+\cos C}=\sqrt{3}$,则 $\triangle ABC$ 有内角为 60°.

135. 求证：$\sum_{i=0}^{n}\dfrac{1}{\cos i°\cos(i+1)°}=\dfrac{\tan(n+1)°}{\sin 1°}$.

136. (1) 若 $\triangle ABC$ 的内角 A 满足 $\sin 2A=\dfrac{2}{3}$，求 $\sin A+\cos A$ 的值；

(2) 若 $\triangle ABC$ 的内角 A 满足 $\sin 2A=-\dfrac{2}{3}$，求 $\sin A+\cos A$ 的值.

137. 已知函数 $f(x)$ 的定义域是 $\mathbf{R}$，满足 $f(0)=0, f(1)=1$，且存在锐角 α 满足当 $x\geqslant y$ 时恒有 $f\left(\dfrac{x+y}{2}\right)=f(x)\sin\alpha+(1-\sin\alpha)f(y)$.

(1) 求 $\sin\alpha$ 及 $f\left(\dfrac{3}{8}\right)$；

(2) 求函数 $f(x)$ 的表达式及 $f(-\sqrt{2})$.

138. 在 $\triangle ABC$ 中，a,b,c 分别是角 A,B,C 的对边，且 $a+b+c=9$，a,b,c 成等比数列.

(1) 求角 B 的范围；

(2) 求 b 的范围；

(3) 令 $f(b)=\overrightarrow{BA}\cdot\overrightarrow{BC}$，求 $f(b)$ 的值域.

139. 已知锐角 α,β 满足 $3\sin^2\alpha+2\sin^2\beta=1$，$3\sin 2\alpha=2\sin 2\beta$，求证：$\alpha+2\beta=\dfrac{\pi}{2}$.

140. (1) 在 $\triangle ABC$ 中，$AB=AC$，$\angle A=20°$，在 AB 边上取一点 D，使 $AD=DB$；在 AB 边上取一点 E，使 $BC=BE$. 求 $\angle BDE$ 的大小；

(2) 在 $\triangle ABC$ 中，$AB=AC$，$\angle A=20°$，在 AB 边上取一点 D，使 $AD=BC$. 求 $\angle BDC$ 的大小.

141. 已知 $5\sin 2\alpha=\sin 2°$，若 $\dfrac{\tan(\alpha+1°)}{\tan(\alpha-1°)}$ 有意义，求该式的值.

142. 若关于 x 的方程 $\dfrac{1}{\sin x}+\dfrac{1}{\cos x}+\dfrac{1}{\sin x\cos x}-a=0$ 在 $\left(0,\dfrac{\pi}{2}\right)$ 内有解，求实数 a 的取值范围.

143. 圆内接四边形 $ABCD$ 的各边长分别为 $AB=2, BC=6, CD=DA=4$.

(1) 求弦 BD 的长；

(2) 设点 P 是 $\overparen{BCD}$ 上的一动点（但不与点 B,D 重合），分别以 PB,PD 为一边向四边形 $ABPD$ 外作正三角形 PBE,PDF，求这两个正三角形面积之和 y 的取值范围.

144. 已知函数 $f(x)=3\sin x+2\cos x+1$，若实数 a,b,c 使得 $af(x)+bf(x-C)=1$ 对任意实数 x 恒成立，求 $\dfrac{b\cos C}{a}$ 的值.

145. 求证:$\dfrac{4-\sqrt{7}}{3} \leqslant \dfrac{x^2+x\sin t+1}{x^2+x\cos t+1} \leqslant \dfrac{4+\sqrt{7}}{3}(x,t \in \mathbf{R}).$

146. 已知函数 $f(x)$ 满足 $f(0)=f\left(\dfrac{\pi}{2}\right)=1$,且 $\forall x,y \in \mathbf{R}$ 恒有 $f(x+y)+f(x-y)=2f(x) \cdot \cos y$,求函数 $f(x)$ 的表达式.

147. 已知 $\sin(x+20°)=\cos(x+10°)+\cos(x-10°)$,求 $\tan x$ 的值.

148. 是否存在锐角 α,β 同时满足 $\alpha+2\beta=\dfrac{2}{3}\pi,\tan\dfrac{\alpha}{2}\tan\beta=2-\sqrt{3}$?若存在,求出 α,β 的值;若不存在,请说明理由.

149. 一学生在 A 处的一座海拔 1 km 的山顶设有一个观测站 P(该观测站的高度忽略不计),上午 8 h,测得一正在行进的自行车队在该山北偏东 30°,俯角为 30° 的 B 处沿一条笔直公路前进,到上午 8:10,测得此自行车队在该山北偏西 60°,俯角为 60° 的 C 处.

(1) 求该自行车队的行驶速度;

(2) 又经过一段时间后,自行车队(其长度不计)继续向前行驶到达该山的正西方向的 D 处,问此时自行车队距离 A 处有多远?

150. 已知偶函数 $f(x)=5\cos\theta\sin x-5\sin(x-\theta)+(4\tan\theta-3)\sin x-5\sin\theta$ 的最小值为 -6.

(1) 求 $f(x)$ 的最大值和对应的 x 的取值集合;

(2) 设函数 $g(x)=\lambda f(\omega x)-f\left(\omega x+\dfrac{\pi}{2}\right)(\lambda>0,\omega>0)$.已知 $y=g(x)$ 在 $x=\dfrac{\pi}{6}$ 处取最小值且点 $\left(\dfrac{2}{3}\pi,3-3\lambda\right)$ 是其图象的一个对称中心,求 $\lambda+\omega$ 的最小值.

151. 已知函数 $f(x)=|\sin x|$ 的图象与直线 $y=kx(k>0)$ 有且仅有三个交点,交点横坐标的最大值为 α,求证:$\dfrac{\cos\alpha}{\sin\alpha+\sin 3\alpha}=\dfrac{1+\alpha^2}{4\alpha}.$

152. 已知函数 $f(x)=\sin\left(x+\dfrac{\pi}{4}\right)+2\sin\left(x-\dfrac{\pi}{4}\right)-4\cos 2x+3\cos\left(x+\dfrac{3}{4}\pi\right).$

(1) 判断 $f(x)$ 的奇偶性,并给出证明.

(2) 求 $f(x)$ 在 $\left[\dfrac{\pi}{2},\pi\right]$ 上的最小值与最大值.

153. 已知 $\triangle ABC$ 的三边长度各不相等,D,E,F 分别是内角 A,B,C 的平分线与对边的垂直平分线的交点.求证:$\triangle ABC$ 的面积小于 $\triangle DEF$ 的面积.

154. 设 $\triangle ABC$ 的内角 A,B,C 所对的边长分别为 a,b,c,且 $a\cos C+\dfrac{c}{2}=b.$

(1) 求角 A 的大小;

(2) 若 $a=1$,求 $\triangle ABC$ 的内切圆半径 r 的最大值.

155. 已知 $\triangle ABC$ 中,$AB=AC$,D 为 BC 上一点,分别作 $\triangle ABD$ 和 $\triangle ACD$ 的外接圆.问哪一个外接圆更大一些呢?假设最开始 D 在 BC 的中点处,显然此时两外接圆半径相等.如果此时 D 向 B 运动,两外接圆半径大小变化情况如何?

156. 在 $\triangle ABC$ 中,若已知 BC,$\angle B$,$\angle C$,那么由 ASA 公理可知,$\triangle ABC$ 的形状大小完全被确定.那么如何求 $\triangle ABC$ 的面积 S 呢?

157. 已知 $\sin x + \sqrt{3} \cos x + a = 0$ 在 $(0, 2\pi)$ 内有相异两解 α, β,求实数 a 的取值范围及 $\alpha + \beta$ 的值.

158. 若关于 x 的不等式 $a^2 + 2a - \sin^2 x - 2a\cos x > 2$ 的解集是 $\mathbf{R}$,求实数 a 的取值范围.

159. 已知 $\alpha, \beta \in (0, \pi)$,$\cos \alpha + \cos \beta - \cos(\alpha + \beta) = \dfrac{3}{2}$,求 α, β.

160. 用 $[x]$ 表示不超过实数 x 的最大整数,求方程 $[\cot x] = 2\cos^2 x$ 的解集.

161. 已知 $\alpha, \beta \in \left(0, \dfrac{\pi}{2}\right)$,求证:$\dfrac{1}{\cos^2 \alpha} + \dfrac{1}{\sin^2 \alpha \sin^2 \beta \cos^2 \beta} \geqslant 9$.

162. 求下列函数的值域:

(1) $f(x) = 2\sin x + 4\cos x$ $(x \in \mathbf{R})$;

(2) $f(x) = 2\sin x + 4\cos x$ $\left(x \in \left[-\dfrac{\pi}{6}, 2\pi\right]\right)$;

(3) $f(x) = 2\sin x + 4\cos x$ $\left(x \in \left[\dfrac{\pi}{2}, \pi\right]\right)$;

(4) $f(x) = 2\sin x + 4\cos x$ $\left(x \in \left[\dfrac{\pi}{2}, \dfrac{7\pi}{6}\right]\right)$.

163. 在 $\triangle ABC$ 中,$\angle ABC = \dfrac{\pi}{12}$,$BC = 5$,$2AC > AB$,中线 CD 与边 AC 所成的角为 $\dfrac{5\pi}{12}$,求这个三角形的面积.

164. 梯形 $PQRS$ 的底 $PS = 2$,对角线 PR 与 QS 交于点 T,且 $TS = 2QT$,$\angle PSQ = \angle QPR = 30°$,两腰 PQ,RS 的长度不相等,求这两腰的长.

165. 求函数 $f(x) = |\sin(\omega x + \varphi) + b|$ $(\omega \neq 0)$ 的最小正周期.

166. 已知圆 O 是 $\triangle ABC$ 的内切圆,点 D, E, N 是切点,连 NO 并延长交 DE 于点 K,连 AK 并延长交 BC 于点 M.求证:M 是 BC 的中点.

167. 已知 $\triangle ABC$ 的内角 A, B, C 所对边的长度分别为 a, b, c,若 $a = 80$,$b = 100$,$A = 30°$,判断此三角形有几解,再判断此三角形的形状,均需要说明理由.

168. 已知函数 $f(x) = \dfrac{\tan x \tan 2x}{\tan 2x - \tan x} + \sqrt{3}(\sin^2 x - \cos^2 x)$.

(1) 求函数 $f(x)$ 的定义域和最大值；

(2) 已知 $\triangle ABC$ 的内角 A, B, C 所对边的长度分别为 a, b, c，若 $b = 2a$，求 $f(A)$ 的取值范围.

169. 若存在正整数 ω 和实数 φ 使得函数 $f(x) = \cos^2(\omega x + \varphi)$ 的图象如图 2 所示，求 ω.

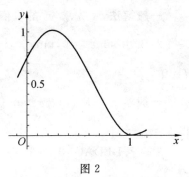

图 2

170. 已知 $\dfrac{\sec^3 \theta}{\sec \alpha} - \dfrac{\tan^3 \theta}{\tan \alpha} = 1, \alpha, \theta \in \left(0, \dfrac{\pi}{2}\right)$，求证：$\alpha = \theta$.

171. 证明 Pedoe 不等式：若 $\triangle ABC$ 与 $\triangle A'B'C'$ 的各边长及面积分别为 a, b, c, S 与 a', b', c', S'，则 $a'^2(b^2 + c^2 - a^2) + b'^2(c^2 + a^2 - b^2) + c'^2(a^2 + b^2 - c^2) \geqslant 16SS'$（当且仅当 $\triangle ABC \backsim \triangle A'B'C'$ 时取等号）.（注：当 $a' = b' = c'$ 时，该不等式就是 Weitzenbøck's inequality 不等式.）

172. 曲线 C 的极坐标方程是 $\rho = 1 + \cos \theta$，点 A 的极坐标是 $(2, 0)$，P 是曲线 C 上一点，求 $|AP|$ 的最大值.

173. 如图 3，已知圆心角为 $120°$ 的扇形的半径为 1，C 为 $\overset{\frown}{AB}$ 的中点，点 D, E 分别在半径 OA, OB 上. 又 $CD^2 + CE^2 + DE^2 = 2$，求 $OD + OE$ 的最大值.

174. 在 $\triangle ABC$ 中，$\overrightarrow{AB} \cdot \overrightarrow{AC} = 8$，$\triangle ABC$ 的面积 S 满足 $4(2 - \sqrt{3}) \leqslant S \leqslant 4\sqrt{3}$. 求函数 $f(A) = 2\sqrt{3} \sin^2\left(\dfrac{\pi}{4} + A\right) + 2\cos^2 A - \sqrt{3} - 1$ 的取值范围.

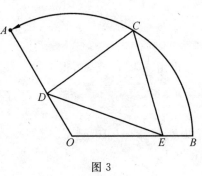

图 3

175. 求函数 $y = \sin x + \cos x + \sin x \cos x$ 的最大值.

176. 解方程 $x + \dfrac{x}{\sqrt{x^2 - 1}} = \dfrac{35}{12}$.

177. 证明：$\sin 1°$ 和 $\cos 1°$ 均为无理数.

178. 解方程 $4\sin x + 2\sin 2x = 3\sqrt{3}$.

179. 求函数 $y = \dfrac{1}{|\sin x|} + \dfrac{1}{|\cos x|} + \dfrac{1}{|\tan x|} + \dfrac{1}{|\cot x|}$ 的最小值.

参考答案与提示

1. C. 由 $y \neq 0$,可排除 A,B. 又 $\sin x = 0$ 时,$y = \frac{1}{2} \notin \left[\frac{\sqrt{2}}{2}, 1\right]$,排除 D,所以选 C.

一般解法 先求 y^2 的取值范围.

2. B. 由 $\sin \theta \geqslant 0$, $\tan \frac{\theta}{2} \geqslant 0$, $\sin \theta + \tan \frac{\theta}{2} = 0$, 得 $\sin \theta = \tan \frac{\theta}{2} = 0$, 所以 $\theta = 0$.

一般解法 B. $\sin \theta + \tan \frac{\theta}{2} = \sin \theta + \frac{\sin \theta}{1 + \cos \theta} = \frac{\sin \theta (2 + \cos \theta)}{1 + \cos \theta} = 0$, 所以 $\theta = 0$.

3~7. DBDAC.

8. C. 由 $\left|\log_\pi \frac{\varphi}{\pi}\right| < 2$, 可得 $\frac{1}{\pi} < \varphi < \pi^3$.

函数 $y = \sin(x + \varphi) + \cos(x - \varphi)$ ($x \in \mathbf{R}$) 为偶函数,即

$$y = 2\sin\left(x + \frac{\pi}{4}\right)\sin\left(\varphi + \frac{\pi}{4}\right)$$

为偶函数,所以

$$\sin\left(\varphi + \frac{\pi}{4}\right) = 0$$

$$\varphi = k\pi - \frac{\pi}{4} \quad (k \in \mathbf{Z})$$

再由 $\frac{1}{\pi} < \varphi < \pi^3$, 得

$$\frac{1}{\pi^2} + \frac{1}{4} < k < \pi^2 + \frac{1}{4}$$

所以 $k = 1, 2, \cdots, 10$. 选 C.

9. D.

10. A. 在题设中令 $x = \frac{\pi}{2} - x'$ 可得.

11. B. 设 $f(x) = \cos x + 2\sin x$, 由题意得,当 $x = \alpha$ 时 $f(x)$ 取最小值,所以 $f'(\alpha) = -\sin \alpha + 2\cos \alpha = 0$, $\tan \alpha = 2$.

12. D. "函数 $f(x) = \sin 2x + a\cos 2x$ 的图象关于直线 $x = -\frac{\pi}{8}$ 对称"的充要条件是"函数 $f(x)$ 在 $x = -\frac{\pi}{8}$ 时取到最值",也即 $f'\left(-\frac{\pi}{8}\right) = 0$, 可求得 $a = -1$.

13. **错解** A. 由 $f(x)=\dfrac{2\sin\frac{x}{2}(\sin\frac{x}{2}+\cos\frac{x}{2})}{2\cos\frac{x}{2}(\sin\frac{x}{2}+\cos\frac{x}{2})}=\tan\frac{x}{2}$，知 $f(x)$ 是奇函数. 所以选 A.

正解 D. 由 $f(x)$ 的定义域(含 $\frac{\pi}{2}$，却不含 $-\frac{\pi}{2}$)不关于原点对称，知 $f(x)$ 既不是奇函数又不是偶函数. 所以选 D.

14. D. 因为 $\theta\in\left[\dfrac{5\pi}{4},\dfrac{3\pi}{2}\right]$，所以 $\sqrt{1-\sin 2\theta}-\sqrt{1+\sin 2\theta}=|\cos\theta-\sin\theta|-|\cos\theta+\sin\theta|=2\cos\theta$.

15. C. 题设即曲线 $f(x)=\sin(2x-\dfrac{\pi}{6})$ 与直线 $y=m$ 在 $\left[0,\dfrac{\pi}{2}\right]$ 上有两个交点，可得答案.

16. D. 可得函数 $f(x)$ 在区间 $[0,1]$ 上是减函数，所以 $f(\cos\alpha)>f(\sin\beta)\Leftrightarrow\cos\alpha<\sin\beta\Leftrightarrow\sin\left(\dfrac{\pi}{2}-\alpha\right)<\sin\beta\Leftrightarrow\dfrac{\pi}{2}-\alpha<\beta\Leftrightarrow\alpha+\beta>\dfrac{\pi}{2}$，再由题设"$\alpha,\beta$ 是某锐角三角形的两个内角"可得"$\alpha+\beta>\dfrac{\pi}{2}$"成立，所以选 D.

17. A. 可得 $\dfrac{\pi}{6}<\dfrac{5}{6}\pi-2<\dfrac{\pi}{4}$，又 $2^a=2\sin\left(2+\dfrac{\pi}{6}\right)=2\sin\left(\dfrac{5}{6}\pi-2\right)$，所以 $1<2^a<\sqrt{2}$，$0<a<\dfrac{1}{2}$.

18. A. 可得"当 $x\in\mathbf{R}$ 时，$\cos^2 x+\sin x=\dfrac{5}{4}-\left(\sin x-\dfrac{1}{2}\right)^2\leqslant\dfrac{5}{4}$"，所以 $f(x)=\dfrac{5}{4}-\left(\sin x-\dfrac{1}{2}\right)^2\left(0\leqslant x\leqslant\dfrac{\pi}{2}\right)$.

得 $f\left(x-\dfrac{\pi}{2}\right)=\dfrac{5}{4}-\left[\sin\left(x-\dfrac{\pi}{2}\right)-\dfrac{1}{2}\right]^2=\dfrac{5}{4}-\left(\cos x+\dfrac{1}{2}\right)^2$ $\left(0\leqslant x-\dfrac{\pi}{2}\leqslant\dfrac{\pi}{2}\right)$，即 $f\left(x-\dfrac{\pi}{2}\right)=\dfrac{5}{4}-\left(\cos x+\dfrac{1}{2}\right)^2\left(\dfrac{\pi}{2}\leqslant x\leqslant\pi\right)$，所以当且仅当 $x=\dfrac{2}{3}\pi$ 时 $f\left(x-\dfrac{\pi}{2}\right)$ 取到最大值，且最大值是 $\dfrac{5}{4}$.

另解 A. 当 $0\leqslant x\leqslant\dfrac{\pi}{2}$ 时，$\cos^2 x+\sin x=\dfrac{5}{4}-\left(\sin x-\dfrac{1}{2}\right)^2<\dfrac{5}{4}$，所以 $f(x)=\cos^2 x+\sin x=\dfrac{5}{4}-\left(\sin x-\dfrac{1}{2}\right)^2\left(0\leqslant x\leqslant\dfrac{\pi}{2}\right)$. 所以当且仅当 $x=$

$\frac{\pi}{6}$ 时 $f(x)$ 取到最大值,且最大值是 $\frac{5}{4}$.

把曲线 $y=f(x)\left(0 \leqslant x \leqslant \frac{\pi}{2}\right)$ 向右平移 $\frac{\pi}{2}$ 个单位,便得曲线 $y=f\left(x-\frac{\pi}{2}\right)\left(0 \leqslant x-\frac{\pi}{2} \leqslant \frac{\pi}{2}\right)$,所以这两个函数的值域相同,可得当且仅当 $x=\frac{2}{3}\pi$ 时 $f\left(x-\frac{\pi}{2}\right)$ 取到最大值,且最大值是 $\frac{5}{4}$.

19. A. $a=\sin(-1)<0, b=\cos 1>0, c=0$.

20. A. 由 $f(x)=f(x+1)-f(x+2)$ 可得 $f(x)$ 是以 6 为周期的周期函数,所以 $A=f(x+9)=f(x+3)=f(x-3)=f(x-9)=B$.

21. A.

22. $\frac{4}{5}$. 由题设得 $1-2\sin^2 2\theta=\frac{1}{5}$, $\sin^2 2\theta=\frac{2}{5}$,所以 $\sin^4\theta+\cos^4\theta=(\sin^2\theta+\cos^2\theta)^2-2\sin^2\theta\cos^2\theta=1-\frac{1}{2}\sin^2 2\theta=1-\frac{1}{2}\cdot\frac{2}{5}=\frac{4}{5}$.

23. $\left[-\frac{5}{4},1\right]$. 设公共点 $(\cos\theta,\sin\theta)$,代入抛物线方程,得 $h=\sin\theta-\cos^2\theta=\sin^2\theta+\sin\theta-1=\left(\sin\theta+\frac{1}{2}\right)^2-\frac{5}{4}$. 因为 $\sin\theta\in[-1,1]$,所以 $h\in\left[-\frac{5}{4},1\right]$.

24. $1:2$. 由题设得 $\overrightarrow{PA}+\overrightarrow{PB}+2\overrightarrow{PC}=3\overrightarrow{PB}-3\overrightarrow{PA}$, $2\overrightarrow{PA}-\overrightarrow{PB}+\overrightarrow{PC}=\mathbf{0}$. 以 AB 所在的直线为 x 轴,以 AB 的中垂线为 y 轴建立平面直角坐标系后,可设点的坐标为 $A(-a,0), B(a,0), C(b,c)(c>0), P(x,y)$,由 $2\overrightarrow{PA}-\overrightarrow{PB}+\overrightarrow{PC}=0$,可得 $y=\frac{c}{2}$,所以 $\triangle ABP$ 与 $\triangle ABC$ 的面积之比为 $\frac{c}{2}:c=1:2$.

25. (1) $\{2k\pi \mid k\in \mathbf{Z}\}$. 由题设可得 $\begin{cases}\sin\alpha=\cos\alpha \\ \cos 2\alpha=\sin 2\alpha\end{cases}$ 或 $\begin{cases}\sin\alpha=\sin 2\alpha \\ \cos 2\alpha=\cos\alpha\end{cases}$.

由前者可得 $\tan\alpha=\tan 2\alpha=1$,从而可知这不可能! 由后者可得 $\begin{cases}\sin\alpha=0 \text{ 或 } \cos\alpha=\frac{1}{2} \\ \cos\alpha=1 \text{ 或 } \cos\alpha=-\frac{1}{2}\end{cases}$,再得 $\begin{cases}\sin\alpha=0 \\ \cos\alpha=1,\end{cases} \alpha=2k\pi(k\in\mathbf{Z})$.

(2) $\left\{\frac{4k+1}{8}\pi \mid k\in\mathbf{Z}\right\}$. 得

$\sin\alpha+\sin 3\alpha+\sin 2\alpha=\cos\alpha+\cos 3\alpha+\cos 2\alpha$
$2\sin 2\alpha\cos\alpha+\sin 2\alpha=2\cos 2\alpha\cos\alpha+\cos 2\alpha$

$$\sin 2\alpha(2\cos \alpha + 1) = \cos 2\alpha(2\cos \alpha + 1)$$

当 $2\cos \alpha + 1 = 0$ 时,可验证不合题意. 所以 $\sin 2\alpha = \cos 2\alpha$, $\tan 2\alpha = 1$, $\alpha = \dfrac{4k+1}{8}\pi (k \in \mathbf{Z})$.

还可验证:当 $\alpha = \dfrac{4k+1}{8}\pi (k \in \mathbf{Z})$ 时,满足题意.

所以所求答案为 $\left\{ \dfrac{4k+1}{8}\pi \mid k \in \mathbf{Z} \right\}$.

26. 8. 由已知方程的判别式非负,可得 $\sin xy = \pm 1$, 进而得 $x = \mp 4$. 可得答案为 8.

27. 5.

28. 4π.

29. $[1, 3]$.

$$|\boldsymbol{a} - \boldsymbol{b}| = \sqrt{(1-\cos \theta)^2 + (\sin \theta - \sqrt{3})^2} =$$
$$\sqrt{5 - 2(\cos \theta - \sqrt{3}\sin \theta)} =$$
$$\sqrt{5 - 4\sin\left(\dfrac{\pi}{6} - \theta\right)}$$

可得答案.

30. $c = \dfrac{\sqrt{6}+\sqrt{2}}{2}$. 由 $2\cos^2 \dfrac{A+C}{2} = (\sqrt{2}-1)\cos B$, 得

$$1 + \cos(A+C) = 1 - \cos B = (\sqrt{2}-1)\cos B, \cos B = \dfrac{1}{\sqrt{2}}, B = 45°$$

再由 $a = \sqrt{3}, A = 60°, B = 45°$ 及正弦定理可求得 $b = \sqrt{2}, c = \dfrac{\sqrt{6}+\sqrt{2}}{2}$.

若 $b = \sqrt{2}$, 则原题的题设是 $a = \sqrt{3}, B = 45°, b = \sqrt{2}$, 由正弦定理或余弦定理可求得 A 有两个值:$60°, 120°$. 所以此时不合题意.

若 $c = \dfrac{\sqrt{6}+\sqrt{2}}{2}$, 则原题的题设是"角边角"的条件 $a = \sqrt{3}, B = 45°, c = \dfrac{\sqrt{6}+\sqrt{2}}{2}$, 所以解三角形的答案是唯一的. 所以此时符合题意.

31. $\dfrac{3}{35}$.

$$\dfrac{\sin^3 \alpha - \cos \alpha}{5\sin \alpha - 3\cos \alpha} = \dfrac{\sin^3 \alpha - \cos \alpha(\sin^2 \alpha + \cos^2 \alpha)}{(5\sin \alpha - 3\cos \alpha)(\sin^2 \alpha + \cos^2 \alpha)} =$$
$$\dfrac{(2\cos \alpha)^3 - \cos \alpha[(2\cos \alpha)^2 + \cos^2 \alpha]}{(5 \cdot 2\cos \alpha - 3\cos \alpha)[(2\cos \alpha)^2 + \cos^2 \alpha]} =$$

$$\frac{3\cos^3\alpha}{35\cos^3\alpha}=\frac{3}{35}$$

32. $-\frac{\sqrt{3}}{3}$. 可得曲线 $y=\sin^2\left(x+\frac{\pi}{6}\right)=\dfrac{1-\cos\left(2x+\frac{\pi}{3}\right)}{2}$ 的对称轴是 $2x=k\pi-\frac{\pi}{3}(k\in\mathbf{Z})$.

由 $y=\sin 2x+a\cos 2x$，得 $y'=2\cos 2x-2a\sin 2x$. 由两者的对称轴相同，得 $2x=k\pi-\frac{\pi}{3}(k\in\mathbf{Z})$ 时，$y'=0$，即 $a\tan\left(k\pi-\frac{\pi}{3}\right)=a\tan\left(-\frac{\pi}{3}\right)=1(k\in\mathbf{Z})$，得 $a=-\frac{\sqrt{3}}{3}$.

33. $\frac{2}{3}\sqrt{2}\cos\left(3x-\frac{\pi}{4}\right)$. 可得 $T=2\left(\frac{11}{12}\pi-\frac{7}{12}\pi\right)=\frac{2}{3}\pi=\frac{2}{\omega}\pi,\omega=3$.

由五点法知，$3\cdot\frac{7}{12}\pi+\varphi=2k\pi+\frac{3}{2}\pi(k\in\mathbf{Z})$，$\varphi=2k\pi-\frac{\pi}{4}(k\in\mathbf{Z})$，$f(x)=A\cos\left(3x-\frac{\pi}{4}\right)$.

由 $f\left(\frac{\pi}{2}\right)=-\frac{2}{3}$，得 $A=\frac{2}{3}\sqrt{2}$. 所以 $f(x)=\frac{2}{3}\sqrt{2}\cos\left(3x-\frac{\pi}{4}\right)$.

34. 2012. $\dfrac{1}{\cos 2\alpha}+\tan 2\alpha=\dfrac{1+\sin 2\alpha}{\cos 2\alpha}=\dfrac{(\sin\alpha+\cos\alpha)^2}{\cos^2\alpha-\sin^2\alpha}=\dfrac{\sin\alpha+\cos\alpha}{\cos\alpha-\sin\alpha}=\dfrac{1+\tan\alpha}{1-\tan\alpha}=2\,012$.

35. $(\sqrt{7}+1):\sqrt{7}:(\sqrt{7}-1)$. 可设 $a=b+d,c=b-d(d>0)$，由余弦定理及题设，得

$$\cos A=\cdots=\frac{b-4d}{2(b-d)}=-\sin C,\cos C=\cdots=\frac{b+4d}{2(b+d)}$$

所以
$$\left[\frac{b-4d}{2(b-d)}\right]^2+\left[\frac{b+4d}{2(b+d)}\right]^2=1$$
$$(b^2+2d^2)(b^2-7d^2)=0$$
$$b=\sqrt{7}d$$

所以 $\qquad a:b:c=(\sqrt{7}+1):\sqrt{7}:(\sqrt{7}-1)$

36. $\frac{1}{2}$；37. $-\frac{3\pi}{4}$；38. $\frac{1}{9}$；39. $\frac{56}{65}$；40. $\frac{1}{3}$；41. $\frac{\pi}{3}$；42. $\frac{\pi}{4}$；43. $-\frac{1}{4}$；

44. $2-\sqrt{3}$；45. $2-\sqrt{3}$；46. $\sqrt{3}$；47. $\frac{3}{2}$；48. $\sqrt{3}$；49. $-\frac{\sqrt{2}}{10}$；50. 7；

51. -5；52. $k\geqslant 2+\sqrt{2}$；53. $\varnothing$.

54. $\{\alpha \mid 2k\pi - \frac{\pi}{2} < \alpha < 2k\pi + \frac{\pi}{2}, 或 \alpha = 2k\pi + \pi\}$. 所给式子左边有意义即 $\sin\alpha \neq \pm 1$, 也即 $\cos\alpha \neq 0$, 即角 α 的终边不在 y 轴上; 所给式子右边有意义也即角 α 的终边不在 y 轴上.

所给式子等价于

$$\frac{1+\sin\alpha}{|\cos\alpha|} - \frac{1-\sin\alpha}{|\cos\alpha|} = \frac{2\sin\alpha}{\cos\alpha}$$

$$\frac{2\sin\alpha}{|\cos\alpha|} = \frac{2\sin\alpha}{\cos\alpha}$$

$$\sin\alpha = 0, 或 \cos\alpha > 0$$

由此可得答案.

55. 2; 56. $\frac{1}{2}$; 57. $\sqrt{3}$; 58. $\frac{1}{2}$; 59. $-\frac{2}{3}\pi$; 60. $-\frac{4}{3}$; 61. $\frac{2}{3}\pi$; 62. $[-0.1, 0.1]$;

63. $30°$; 64. $a^2 - b^2$; 65. $-\frac{\pi}{9}$.

66. $\frac{16}{25}$. $-2u = \cos(2\alpha + 2\beta) - \cos(2\alpha - 2\beta) \geqslant -1 - \cos(2\alpha - 2\beta) = -2\cos^2(\alpha-\beta)$, 所以 $u \leqslant \cos^2(\alpha-\beta) = \frac{16}{25}$ (万能公式).

67. $\left[-\frac{1+\sqrt{5}}{2}, -\frac{1}{2}\right]$. 由复合函数的单调区间的求法"同增异减"可求得答案.

68. (4); 69. $\left(-\frac{17}{8}, -2\right) \cup (-2, -1)$; 70. $\frac{14}{9}$; 71. 1.

72. 2. $(1+\tan 1°)(1+\tan 44°) = (1+\tan 1°)\left(1 + \frac{\tan 45° - \tan 1°}{1 + \tan 45° \tan 1°}\right) = (1+\tan 1°)\left(1 + \frac{1-\tan 1°}{1+\tan 1°}\right) = 1 + \tan 1° + 1 - \tan 1° = 2.$

73. $b = -a \neq 0$. 若 $f(x)$ 是 **R** 上的可导函数, 则用复合函数的求导法则可证 "$f(x)$ 是奇(偶)函数的充要条件是 $f'(x)$ 是偶(奇)函数".

所以在本题中, $f(x)$ 是偶函数的充要条件是 $f'(x)$ 是奇函数, 即 $f'(x) = a\cos\left(x + \frac{\pi}{4}\right) + b\cos\left(x - \frac{\pi}{4}\right)$ 是奇函数.

所以 $f'(0) = \frac{a+b}{\sqrt{2}} = 0$, $b = -a$, 且当 $b = -a \neq 0$ 时, $f'(x) = a\cos\left(x + \frac{\pi}{4}\right) - a\cos\left(x - \frac{\pi}{4}\right) = -\sqrt{2}a\sin x$ 是奇函数, 所以所求的所有答案是 $b = -a \neq 0$.

74. $\frac{3}{8}$, $-\sqrt{2}$. 令 $x=1, y=0$, 得 $f\left(\frac{1}{2}\right)=\sin \alpha$; 再令 $x=\frac{1}{2}, y=0$, 得 $f\left(\frac{1}{4}\right)=\sin^2 \alpha$; 再令 $x=\frac{1}{4}, y=0$, 得 $f\left(\frac{1}{8}\right)=\sin^3 \alpha$; 又令 $x=\frac{1}{2}, y=\frac{1}{4}$, 得 $f\left(\frac{3}{8}\right)=2\sin^2 \alpha - \sin^3 \alpha$; 又令 $x=\frac{3}{8}, y=\frac{1}{8}$, 得 $f\left(\frac{1}{4}\right)=3\sin^3 \alpha - 2\sin^4 \alpha$, 所以

$$3\sin^3 \alpha - 2\sin^4 \alpha = \sin^2 \alpha$$

又 α 是锐角, 得 $\sin \alpha = \frac{1}{2}$, 所以 $f\left(\frac{3}{8}\right) = 2\sin^2 \alpha - \sin^3 \alpha = \frac{3}{8}$.

由当 $x \geq y$ 时恒有 $f\left(\frac{x+y}{2}\right) = f(x)\sin \alpha + (1-\sin \alpha)f(y)$, 得 $f\left(\frac{x+y}{2}\right) = \frac{f(x)+f(y)}{2}$ $(x \geq y)$ 恒成立. 由中点坐标公式知, 函数 $f(x)$ 的图象是直线. 再由 $f(0)=0, f(1)=1$ 得 $f(x)=x$, 所以 $f(-\sqrt{2}) = -\sqrt{2}$.

75. $c < a < b$.

76. $\frac{\pi}{3}$. 可在已知方程两边除以 $\cos x$, 得

$$2\sin x \tan x + \tan x - 2\sin x = 3$$
$$(2\sin x + 1)(\tan x - 1) = 2$$

因为函数 $f(x) = (2\sin x + 1)(\tan x - 1)\left(0 < x < \frac{\pi}{2}\right)$ 是增函数, 又 $f\left(\frac{\pi}{3}\right) = 2$, 所以原方程的解是 $x = \frac{\pi}{3}$.

77. $\sin(\cos \theta) < \cos \theta < \cos(\sin \theta)$. 因为 $\cos \theta \in (0,1)$, 所以 $\sin(\cos \theta) < \cos \theta$. 因为 $\sin \theta < \theta$, 所以 $\cos \theta < \cos(\sin \theta)$. 所以, $\sin(\cos \theta) < \cos \theta < \cos(\sin \theta)$.

78. $(-2, -\sqrt{2}) \cup (\sqrt{2}, 2)$.

79. 当 $\tan \alpha = 3\tan \beta = 0$ 即 $\alpha = k\pi$ 且 $\beta = l\pi (k, l \in \mathbf{Z})$ 时, 满足题意, 得 $\cos \alpha = \pm 1$ (当 k 为偶数时取 "+"; 当 k 为奇数时取 "−").

当 $\tan \alpha = 3\tan \beta \neq 0$ 时, 把已知的两式相除, 得

$$\cos \alpha = \frac{2}{3}\cos \beta$$

所以

$$\cos \beta = \frac{3}{2}\cos \alpha$$

再由 $\sin \alpha = 2\sin \beta$, 得 $\sin \beta = \frac{1}{2}\sin \alpha$.

把得到的两式平方相加, 得

$$\left(\frac{3}{2}\cos\alpha\right)^2 + \left(\frac{1}{2}\sin\alpha\right)^2 = 1, \cos\alpha = \pm\frac{\sqrt{6}}{4}$$

（当且仅当 α,β 都在第一、四象限时取"+"；当且仅当 α,β 都在第二、三象限时取"—"）.

所以 $\cos\alpha = \pm 1, \pm\frac{\sqrt{6}}{4}$.

80. 易求得 $\tan\alpha = \frac{1}{3}, \tan 2\alpha = \frac{3}{4}, \tan(2\alpha - \beta) = 1$.

由 $\tan\alpha = \frac{1}{3}, \alpha \in (0,\pi)$，得 $\alpha \in \left(0, \frac{\pi}{4}\right), 2\alpha \in \left(0, \frac{\pi}{2}\right)$；

由 $\tan\beta = -\frac{1}{7}, \beta \in (0,\pi)$，得 $\beta \in \left(\frac{3\pi}{4}, \pi\right), -\beta \in \left(-\pi, -\frac{3\pi}{4}\right)$.

所以 $2\alpha - \beta \in \left(-\pi, -\frac{\pi}{4}\right)$，再由 $\tan(2\alpha-\beta)=1$，得 $2\alpha - \beta = -\frac{3\pi}{4}$.

81. 把所给两式平方相加，可得 $\cos(\alpha-\beta) = \frac{1}{2}$.

由 $\alpha,\beta \in \left(0, \frac{\pi}{2}\right), \sin\alpha < \sin\beta$，得 $0 < \alpha < \beta < \frac{\pi}{2}, \alpha - \beta \in \left(-\frac{\pi}{2}, 0\right)$，所以 $\alpha - \beta = -\frac{\pi}{3}$.

82. 由韦达定理，得
$$\tan\alpha + \tan\beta = -4a, \tan\alpha \cdot \tan\beta = 3a + 1$$

所以
$$\tan(\alpha+\beta) = \frac{\tan\alpha + \tan\beta}{1 - \tan\alpha\tan\beta} = \frac{4}{3}$$

$$\frac{2\tan\frac{\alpha+\beta}{2}}{1-\tan^2\frac{\alpha+\beta}{2}} = \frac{4}{3}$$

$$\tan\frac{\alpha+\beta}{2} = -2, \frac{1}{2}$$

又由 $a \in \mathbf{R}_+$，得 $\tan\alpha, \tan\beta \in \mathbf{R}_-$.

再由 $\alpha,\beta \in \left(-\frac{\pi}{2}, \frac{\pi}{2}\right)$，得 $\alpha,\beta \in \left(-\frac{\pi}{2}, 0\right), \frac{\alpha+\beta}{2} \in \left(-\frac{\pi}{2}, 0\right)$.

所以 $\tan\frac{\alpha+\beta}{2} = -2$.

83. 由题设可得
$$\sin\alpha = \frac{3}{5}, \sec^2(\alpha-\beta) = \tan^2(\alpha-\beta) + 1 = \frac{10}{9}, \cos(\alpha-\beta) = \pm\frac{3}{\sqrt{10}}$$

由 $\alpha,\beta \in \left(0, \frac{\pi}{2}\right)$，得 $\alpha - \beta \in \left(-\frac{\pi}{2}, \frac{\pi}{2}\right)$；

再由 $\tan(\alpha-\beta)<0$,得 $\alpha-\beta\in\left(-\dfrac{\pi}{2},0\right)$.

所以 $\cos(\alpha-\beta)=\dfrac{3}{\sqrt{10}},\sin(\alpha-\beta)=-\dfrac{1}{\sqrt{10}}$.

所以 $\cos\beta=\cos[\alpha-(\alpha-\beta)]=\cos\alpha\cos(\alpha-\beta)+\sin\alpha\sin(\alpha-\beta)=\dfrac{4}{5}\times\dfrac{3}{\sqrt{10}}+\dfrac{3}{5}\times\left(-\dfrac{1}{\sqrt{10}}\right)=\dfrac{9}{50}\sqrt{10}$.

84. 在 $\triangle ABC$ 中,由 $\cos B=\dfrac{5}{13}$,得 B 是锐角,且 $\sin B=\dfrac{12}{13}$.

由 $\sin B>\sin A$ 及正弦定理,得 $B>A$,所以 A 是锐角.

再由 $\sin A=\dfrac{3}{5}$,得 $\cos A=\dfrac{4}{5}$.

所以 $\cos C=-\cos(A+B)=\sin A\sin B-\cos A\cos B=\dfrac{3}{5}\times\dfrac{12}{13}-\dfrac{4}{5}\times\dfrac{5}{13}=\dfrac{16}{65}$.

85. 可得 $(x-1)^2+(y+2)^2=5$,所以可设

$$x=1+\sqrt{5}\cos\theta,\ y=-2+\sqrt{5}\sin\theta\quad(0\leqslant\theta<2\pi)$$

得
$$x-2y=5+\sqrt{5}\cos\theta-2\sqrt{5}\sin\theta$$

所以存在 $\varphi\in[0,2\pi)$,使得
$$x-2y=5+5\sin(\theta+\varphi)$$

所以 $x-2y$ 的取值范围是 $[0,10]$.

86. 由 $2-y^2\geqslant 0$,得 $|y|\leqslant\sqrt{2}$,所以可设 $y=\sqrt{2}\cos\theta(0\leqslant\theta\leqslant\pi)$.

又可设 $w=\sqrt{x^2+\dfrac{81}{x^2}}$,易得 $w\geqslant 3\sqrt{2}$,所以

$$z=w^2-2\sqrt{2}\left(x\cos\theta+\dfrac{9}{x}\sin\theta\right)$$

得 $x\cos\theta+\dfrac{9}{x}\sin\theta\leqslant\sqrt{x^2+\dfrac{81}{x^2}}=w$. 所以 $z\geqslant w^2-2\sqrt{2}w$.

可得 $w^2-2\sqrt{2}w(w\geqslant 3\sqrt{2})$ 的最小值是 6.

从而可得,函数 z 的最小值是 6(当 $x=-3,y=1$ 时,z 可取到这个最小值).

87. 原式可化为

$$(2y-1)\sin x+(y+1)\cos x=3y$$

得
$$(3y)^2\leqslant(2y-1)^2+(y+1)^2$$

$$-1\leqslant y\leqslant\dfrac{1}{2}$$

所求函数的值域是 $\left[-1, \dfrac{1}{2}\right]$.

另解 原式可化为
$$(2y-1)\sin x + (y+1)\cos x = 3y$$
又设
$$(2y-1)\cos x - (y+1)\sin x = z$$
把两式平方后相加,得
$$(2y-1)^2 + (y+1)^2 = (3y)^2 + z^2$$
$$(2y-1)^2 + (y+1)^2 \geqslant (3y)^2$$
$$-1 \leqslant y \leqslant \dfrac{1}{2}$$

所求函数的值域是 $\left[-1, \dfrac{1}{2}\right]$.

88. 该函数的定义域为 $[2\,007, 2\,008]$,所以 $x - 2\,007 \in [0,1]$.

可设 $x - 2\,007 = \cos^2\theta\left(0 \leqslant \theta \leqslant \dfrac{\pi}{2}\right)$,得
$$y = \sin\theta + \cos\theta = \sqrt{2}\sin\left(\theta + \dfrac{\pi}{4}\right)$$

所以函数 y 的值域是 $[1, \sqrt{2}]$.

89. 存在 θ 使 $1 = x\cos\theta + y\sin\theta$ 的充要条件是 $x^2 + y^2 \geqslant 1$,所以
$$\complement_U A = \{(x,y) \mid x^2 + y^2 < 1, x, y \in \mathbf{R}\}$$

90. (1) 设 $A = \sin^2 20° + \cos^2 80° + \sqrt{3}\sin 20°\cos 80°$,构造 A 的对偶式 $B = \cos^2 20° + \sin^2 80° - \sqrt{3}\cos 20°\sin 80°$,得
$$\begin{cases} A + B = 2 - \sqrt{3}\sin 60° = \dfrac{1}{2} \\ A - B = \cos 160° - \cos 40° + \sqrt{3}\sin 100° = 0 \end{cases}$$

所以 $A = B = \dfrac{1}{4}$.

即原式 $= \dfrac{1}{4}$.

(2) 设 $x = \sin 10°\sin 50°\sin 70°$,构造 x 的对偶式 $y = \cos 10°\cos 50°\cos 70°$,得
$$xy = \sin 10°\cos 10°\sin 50°\cos 50°\sin 70°\cos 70° =$$
$$\dfrac{1}{8}\sin 20°\sin 100°\sin 140° =$$
$$\dfrac{1}{8}\cos 10°\cos 50°\cos 70° = \dfrac{1}{8}y$$

又 $y \neq 0$,所以 $x = \dfrac{1}{8}$.

91. 可得 $B=60°, A+C=120°$,已知等式即

$$\cos A + \cos C = -2\sqrt{2}\cos A\cos C$$

$$2\cos\frac{A+C}{2}\cos\frac{A-C}{2} = -\sqrt{2}[\cos(A+C)+\cos(A-C)]$$

$$\cos\frac{A-C}{2} = -\sqrt{2}\left(2\cos^2\frac{A-C}{2}-\frac{3}{2}\right)$$

$$\cos\frac{A-C}{2} = \frac{\sqrt{2}}{2}, -\frac{3}{4}\sqrt{2}$$

由 $A,C\in(0,\pi)$,得 $\frac{A-C}{2}\in\left(-\frac{\pi}{2},\frac{\pi}{2}\right)$,所以 $\cos\frac{A-C}{2}=\frac{\sqrt{2}}{2}$.

注 不用和差化积、积化和差公式,把 $B=60°, C=120°-A$ 代入已知等式也可求解.

92. 在公式 $\tan(\alpha+\beta)=\dfrac{\tan\alpha+\tan\beta}{1-\tan\alpha\tan\beta}$ 中令 $\alpha=\dfrac{\pi}{6}-\theta, \beta=\dfrac{\pi}{6}+\theta$ 后容易求得答案为 $\sqrt{3}$.

93. $\dfrac{1+\tan 15°}{1-\tan 15°}=\dfrac{\tan 45°+\tan 15°}{1-\tan 45°\tan 15°}=\tan(45°+15°)=\tan 60°=\sqrt{3}$.

94. 可得该方程的两根为 $2-\sqrt{3}, 2+\sqrt{3}$,所以 $\tan\theta+\cot\theta=4, \sin 2\theta=\dfrac{1}{2}$,
$\cos 4\theta=1-2\sin^2 2\theta=\dfrac{1}{2}$.

95. 原式 $=\sin\alpha=-\dfrac{2}{5}\sqrt{6}$.

96. 可得 $2m=\tan\alpha\cot\alpha=1, \tan\alpha=\cot\alpha=1, \sin\alpha=\cos\alpha=\pm\dfrac{1}{\sqrt{2}}$,所以原式 $=\sin\alpha\cos^3\alpha=\dfrac{1}{4}$.

97. 令 $t=\sin\theta(\theta\in\mathbf{R})$,则该问题的题设即:
当 $t\in[-1,1]$ 时,不等式 $t^2-2mt+2m+1>0$ 恒成立.
用分离常数法可求得实数 m 的取值范围是 $(1-\sqrt{2},+\infty)$.

98. (1) $\sin 3\alpha=3\sin\alpha-4\sin^3\alpha, \cos 3\alpha=3\cos\alpha-4\cos^3\alpha$.

(2) 在 $\cos 3\alpha=3\cos\alpha-4\cos^3\alpha$ 中令 $\alpha=18°$,可求得 $\sin 18°=\dfrac{\sqrt{5}-1}{4}$.

99. (1) 设 $A=\cos\dfrac{2}{5}\pi+\cos\dfrac{4}{5}\pi, B=\cos\dfrac{2}{5}\pi-\cos\dfrac{4}{5}\pi$,得

$$2AB=2\left(\cos^2\dfrac{2}{5}\pi-\cos^2\dfrac{4}{5}\pi\right)=\cos\dfrac{4}{5}\pi-\cos\dfrac{8}{5}\pi=-B$$

又 $B \neq 0$,所以 $A = \cos\frac{2}{5}\pi + \cos\frac{4}{5}\pi = -\frac{1}{2}$.

(2) 设 $\quad A = \sin^2 20° + \cos^2 50° + \sin 20°\cos 50°$
$\quad\quad\quad B = \cos^2 20° + \sin^2 50° + \cos 20°\sin 50°$

得 $\quad\quad\quad A + B = 2 + \sin 70°$

$\quad A - B = -\cos 40° + \cos 100° + \sin(-30°) = -\frac{1}{2} - \sin 70°$

从而可得,$A = \sin^2 20° + \cos^2 50° + \sin 20°\cos 50° = \frac{3}{4}$.

100. 由 $\tan(\alpha + \beta)$ 的和角公式,可得

$$原式 = \frac{(1 - \tan\alpha\tan\beta) - \tan\frac{\pi}{12}(1 - \tan\alpha\tan\beta)}{(1 - \tan\alpha\tan\beta) + \tan\frac{\pi}{12}(1 - \tan\alpha\tan\beta)} =$$

$$\frac{1 - \tan\frac{\pi}{12}}{1 + \tan\frac{\pi}{12}} =$$

$$\tan\left(\frac{\pi}{4} - \frac{\pi}{12}\right) = \frac{\sqrt{3}}{3}$$

101. 先看 $\alpha \leqslant \beta \leqslant \gamma$ 时,得 $\tan\alpha \leqslant \tan\beta \leqslant \tan\gamma$,$\cos\beta \leqslant \cos\gamma \leqslant \cos\alpha$,$\beta \geqslant \gamma \geqslant \alpha$.

从而得 $\alpha = \beta = \gamma$,$\sin\alpha = \frac{\sqrt{5} - 1}{2}$.

102. 题意即 $\sin^2\theta + \sin^2 2\theta \leqslant r^2$ 在 $\theta \in (0, 2\pi)$ 上恒成立.

可得函数 $y = \sin^2\theta + \sin^2 2\theta = \sin^2\theta(5 - 4\sin^2\theta)$ 的最大值是 $\frac{16}{25}$,所以所求 r 的最小值是 $\frac{16}{25}$.

103. $f(x) = 5\sin 2x - 10\cos 2x = 5\sqrt{5}\sin(2x - \arccos\frac{1}{\sqrt{5}})$

从而可得 m 的取值范围是 $(-5\sqrt{5}, -10) \cup (-10, 5\sqrt{5})$.

104. 可得

$2f(\theta) - 3 = (1 + \cos 2\alpha + \cos 2\beta)\cos 2\theta - (\sin 2\alpha + \sin 2\beta)\sin 2\theta =$

$\sqrt{(1 + \cos 2\alpha + \cos 2\beta)^2 + (\sin 2\alpha + \sin 2\beta)^2}\sin(2\theta + \varphi)$

($\theta \in \mathbf{R}$,φ 为与 α,β 有关的常数) 的值与 θ 无关,所以

$\sqrt{(1 + \cos 2\alpha + \cos 2\beta)^2 + (\sin 2\alpha + \sin 2\beta)^2} = 0$

即

$$\cos 2\alpha + \cos 2\beta = -1, \sin 2\alpha + \sin 2\beta = 0$$
$$\cos(\alpha+\beta)\cos(\alpha-\beta) = -\frac{1}{2}, \sin(\alpha+\beta)\cos(\alpha-\beta) = 0$$

得 $\sin(\alpha+\beta)=0$. 又 $0 \leqslant \alpha \leqslant \beta \leqslant \pi$,得 $\alpha=\beta=0$ 或 $\alpha=\beta=\pi$ 或 $\alpha+\beta=\pi$.

再得 $\alpha+\beta=\pi$,又由 $\cos(\alpha+\beta)\cos(\alpha-\beta)=-\frac{1}{2}$,可求得 $\alpha=\frac{\pi}{3},\beta=\frac{2\pi}{3}$.

所以满足题意的 α,β 存在,且 $\alpha=\frac{\pi}{3},\beta=\frac{2\pi}{3}$.

105. 由题设可得 $b=c=1-a$,所以
$$f(x)=(1-a)\sqrt{2}\sin\left(x+\frac{\pi}{4}\right)+a$$

(1) 容易求得答案为 $\left[\frac{\pi}{4}+2k\pi,\frac{5\pi}{4}+2k\pi\right](k\in \mathbf{Z})$.

(2) 设 $t=\sqrt{2}\sin\left(x+\frac{\pi}{4}\right)$,由 $x\in\left(0,\frac{\pi}{2}\right)$,得 $t\in[1,\sqrt{2}]$.

① 当 $1-a>0$ 即 $a<1$ 时,得 $f(x)\in[1,\sqrt{2}(1-a)+a]$.

此时 $|f(x)|\leqslant 2$ 恒成立,即 $\sqrt{2}(1-a)+a\leqslant 2, a\geqslant -\sqrt{2}$,此时得 a 的取值范围是 $[-\sqrt{2},1]$.

② 当 $1-a=0$ 即 $a=1$ 时,得 $f(x)=1$,此时满足题意.

③ 当 $1-a<0$ 即 $a>1$ 时,得 $f(x)\in[\sqrt{2}(1-a)+a,1]$.

此时 $|f(x)|\leqslant 2$ 恒成立,即 $\sqrt{2}(1-a)+a\geqslant -2, a\leqslant 4+3\sqrt{2}$,此时得 a 的取值范围是 $(1,4+3\sqrt{2}]$.

总之,所求 a 的取值范围是 $[-\sqrt{2},4+3\sqrt{2}]$.

对于此问,下面的解法更简洁:

题意即当 $t\in[1,\sqrt{2}]$ 时,函数 $g(t)=(1-a)t+a$ 的函数值在 $[-2,2]$ 上. 其充要条件是
$$\begin{cases}g(1)\in[-2,2]\\g(\sqrt{2})\in[-2,2]\end{cases} 即 \begin{cases}1\in[-2,2]\\\sqrt{2}+(1-\sqrt{2})a\in[-2,2]\end{cases}$$

也可得所求 a 的取值范围是 $[-\sqrt{2},4+3\sqrt{2}]$.

(3) 先得 $a=8, f(x)=8-7\sqrt{2}\sin\left(x+\frac{\pi}{4}\right)$. 题意即
$$8(m+n)-7\sqrt{2}m\sin\left(x+\frac{\pi}{4}\right)-7\sqrt{2}n\sin\left(x+\frac{\pi}{4}-\varphi\right)=1$$

令 $x+\frac{\pi}{4}=x'$,得 $x'\in\mathbf{R}$,即下式在 $x'\in\mathbf{R}$ 时恒成立
$$8(m+n)-7\sqrt{2}(m+n\cos\varphi)\sin x'+7\sqrt{2}n\sin\varphi\cos x'=1$$

也即
$$\begin{cases} 8(m+n)=1 \\ m+n\cos\varphi=0 \\ \sin\varphi=0 \end{cases}$$

由 $\sin\varphi=0$,得 $\cos\varphi=\pm 1$. 若 $\cos\varphi=1$,将会产生矛盾！所以 $\cos\varphi=-1$,从而可求得 $m=n=\dfrac{1}{16}, \varphi=(2k+1)\pi(k\in \mathbf{Z})$.

所以满足题意的 m,n,φ 分别为 $m=n=\dfrac{1}{16}, \varphi=(2k+1)\pi(k\in \mathbf{Z})$.

106. 由正弦定理,得 $AB=\dfrac{a\sin C}{\sin\theta}, AC=\dfrac{a\sin B}{\sin\theta}$.

再由 $S_{\triangle ABC}=\dfrac{1}{2}AB\cdot AC\cdot \sin\theta=\dfrac{1}{2}r(AB+BC+AC)$,得

$$r=\dfrac{a\sin B\sin C}{\sin\theta+\sin B+\sin C}=\dfrac{a\sin B\sin(B+\theta)}{\sin\theta+\sin B+\sin(B+\theta)}=$$

$$\dfrac{4a\sin\dfrac{B}{2}\cos\dfrac{B}{2}\sin\dfrac{B+\theta}{2}\cos\dfrac{B+\theta}{2}}{2\sin\dfrac{\theta+B}{2}\cos\dfrac{\theta-B}{2}+2\sin\dfrac{\theta+B}{2}\cos\dfrac{\theta+B}{2}}=$$

$$\dfrac{2a\sin\dfrac{B}{2}\cos\dfrac{B}{2}\cos\dfrac{B+\theta}{2}}{\cos\dfrac{\theta-B}{2}+\cos\dfrac{B+\theta}{2}}=\dfrac{2a\sin\dfrac{B}{2}\cos\dfrac{B}{2}\cos\dfrac{B+\theta}{2}}{2\cos\dfrac{\theta}{2}\cos\dfrac{B}{2}}=$$

$$\dfrac{a\sin\dfrac{B}{2}\cos\dfrac{B+\theta}{2}}{\cos\dfrac{\theta}{2}}=\dfrac{a\left[\sin\left(B+\dfrac{\theta}{2}\right)-\sin\dfrac{\theta}{2}\right]}{2\cos\dfrac{\theta}{2}}$$

所以当且仅当 $B+\dfrac{\theta}{2}=\dfrac{\pi}{2}$,即 $B=C=\dfrac{\pi-\theta}{2}$ 时,该三角形内切圆半径 r 取到最大值.

107. 用和(差)角公式展开,可得
$$\tan x=\dfrac{2\cos 10°-\sin 20°}{\cos 20°}=\dfrac{2\cos(30°-20°)-\sin 20°}{\cos 20°}=\sqrt{3}$$

108. 用降幂公式、和角公式,可得
$$\sin A+\sin C+\sin(A+C)=3\sin B$$
$$\sin A+\sin C=2\sin B$$
$$2\sin\dfrac{A+C}{2}\cos\dfrac{A-C}{2}=4\sin\dfrac{B}{2}\cos\dfrac{B}{2}$$
$$\cos\dfrac{A-C}{2}-2\sin\dfrac{B}{2}=0$$

109. $\sin^2\gamma = \sin^2\alpha\left[1-\dfrac{\tan(\alpha-\beta)}{\tan\alpha}\right] = \sin^2\alpha\left[1-\dfrac{\sin(\alpha-\beta)\cos\alpha}{\cos(\alpha-\beta)\sin\alpha}\right] = \dfrac{\sin\alpha\sin\beta}{\cos(\alpha-\beta)}$

$\tan^2\gamma = \dfrac{\sin^2\gamma}{1-\sin^2\gamma} = \dfrac{\sin\alpha\sin\beta}{\cos(\alpha-\beta)-\sin\alpha\sin\beta} = \dfrac{\sin\alpha\sin\beta}{\cos\alpha\cos\beta} = \tan\alpha\tan\beta$

110. 可证得 $f\left(x+\dfrac{\pi}{2}\right)=f(x)$，所以 $f(x)$ 是以 $\dfrac{\pi}{2}$ 为一个周期的周期函数，因而只需求出 $x\in\left[0,\dfrac{\pi}{2}\right]$ 时，函数 $f(x)=\sin x+\sin^4 2x+\cos x$ 的最大值与最小值.

又可证 $f\left(\dfrac{\pi}{2}-x\right)=f(x)$，所以直线 $x=\dfrac{\pi}{4}$ 是 $f(x)=\sin x+\sin^4 2x+\cos x\left(x\in\left[0,\dfrac{\pi}{2}\right]\right)$ 的一条对称轴，说明只需求 $x\in\left[0,\dfrac{\pi}{4}\right]$ 时函数 $f(x)=\sin x+\sin^4 2x+\cos x$ 的最大值与最小值.

当 $x\in\left[0,\dfrac{\pi}{4}\right]$ 时，$\sin x+\cos x=\sqrt{2}\sin\left(x+\dfrac{\pi}{4}\right)$ 与 $\sin^4 2x$ 均是增函数，所以此时 $f(x)=\sin x+\sin^4 2x+\cos x$ 也是增函数. 所以 $f(x)$ 的最大值是 $f\left(\dfrac{\pi}{4}\right)=1+\sqrt{2}$，最小值是 $f(0)=1$.

还可得，当且仅当 $x=\dfrac{k\pi}{2}+\dfrac{\pi}{4}(k\in\mathbf{Z})$ 时，$f(x)$ 取到最大值；当且仅当 $x=\dfrac{k\pi}{2}(k\in\mathbf{Z})$ 时，$f(x)$ 取到最大值.

111. 设 $\sin\theta+\cos\theta=x$，则 $\cos\left(\theta-\dfrac{\pi}{4}\right)=\dfrac{x}{\sqrt{2}}$，$\sin 2\theta=x^2-1$，$x\in[1,\sqrt{2}]$.

原不等式即 $(2x-3)\left(x+\dfrac{2}{x}-a\right)>0$.

由 $x\in[1,\sqrt{2}]$，得 $2x-3<0$，所以

$$a>\left(x+\dfrac{2}{x}\right)_{\max}\quad(x\in[1,\sqrt{2}])$$
$$a>3$$

得所求 a 的取值范围是 $(3,+\infty)$.

112. 可得 $b=\dfrac{a+c}{1-ac}$. 令 $a=\tan\alpha$，$c=\tan\gamma$；得 $b=\tan(\alpha+\gamma)$，$\alpha,\gamma,\alpha+\gamma\in\left(0,\dfrac{\pi}{2}\right)$，所以

$$P = \frac{2}{\tan^2\alpha + 1} - \frac{2}{\tan^2(\alpha+\gamma)+1} + \frac{3}{\tan^2\gamma+1} =$$
$$2\cos^2\alpha - 2\cos^2(\alpha+\gamma) + 3\cos^2\gamma =$$
$$\cos 2\alpha + 1 - [\cos(2\alpha+2\gamma)+1] + 3\cos^2\gamma =$$
$$2\sin\gamma\sin(2\alpha+\gamma) + 3\cos^2\gamma \leqslant$$
$$2\sin\gamma + 3\cos^2\gamma = \frac{10}{3} - 3\left(\sin\gamma - \frac{1}{3}\right)^2 \leqslant \frac{10}{3}$$

当且仅当 $2\alpha+\gamma = \frac{\pi}{2}, \sin\gamma = \frac{1}{3}$ 即 $a=\frac{\sqrt{2}}{2}, b=\sqrt{2}, c=\frac{\sqrt{2}}{4}$ 时, P 取到最大值, 且最大值是 $\frac{10}{3}$.

113. 将已知两式平方相加可得 $\cos(x-y)=0$.

将已知两式相乘, 得

$$\sin x\cos y + \cos x\sin y + \frac{1}{2}(\sin 2x + \sin 2y) = \frac{\sqrt{3}}{2}$$

$$\sin(x+y) + \sin(x+y)\cos(x-y) = \frac{\sqrt{3}}{2}$$

所以
$$\sin(x+y) = \frac{\sqrt{3}}{2}$$

注 由 $\cos(x-y)=0$, 得 $x=y+k\pi+\frac{\pi}{2}(k\in\mathbf{Z})$, 分 k 为奇数和偶数代入已知式也可简洁求解.

114. 原式 $=\dfrac{\cos 20°\cos 10°}{\sin 10°} \cdot \dfrac{\sqrt{3}\sin 20° - \cos 20°}{\cos 20°} =$
$$\frac{\cos 10° \cdot 2\sin(20°-30°)}{\sin 20°} = -1$$

115. 可得 $a=b=\dfrac{1}{2}, \dfrac{b\cos C}{a} = -1$.

116. 可得 $\beta-\alpha=\gamma-\beta=\dfrac{2}{3}\pi, \gamma-\alpha=\dfrac{4}{3}\pi$. 填 "$\dfrac{4}{3}\pi$".

117. $f(x) = 2\sin^2\left(x+\dfrac{\pi}{4}\right) - 1 + e^{\sqrt{2}\left|\sin\left(x+\frac{\pi}{4}\right)\right|}$.

令 $t = \sqrt{2}\left|\sin\left(x+\dfrac{\pi}{4}\right)\right|$, 得 $t\in[0,\sqrt{2}]$.

易知 $f(x) = g(t) = t^2 - 1 + e^t$ 在 $[0,\sqrt{2}]$ 上递增, 所以所求答案为 $g(\sqrt{2}) - g(0) = 1 + e^{\sqrt{2}}$.

118. 设船速为 v km/h $(v \geqslant 0)$.

(1) 当 $0 \leqslant v \leqslant 2$ 时, 立即下水就可追上小船.

(2) 当 $v \geqslant 4$ 时,人不可能追上小船.

(3) 当 $2 < v < 4$ 时,设人在岸上跑的时间为 t h($t > 0$),路程为 $4t$ km;人在水中游的时间为 kt h($k > 0$),路程为 $2kt$ km;小船在水中游的时间为 $(k+1)t$ h,路程为 $v(k+1)t$ km.用余弦定理,得

$$4k^2t^2 = 16t^2 + v^2t^2(k+1)^2 - 2 \cdot 4t \cdot vt(k+1)\cos 15°$$
$$4k^2 = 16 + v^2(k+1)^2 - 8v(k+1)\cos 15°$$
$$(v^2-4)k^2 + 2(v^2-4v\cos 15°)k + v^2 - 8v\cos 15° + 16 = 0 \quad ①$$

题意即关于 k 的一元二次方程 ① 有正数解.

在方程 ① 中 $v^2-4, v^2-8v\cos 15°+16 \in \mathbf{R}_+$,所以关于 k 的一元二次方程 ① 有正数解的充要条件是

即 $\begin{cases} \Delta \geqslant 0 \\ -\dfrac{2(v^2-4v\cos 15°)}{v^2-4} > 0 \\ 2 < v < 4 \end{cases}$

即 $\begin{cases} (\sqrt{3}-1)v^2 - 2(\sqrt{6}+\sqrt{2})v + 16 \geqslant 0 \\ v^2 - 4v\cos 15° < 0 \\ 2 < v < 4 \end{cases}$

即 $\begin{cases} v \leqslant 2\sqrt{2}, \text{或} \ v \geqslant 2(\sqrt{6}+\sqrt{2}) \\ v < \sqrt{6}+\sqrt{2} \\ 2 < v < 4 \end{cases}$

即 $2 < v \leqslant 2\sqrt{2}$

说明此时当且仅当 $2 < v \leqslant 2\sqrt{2}$ 时,人才能追上小船.

所以有以下完整的结论:

(1) 当 $0 \leqslant v \leqslant 2\sqrt{2}$ 时,人能追上小船;

(2) 当 $v > 2\sqrt{2}$ 时,人不能追上小船.

本题的答案为:当小船的速度为 2.5 km/h 时,人能追上小船;若小船改变速度,则小船能被人追上的最大速度是 $2\sqrt{2}$ km/h.

119. 令 $y=x$,得 $x-y=0$,且对于任意的 $\theta \in \left[0, \dfrac{\pi}{2}\right]$,恒有

$$[x-(-3-\sin 2\theta)]^2 + [y-(-a\sin\theta - a\cos\theta)]^2 \geqslant \dfrac{1}{8}$$

即点 $P(-3-\sin 2\theta, -a\sin\theta - a\cos\theta)$ 到直线 $y=x$ 上任意一点的距离大于 $\sqrt{\dfrac{1}{8}}$.由点到直线的距离公式,得

三角与平面向量

$$|-3-\sin 2\theta + a\sin\theta + a\cos\theta| \geqslant \frac{1}{2} \qquad ①$$

对于任意的 $\theta \in \left[0, \frac{\pi}{2}\right]$ 恒成立.

令 $t = \sin\theta + \cos\theta$,可得 $t \in [1, \sqrt{2}]$,式 ① 即

$$|-3-(t^2-1)+at| \geqslant \frac{1}{2}$$

在 $t \in [1, \sqrt{2}]$ 时恒成立,可求得实数 a 的取值范围是 $(-\infty, \sqrt{6}] \cup \left[\frac{7}{2}, +\infty\right)$.

120. 当 $A'B = A'C$ 时,作 $\triangle A'BC$(满足 $A'D = BC$)的外接圆,过点 A' 作 BC 的平行线 l,则满足题意的 $\triangle ABC$ 的点 A 在直线 l 上. 所以可得角 A 的取值范围是 $\left(0, \arcsin\frac{4}{5}\right)$.

由 $2S_{\triangle ABC} = bc\sin A = a^2 = b^2 + c^2 - 2bc\cos A$,得

$$\frac{b}{c} + \frac{c}{b} = \frac{b^2 + c^2}{bc} = \sin A + 2\cos A = \sqrt{5}\left(\frac{1}{\sqrt{5}}\sin A + \frac{2}{\sqrt{5}}\cos A\right)$$

设 $\sin\varphi = \frac{1}{\sqrt{5}}, \cos\varphi = \frac{2}{\sqrt{5}}, \varphi \in \left(0, \frac{\pi}{2}\right)$,所以

$$A + \varphi \in \left(\varphi, \arcsin\frac{4}{5} + \varphi\right)$$

即
$$A + \varphi \in (\varphi, \pi - \varphi)$$

从而可得 $\frac{b}{c} + \frac{c}{b}$ 的取值范围是 $[2, \sqrt{5}]$.

121. (1)
$$y = \cot A + \frac{2\sin A}{\cos A + \cos(B-C)} =$$
$$\cot A + \frac{2\sin(B+C)}{-\cos(B+C) + \cos(B-C)} =$$
$$\cot A + \frac{\sin B\cos C + \cos B\sin C}{\sin B\sin C} =$$
$$\cot A + \cot B + \cot C$$

所以任意交换两个角的位置,y 的值不变化.

(2) 可证 $0 < 2\sin B\sin C = \cos A + \cos(B-C) \leqslant \cos A + 1$,所以

$$y = \cot A + \frac{2\sin A}{\cos A + \cos(B-C)} \geqslant \cot A + \frac{2\sin A}{\cos A + 1} =$$
$$\frac{1 - \tan^2\frac{A}{2}}{2\tan\frac{A}{2}} + 2\tan\frac{A}{2} =$$

$$\frac{1}{2}\cot\frac{A}{2} + \frac{3}{2}\tan\frac{A}{2} \geqslant$$

$$2\sqrt{\frac{1}{2}\cot\frac{A}{2} \cdot \frac{3}{2}\tan\frac{A}{2}} = \sqrt{3}$$

所以当且仅当 $A = B = C = \frac{\pi}{3}$ 时，y 取到最小值，且最小值是 $\sqrt{3}$.

(2) 的另解 可不妨设 $A \leqslant B \leqslant C$，得 $A, B \in \left(0, \frac{\pi}{2}\right)$. 因为函数 $\cot x$ 在 $\left(0, \frac{\pi}{2}\right)$ 内下凸，所以

$$y = \cot A + \cot B + \cot C \geqslant 2\cot\frac{A+B}{2} + \cot C =$$

$$2\tan\frac{C}{2} + \frac{1 - \tan^2\frac{C}{2}}{2\tan\frac{C}{2}} =$$

$$\frac{1}{2}\cot\frac{A}{2} + \frac{3}{2}\tan\frac{A}{2} \geqslant$$

$$2\sqrt{\frac{1}{2}\cot\frac{A}{2} \cdot \frac{3}{2}\tan\frac{A}{2}} = \sqrt{3}$$

所以当且仅当 $A = B = C = \frac{\pi}{3}$ 时，y 取到最小值，且最小值是 $\sqrt{3}$.

122. 不妨设 $\triangle ABC$ 中 C 为最小角，得 $0° < C \leqslant 60°$，$\cos\frac{120° - C}{2} > 0$.

$$\cos(A - 30°) + \cos(B - 30°) + \cos(C - 30°) + \cos 30° =$$

$$2\cos\frac{A+B-60°}{2}\cos\frac{A-B}{2} + 2\cos\frac{C}{2}\cos\frac{C-60°}{2} =$$

$$2\cos\frac{120° - C}{2}\cos\frac{A-B}{2} + 2\cos\frac{C}{2}\cos\frac{C-60°}{2} \leqslant$$

$$2\cos\frac{120° - C}{2} + 2\cos\frac{C}{2} = 4\cos 30°\cos\frac{60° - C}{2} \leqslant$$

$$4\cos 30° = 2\sqrt{3}$$

从而可得要证结论成立.

123. 由题设，得

$$0 < \sin\alpha_1 < \sin\alpha_2 < \cdots < \sin\alpha_n, \cos\alpha_1 > \cos\alpha_2 > \cdots > \cos\alpha_n > 0$$

$$0 < n\sin\alpha_1 < \sin\alpha_1 + \sin\alpha_2 + \cdots + \sin\alpha_n < n\sin\alpha_n$$

$$n\cos\alpha_1 > \cos\alpha_1 + \cos\alpha_2 + \cdots + \cos\alpha_n > n\cos\alpha_n > 0$$

$$0 < \frac{1}{n\cos\alpha_1} < \frac{1}{\cos\alpha_1 + \cos\alpha_2 + \cdots + \cos\alpha_n} < \frac{1}{n\cos\alpha_n}$$

$$0 < \frac{n\sin\alpha_1}{n\cos\alpha_1} < \frac{\sin\alpha_1+\sin\alpha_2+\cdots+\sin\alpha_n}{\cos\alpha_1+\cos\alpha_2+\cdots+\cos\alpha_n} < \frac{n\sin\alpha_n}{n\cos\alpha_n}$$

$$\tan\alpha_1 < \frac{\sin\alpha_1+\sin\alpha_2+\cdots+\sin\alpha_n}{\cos\alpha_1+\cos\alpha_2+\cdots+\cos\alpha_n} < \tan\alpha_n$$

124. 令 $3=x$，得以下关于 x 的方程 ① 有实根

$$x^2\cos B + x\sin A + \tan C = 0 \qquad\qquad ①$$

若 $\cos B \neq 0$，由 $\sin^2 A - 4\cos B\tan C = 0$ 得方程 ① 有两个相等实根，所以 $3\times 3 = \dfrac{\tan C}{\cos B}$，$\tan C = 9\cos B$.

若 $\cos B = 0$，得 $3\sin A + \tan C = \sin^2 A = 0$，$\sin A = \tan C = 0$，$\tan C = 9\cos B$.

所以总有 $\tan C = 9\cos B$.

125. (1) 原式 $= \dfrac{(\sin^2\alpha + \cos^2\alpha)^2 - \cos^4\alpha - \sin^4\alpha}{(\sin^2\alpha + \cos^2\alpha)^3 - \cos^6\alpha - \sin^6\alpha} =$

$$\frac{2\sin^2\alpha\cos^2\alpha}{3\sin^2\alpha\cos^2\alpha(\sin^2\alpha+\cos^2\alpha)} = \frac{2}{3}$$

(2) 原式 $= \dfrac{(\sin^2 x + \cos^2 x)^2 + \cos^4 x + \sin^4 x}{(\sin^2 x + \cos^2 x)^3 - \cos^6 x - \sin^6 x} =$

$$\frac{2}{3}(\tan^2 x + \cot^2 x + 1) \geqslant 2 \quad (当且仅当 \tan^2 x = 1 时取等号)$$

所以所求值域为 $[2, +\infty)$.

126. 把已知的两式平方相加后，可得 $\sin(\alpha+\beta) = \dfrac{1}{2}$.

把已知的两式平方相减后，得

$$\cos 2\beta - \cos 2\alpha + 2\sin(\alpha-\beta) = -\frac{7}{25}$$

$$2\sin(\alpha+\beta)\sin(\alpha-\beta) + 2\sin(\alpha-\beta) = \frac{7}{25}$$

可得 $\sin(\alpha-\beta) = \dfrac{7}{25}$.

所以 $\begin{cases}\sin\alpha\cos\beta + \cos\alpha\sin\beta = -\dfrac{1}{2}\\ \sin\alpha\cos\beta - \cos\alpha\sin\beta = \dfrac{7}{25}\end{cases}$，得 $\cos\alpha\sin\beta = -\dfrac{39}{100}$.

127. 原式 $= \dfrac{\sqrt{3} - 4\sin 20°(1 - 2\sin^2 20°)}{\sin 20°} + 4 = \dfrac{\sqrt{3} - 4\sin 20°\cos 40°}{\sin 20°} + 4 =$

$$\frac{2\sin(40°+20°) - 4\sin 20°\cos 40°}{\sin 20°} + 4 =$$

$$\frac{2(\sin 40°\cos 20° - \cos 40°\sin 20°)}{\sin 20°} + 4 =$$

$$\frac{2\sin(40° - 20°)}{\sin 20°} + 4 = 6$$

128.（1）原式 $= \sin 6°\cos 12°\cos 24°\cos 48° =$

$$\frac{16\cos 6°\sin 6°\cos 12°\cos 24°\cos 48°}{16\cos 6°} =$$

$$\frac{16\cos 6°\sin 6°\cos 12°\cos 24°\cos 48°}{16\cos 6°} =$$

$$\frac{8\sin 12°\cos 12°\cos 24°\cos 48°}{16\cos 6°} =$$

$$\frac{4\sin 24°\cos 24°\cos 48°}{16\cos 6°} = \frac{2\sin 48°\cos 48°}{16\cos 6°} =$$

$$\frac{\sin 96°}{16\cos 6°} = \frac{1}{16}.$$

（2）　　$(2\cos 6°\cos 66°)(2\cos 42°\cos 78°) =$

$$(\cos 72° + \cos 60°)(\cos 120° + \cos 36°) =$$

$$\left(\sin 18° + \frac{1}{2}\right)\left(\cos 36° - \frac{1}{2}\right) =$$

$$\sin 18°\cos 36° + \frac{1}{2}(\sin 54° - \sin 18°) - \frac{1}{4} =$$

$$2\sin 18°\cos 36° - \frac{1}{4} =$$

$$\frac{2\cos 18° \cdot 2\sin 18°\cos 36°}{2\cos 18°} - \frac{1}{4} =$$

$$\frac{\sin 72°}{2\cos 18°} - \frac{1}{4} = \frac{1}{4}.$$

所以 $\cos 6°\cos 42°\cos 66°\cos 78° = \frac{1}{16}.$

另解　因为

$$\sin 6°\sin 42°\sin 66°\sin 78°\cos 6°\cos 42°\cos 66°\cos 78° =$$

$$\frac{1}{16}\sin 12°\sin 84°\sin 132°\sin 156° =$$

$$\frac{1}{16}\cos 78°\cos 6°\cos 42°\cos 66°$$

所以 $\cos 6°\cos 42°\cos 66°\cos 78° = \frac{1}{16}.$

（3）由（1），（2）的结论，得

$$\sin 6°\sin 42°\sin 66°\sin 78° = \cos 6°\cos 42°\cos 66°\cos 78°$$

$$\tan 6°\tan 42°\tan 66°\tan 78°=1$$

注 也可用下面的一组公式来求解本题(以下只解第(1)小题)

$$\sin 3\alpha = 4\sin^3\alpha - 3\sin^3\alpha = 4\sin(60°-\alpha)\sin\alpha\sin(60°+\alpha)$$
$$\cos 3\alpha = 4\cos^3\alpha - 3\cos\alpha = 4\cos(60°-\alpha)\cos\alpha\cos(60°+\alpha)$$
$$\tan 3\alpha = \frac{3\tan\alpha - \tan^3\alpha}{1-3\tan^2\alpha} = \tan(60°-\alpha)\tan\alpha\tan(60°+\alpha)$$

由第一个公式,得

$$\sin 6°\sin 42°\sin 66°\sin 78° = \sin 6°\sin 66° \cdot \frac{4\sin 18°\sin 42°\sin 78°}{4\sin 18°} =$$

$$\sin 6°\sin 66° \cdot \frac{\sin 54°}{4\sin 18°} =$$

$$\frac{\sin 18°}{16\sin 18°} = \frac{1}{16}$$

129. 由 $\cos B = \dfrac{a^2+c^2-b^2}{2ac} = \dfrac{a^2+c^2-ac}{2ac} \geqslant \dfrac{2ac-ac}{2ac} = \dfrac{1}{2}$,可得 B 的取值范围是 $\left(0,\dfrac{\pi}{3}\right]$.

由 $a+b+c=6$,得

$$a^2+c^2 = (6-b)^2 - 2b^2 = 36-12b-b^2$$

所以

$$\cos B = \frac{a^2+c^2-b^2}{2ac} = \frac{36-12b-2b^2}{2b^2}$$

由 $0<B\leqslant\dfrac{\pi}{3}$,可得 b 的长度的取值范围是 $\left(\dfrac{3}{2}(\sqrt{5}-1),2\right]$.

130. 当 a,b,c 是非零实数时,甲有必胜策略:

甲先选 b,乙选定 a 或 c 后,甲再选 c 或 a,且可使 $4ac>b^2$,即 $b^2-4ac<0$,所以对于任意的实数 x,总有 $f(x)\neq 0$.

当 a,b,c 是任意实数时,乙有必胜策略:

甲若先选 a 或先选 b 或先选 c 为 0,乙总可使 $c=0$,得 $f(0)=0$;

甲若先选 c 且 $c\neq 0$,乙可选 $a=-c$,因为 $f\left(-\dfrac{\pi}{2}\right)f\left(\dfrac{\pi}{2}\right)=-b^2\leqslant 0$,所以存在 $x\in\left[-\dfrac{\pi}{2},\dfrac{\pi}{2}\right]$,使 $f(x)=0$.

131. (请读者自己画出草图)

(1) 设相遇时球员 B 奔跑的距离为 s m,由余弦定理得

$$s^2 = 20^2 + (5t)^2 - 2\cdot 20\cdot 5t\cos 60° = 25(t-2)^2 + 300$$

当且仅当 $t=2$ 时,s 取最小值,且最小值是 $10\sqrt{3}$. 此时球员 B 奔跑的速度

$$v = \frac{10\sqrt{3}}{2} = 5\sqrt{3} \text{ m/s}.$$

(2) 设球员 B 与球员 A 在点 O 处相遇, 由余弦定理得

$$(vt)^2 = 20^2 + (5t)^2 - 2 \cdot 20 \cdot 5t\cos 60°$$

$$v^2 = 25 - \frac{100}{t} + \frac{400}{t^2}$$

由 $0 < v \leqslant 5$ 可得 $t \geqslant 4$. 又 $t = 4$ 时, $v = 5$, 此时易得正 $\triangle OAB$, 所以设计方案如下: 球员 B 的奔跑方向为北偏东 $30°$, 速度为 5 m/s.

132. (1) 有 $b^2 = ac$, 由正弦定理, 得 $\sin^2 B = \sin A \sin C$.

由 $\cos(A-C) + \cos B = t$, 得

$$\cos(A-C) - \cos(A+C) = t$$

$$2\sin A \sin C = t$$

$$2\sin^2 B = t, \sin B = \sqrt{\frac{t}{2}}$$

下面再由 a, b, c 成等比数列, 求角 B 的取值范围:

可不妨设 $a \leqslant b \leqslant c$, 得 a, b, c 是某三角形三边长的充要条件是 $a + b > c$,

即 $a > \frac{3-\sqrt{5}}{2} c$.

$$\cos B = \frac{a^2 + c^2 - b^2}{2ac} = \frac{a^2 + c^2}{2ac} - \frac{1}{2} \geqslant \frac{1}{2} \quad \text{(当且仅当 } a = c \text{ 时取等号)}$$

所以 B 的取值范围是 $\left(0, \frac{\pi}{3}\right]$, 当且仅当 $\triangle ABC$ 为正三角形时 B 取到 $\frac{\pi}{3}$, 当且仅当 $a \to \frac{3-\sqrt{5}}{2} c$ 即 $b \to \frac{\sqrt{5}-1}{2} c$ 时, $B \to 0$.

所以本小题的答案是: 当 $0 < t \leqslant \frac{3}{2}$ 时, B 是满足 $\sin B = \sqrt{\frac{t}{2}}$ 的锐角 (可记作 $B = \arcsin\sqrt{\frac{t}{2}}$); 当 $t > \frac{3}{2}$ 时, B 不存在.

(2) 有 $2b = a + c$, 由正弦定理, 得

$$2\sin B = \sin A + \sin C$$

$$4\sin\frac{B}{2}\cos\frac{B}{2} = 2\sin\frac{A+C}{2}\cos\frac{A-C}{2}$$

$$2\sin\frac{B}{2} = \cos\frac{A-C}{2}$$

由 $\cos(A-C) + \cos B = t$, 得

$$2\cos^2\frac{A-C}{2} - 1 + 1 - 2\sin^2\frac{B}{2} = t$$

所以 $\sin\frac{B}{2}=\sqrt{\frac{t}{6}}$.

下面再由 a,b,c 成等差数列,求角 B 的取值范围:

可不妨设 $a\leqslant b\leqslant c$,得 a,b,c 是某三角形三边长的充要条件是 $a+b>c$,即 $a>\frac{c}{3}$.

$\cos B=\frac{a^2+c^2-b^2}{2ac}=\frac{3(a^2+c^2)}{8ac}-\frac{1}{4}\geqslant\frac{1}{2}$ （当且仅当 $a=c$ 时取等号）

所以 B 的取值范围是 $\left(0,\frac{\pi}{3}\right]$,当且仅当 $\triangle ABC$ 为正三角形时 B 取到 $\frac{\pi}{3}$,当且仅当 $a\to\frac{c}{3}$ 即 $b\to\frac{2}{3}c$ 时, $B\to 0$.

所以本小题的答案是:当 $0<t\leqslant\frac{3}{2}$ 时, B 是满足 $\sin\frac{B}{2}=\sqrt{\frac{t}{6}}$ 的锐角(可记作 $B=2\arcsin\sqrt{\frac{t}{6}}$);当 $t>\frac{3}{2}$ 时, B 不存在.

133. $c^2-a^2-b^2+4ab-4\sqrt{3}S=-2ab\cos C+4ab-2\sqrt{3}ab\sin C=4ab\left[1-\sin\left(C+\frac{\pi}{6}\right)\right]\geqslant 0$.

所以 $c^2-a^2-b^2+4ab\geqslant 4\sqrt{3}S$(当且仅当 $C=\frac{\pi}{3}$ 时取等号).

134. （1） $\sin x+\sin y-\sin(x+y)=$

$$2\sin\frac{x+y}{2}\cos\frac{x-y}{2}-2\sin\frac{x+y}{2}\cos\frac{x+y}{2}=$$

$$2\sin\frac{x+y}{2}\left(\cos\frac{x-y}{2}-\cos\frac{x+y}{2}\right)=$$

$$-4\sin\frac{x+y}{2}\sin\frac{x}{2}\sin\frac{-y}{2}=$$

$$-4\sin\frac{x}{2}\sin\frac{y}{2}\sin\frac{z}{2}$$

（2） $\frac{\sin A+\sin B+\sin C}{\cos A+\cos B+\cos C}=\frac{\sin 60°}{\cos 60°}$

$\sin(A-60°)+\sin(B-60°)+\sin(C-60°)=0$

因为 $(A-60°)+(B-60°)+(C-60°)=0°$,所以由(1)的结论,得

$$-4\sin\frac{A-60°}{2}\sin\frac{B-60°}{2}\sin\frac{C-60°}{2}=0$$

所以欲证成立.

135. $\frac{\sin 1°}{\cos i°\cos(i+1)°}=\frac{\sin\left[(i+1)°-i°\right]}{\cos i°\cos(i+1)°}=$

$$\frac{\sin(i+1)°\cos i° - \cos(i+1)°\sin i°}{\cos i°\cos(i+1)°} =$$
$$\tan(i+1)° - \tan i°$$

从而可得欲证.

136. (1) $(\sin A + \cos A)^2 = 1 + \sin 2A = \frac{5}{3}$.

由 $\sin 2A = \frac{2}{3} > 0$,得 $0 < A < \frac{\pi}{2}$,所以所求答案为 $\frac{\sqrt{15}}{3}$.

(2) $(\sin A + \cos A)^2 = 1 + \sin 2A = \frac{1}{3}$.

由 $\sin 2A = -\frac{2}{3} < 0$,得 $\pi < 2A < 2\pi$,即 $\frac{\pi}{2} < A < \pi$,所以 $\sin A + \cos A = \frac{\sqrt{3}}{3}$(此时 $\cos A = \frac{\sqrt{3}-\sqrt{15}}{6}$,它满足 $\frac{\pi}{2} < A < \pi$)和 $\sin A + \cos A$(此时 $\cos A = \frac{-\sqrt{3}-\sqrt{15}}{6}$,它也满足 $\frac{\pi}{2} < A < \pi$),所以,所求答案为 $\pm\frac{\sqrt{3}}{3}$.

137. (1) 令 $x=1, y=0$,得 $f\left(\frac{1}{2}\right) = \sin\alpha$;再令 $x=\frac{1}{2}, y=0$,得 $f\left(\frac{1}{4}\right) = \sin^2\alpha$;再令 $x=\frac{1}{4}, y=0$,得 $f\left(\frac{1}{8}\right) = \sin^3\alpha$;又令 $x=\frac{1}{2}, y=\frac{1}{4}$,得 $f\left(\frac{3}{8}\right) = 2\sin^2\alpha - \sin^3\alpha$;又令 $x=\frac{3}{8}, y=\frac{1}{8}$,得 $f\left(\frac{1}{4}\right) = 3\sin^3\alpha - 2\sin^4\alpha$,所以
$$3\sin^3\alpha - 2\sin^4\alpha = \sin^2\alpha$$
又 α 是锐角,得 $\sin\alpha = \frac{1}{2}$,所以 $f\left(\frac{3}{8}\right) = 2\sin^2\alpha - \sin^3\alpha = \frac{3}{8}$.

(2) 由当 $x \geqslant y$ 时恒有 $f\left(\frac{x+y}{2}\right) = f(x)\sin\alpha + (1-\sin\alpha)f(y)$,得 $f\left(\frac{x+y}{2}\right) = \frac{f(x)+f(y)}{2}$ $(x \geqslant y)$ 恒成立. 由中点坐标公式知,函数 $f(x)$ 的图象是直线. 再由 $f(0)=0, f(1)=1$ 得 $f(x)=x$,所以 $f(-\sqrt{2}) = -\sqrt{2}$.

138. (1) 有 $b^2 = ac$,所以 $\cos B = \frac{a^2+c^2-b^2}{2ac} = \frac{a^2+c^2-ac}{2ac} \geqslant \frac{2ac-ac}{2ac} = \frac{1}{2}$.

又 $B \in (0, \pi)$,所以 $B \in \left(0, \frac{\pi}{3}\right]$.

(2) 得 $a^2 + 2ac + c^2 = (a+c)^2 = (9-b)^2$,所以
$$a^2 + c^2 = (9-b)^2 - 2b^2$$

三角与平面向量

$$\cos B = \frac{a^2+c^2-b^2}{2ac} = \frac{81-18b-2b^2}{2b^2} = \frac{1}{2}\left(\frac{9}{b}-1\right)^2 - \frac{3}{2}$$

又 $B \in \left(0, \frac{\pi}{3}\right]$，得 $\cos B \in \left[\frac{1}{2}, 1\right)$，$b \in \left(\frac{9}{4}(\sqrt{5}-1), 3\right]$.

(3) $f(b) = \overrightarrow{BA} \cdot \overrightarrow{BC} = ca\cos B = b^2 \cdot \frac{81-18b-2b^2}{2b^2} = -b^2 - 9b + \frac{81}{2}$

由 $b \in \left(\frac{9}{4}(\sqrt{5}-1), 3\right]$，得 $f(b)$ 的值域是 $\left[\frac{9}{2}, \frac{81}{8}(3-\sqrt{5})\right)$.

139. 得 $\cos 2\beta = 3\sin^2\alpha$，$\sin 2\beta = \frac{3}{2}\sin 2\alpha$，所以 $\cos(\alpha+2\beta) = 3\cos\alpha\sin^2\alpha - \frac{3}{2}\sin\alpha\sin 2\alpha = 0$. 再由 α, β 是锐角，得 $\alpha + 2\beta = \frac{\pi}{2}$.

140.（1）如图 4，易得
$$\angle ABC = \angle ACB = 80°$$
$$\angle BDC = \angle ABD + \angle A = 20° + 20° = 40°$$
$$\angle BEC = \angle ACE + \angle A = 30° + 20° = \angle ECB$$

所以 $BE = BC$.

设 $\angle BDE = \alpha$，在 $\triangle BDE$ 与 $\triangle BDC$ 中分别使用正弦定理，得
$$\frac{\sin(160°-\alpha)}{\sin\alpha} = \frac{BD}{BE} = \frac{BD}{BC} = \frac{\sin 80°}{\sin 40°} = 2\cos(60°-20°)$$
$$\sin(20°+\alpha) = 2\cos(60°-20°)\sin\alpha$$
$$\sin 20°\cos\alpha + \cos 20°\sin\alpha = 2\sin\alpha(\cos 60°\cos 20° + \sin 60°\sin 20°)$$
$$\tan\alpha = \frac{1}{\sqrt{3}}, \alpha = 30°$$

即 $\angle BDE = 30°$.

另解 如图 5，作 $DF \parallel BC$ 交 AB 于点 F，设 CF 交 BD 于点 G，则 $\triangle BCG$，$\triangle DFG$ 均为正三角形，又 $\triangle BCE$ 为等腰三角形，所以 $BE = BC = BG$，得 $\angle BGE = 80°$，$\angle EGF = 40°$，而 $\angle BFC = 40°$，所以 $EF = EG$，$DF = DG$，得 $\angle BDE = 30°$.

(2) 如图 6，可得 $\angle B = 80°$. 设 $\angle BDC = \theta$，得 $\angle CDA = 180° - \theta$，$\angle DCA = \theta - 20°$. 还可设 $BC = AD = a$，$AC = b$. 在 $\triangle ABC$，$\triangle ACD$ 中分别用正弦定理，得
$$\frac{a}{\sin 20°} = \frac{b}{\sin 80°}, \frac{a}{\sin(\theta-20°)} = \frac{b}{\sin(180°-\theta)}$$
$$\sin 80°\sin(\theta-20°) = \sin\theta\sin 20°$$
$$\cos 10°(\sin\theta\cos 20° - \cos\theta\sin 20°) = \sin\theta\sin 20°$$
$$\cot\theta = \frac{\cos 20°}{\sin 20°} - \frac{1}{\cos 10°} = \frac{\cos 20° - 2\sin(30°-20°)}{\sin 20°} = \cdots = \sqrt{3}$$
$$\theta = 30°$$

另解 如图 7,作 $AM \perp BC$ 于点 M,得点 M 是 BC 的中点.又在 $\triangle ABC$ 外作 $\angle CAE = 10°$,得 $\angle BAE = 30°$.再作 $CE \perp AE, DF \perp AE$.可证 $\text{Rt}\triangle ACE \cong \text{Rt}\triangle ABM$,所以 $CE = BM = CM$. 还可得 $DF = \frac{1}{2}AD = \frac{1}{2}BC = CM = BM = CE$. 又 $DF \parallel CE, DF = CE$,得平行四边形 $DFCE$,所以 $DC \parallel EF, \angle BDC = \angle BAE = 30°$.

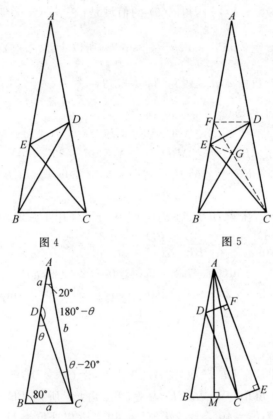

图 4　　　　　图 5

图 6　　　　　图 7

141. 设 $\alpha + 1° = x, \alpha - 1° = y$,得 $5\sin(x+y) = \sin(x-y)$,展开后可得

$$2\sin x \cos y = -3\cos x \sin y$$

$$\frac{\tan(\alpha+1°)}{\tan(\alpha-1°)} = \frac{\tan x}{\tan y} = -\frac{3}{2}$$

142. 设 $\sin x + \cos x = t \left(0 < x < \frac{\pi}{2}\right)$,得 $t = \sqrt{2}\sin\left(x + \frac{\pi}{4}\right), t \in (1, \sqrt{2}]$,所以原方程即

$$\frac{\sin x + \cos x + 1}{\sin x \cos x} = a, \frac{t+1}{\frac{t^2-1}{2}} = a, \frac{2}{t-1} = a$$

三角与平面向量

由 $t \in (1, \sqrt{2}]$, 得 $a \in [2\sqrt{2}+2, +\infty)$, 所以所求实数 a 的取值范围是 $[2\sqrt{2}+2, +\infty)$.

143. (请读者自己画图)(1) 设 $\angle BAD = \theta$, 得 $\angle BCD = \pi - \theta$. 在 $\triangle ABD$, $\triangle BCD$ 中分别用余弦定理, 得
$$BD^2 = 2^2 + 4^2 - 2 \cdot 2 \cdot 4\cos\theta = 6^2 + 4^2 - 2 \cdot 6 \cdot 4\cos(\pi - \theta)$$
$$\angle BAD = \theta = \frac{2}{3}\pi, BD = 2\sqrt{7}$$

即弦 BD 的长是 $2\sqrt{7}$.

(2) 设 $\angle PBD = \varphi$, 得 $\varphi \in \left(0, \frac{2}{3}\pi\right)$ (这里要用到弦切角等于它所夹弧所对的圆周角).

在 $\triangle PBD$ 中使用正弦定理, 得
$$\frac{PB}{\sin\left(\varphi + \frac{\pi}{3}\right)} = \frac{PD}{\sin\varphi} = \frac{2\sqrt{7}}{\sin\frac{\pi}{3}} = 4\sqrt{\frac{7}{3}}$$

$$PB = 4\sqrt{\frac{7}{3}}\sin\left(\varphi + \frac{\pi}{3}\right), PD = 4\sqrt{\frac{7}{3}}\sin\varphi$$

$$y = \frac{\sqrt{3}}{4}(PB^2 + PD^2) = \frac{28}{3}\sqrt{3}\left[\sin^2\varphi + \sin^2\left(\varphi + \frac{\pi}{3}\right)\right] = \frac{14}{3}\sqrt{3}\left[\sin\left(2\varphi - \frac{\pi}{6}\right) + 2\right]$$

再由 $\varphi \in \left(0, \frac{2}{3}\pi\right)$, 可得所求 y 的取值范围是 $(7\sqrt{3}, 14\sqrt{3}]$.

144. 得 $3a\sin x + 2a\cos x + 3b\sin(x-C) + 2b\cos(x-C) + (a+b-1) = 0$.

这是两个函数相等, 所以 $a+b = 1$, 且
$$3a\sin x + 2a\cos x = -3b\sin(x-C) - 2b\cos(x-C)$$
由左右两边函数的最大值相等, 得 $\sqrt{(3a)^2 + (2a)^2} = \sqrt{(-3b)^2 + (-2b)^2}$, $a = \pm b$. 再由 $a+b=1$, 得 $a = b = \frac{1}{2}$. 所以

$$3\sin x + 2\cos x + 3\sin(x-C) + 2\cos(x-C) = 0 \qquad ①$$

在式 ① 中令 $x=0, C$ 后, 可解方程组得 $\sin C = 0, \cos C = -1$. 还可验证此时式 ① 恒成立, 所以 $C = (2k+1)\pi (k \in \mathbf{Z})$. 得 $\frac{b\cos C}{a} = \cos C = -1$.

145. 设 $y = \frac{x^2 + x\sin t + 1}{x^2 + x\cos t + 1}$.

当 $x = 0$ 或 $\sin t = \cos t$ 时, $y = 1$, 得欲证成立.

当 $x \neq 0$ 且 $\sin t \neq \cos t$ 时,$y \neq 1$,得
$$(y-1)x^2 + (y\cos t - \sin t)x + (y-1) = 0$$
由 $x \in \mathbf{R}$ 且 $x \neq 0$ 知,这个关于 x 的一元二次方程有实数解,所以
$$\Delta = (y\cos t - \sin t)^2 - 4(y-1)^2 \geqslant 0$$
$$\frac{2+\sin t}{2+\cos t} \leqslant y \leqslant \frac{2+\sin(\pi+t)}{2+\cos(\pi+t)} \text{ 或 } \frac{2+\sin(\pi+t)}{2+\cos(\pi+t)} \leqslant y \leqslant \frac{2+\sin t}{2+\cos t}$$
设 $z = \frac{2+\sin t}{2+\cos t}$,得
$$2z - 2 = \sin t - z\cos t = \sqrt{1+z^2}\sin(t+\varphi)$$
$$|2z-2| \leqslant \sqrt{1+z^2}$$
$$\frac{4-\sqrt{7}}{3} \leqslant z \leqslant \frac{4+\sqrt{7}}{3}$$
$$\frac{4-\sqrt{7}}{3} \leqslant \frac{2+\sin t}{2+\cos t} \leqslant \frac{4+\sqrt{7}}{3}, \frac{4-\sqrt{7}}{3} \leqslant \frac{2+\sin(\pi+t)}{2+\cos(\pi+t)} \leqslant \frac{4+\sqrt{7}}{3}$$
得此时欲证也成立.

146. 令 $x=0, y=t$,得
$$f(t) + f(-t) = 2f(0) \cdot \cos t \qquad ①$$
令 $x = \frac{\pi}{2} + t, y = \frac{\pi}{2}$,得
$$f(\pi+t) + f(t) = 0 \qquad ②$$
令 $x = \frac{\pi}{2}, y = \frac{\pi}{2} + t$,得
$$f(\pi+t) + f(-t) = -2f\left(\frac{\pi}{2}\right) \cdot \sin t \qquad ③$$
① + ② − ③,得
$$2f(t) = 2f(0) \cdot \cos t + 2f\left(\frac{\pi}{2}\right) \cdot \sin t$$
再由题设,得 $f(t) = \cos t + \sin t$,即 $f(x) = \cos x + \sin x$.

147. 可得
$$\sin x \cos 20° = \cos x(2\cos 10° - \sin 20°)$$
$$\tan x = \frac{2\cos 10° - \sin 20°}{\cos 20°} =$$
$$\frac{\cos 10° + \sin 80° - \sin 20°}{\cos 20°} =$$
$$\frac{\cos 10° + 2\cos 50° \sin 30°}{\cos 20°} =$$
$$\frac{2\cos 30° \cos 20°}{\cos 20°} = \sqrt{3}$$

148. 由 $\alpha + 2\beta = \frac{2}{3}\pi$ 得

$$\tan\left(\frac{\alpha}{2} + \beta\right) = \sqrt{3}$$

再由题设,得

$$\begin{cases} \tan\frac{\alpha}{2} + \tan\beta = 3 - \sqrt{3} \\ \tan\frac{\alpha}{2}\tan\beta = 2 - \sqrt{3} \end{cases}$$

由 $0 < \frac{\alpha}{2} < \frac{\pi}{4}$,得 $\tan\frac{\alpha}{2} < 1$. 所以可解得 $\tan\frac{\alpha}{2} = 2 - \sqrt{3}$,$\tan\beta = 1$,即 $\alpha = \frac{\pi}{6}$,$\beta = \frac{\pi}{4}$. 所以锐角 α,β 满足题设,且 $\alpha = \frac{\pi}{6}$,$\beta = \frac{\pi}{4}$.

149.(1)如图 8,在 Rt△PAB 中,∠PAB = 90°,∠PBA = 30°,PA = 1,所以 $AB = \sqrt{3}$;在 Rt△PAC 中,∠PAC = 90°,∠PCA = 60°,PA = 1,所以 $AC = \frac{1}{\sqrt{3}}$;在 △ABC 中,∠BAC = 30° + 60° = 90°,$AB = \sqrt{3}$,$AC = \frac{1}{\sqrt{3}}$,所以由勾股定理可得 $BC = \sqrt{\frac{10}{3}}$,得该自行车队 1 h 行驶的距离是 $6\sqrt{\frac{10}{3}} = 2\sqrt{30}$ km,所以该自行车队的行驶速度是 $2\sqrt{30}$ km/h.

(2)如图 9,在 Rt△ABC 中,可得 $\sin\angle ACB = \frac{AB}{BC} = \frac{3}{\sqrt{10}}$,$\sin\angle ACB = \frac{1}{\sqrt{10}}$. 在 △ACD 中,可得

$$AC = \frac{1}{\sqrt{3}}, \angle CAD = 30°, \sin\angle ACD = \sin\angle ACB = \frac{3}{\sqrt{10}}$$

$$\sin\angle D = \sin(\angle ACB - 30°) = \cdots = \frac{3\sqrt{3} - 1}{2\sqrt{10}}$$

在 △ACD 中,用正弦定理,得

$$\frac{AD}{\sin\angle ACD} = \frac{AC}{\sin\angle D}, \frac{AD}{\frac{3}{\sqrt{10}}} = \frac{\frac{1}{\sqrt{3}}}{\frac{3\sqrt{3}-1}{2\sqrt{10}}}, AD = \frac{9 + \sqrt{3}}{13} \text{ km}$$

即此时自行车队距离 A 处 $\frac{9+\sqrt{3}}{13}$ km.

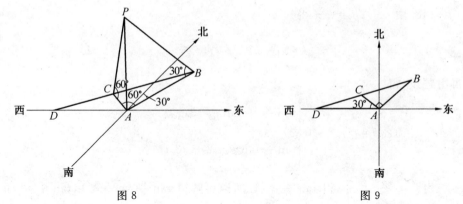

图 8　　　　　　　　　图 9

150. (1) 由 $f(x)=5\sin\theta\cos x+(4\tan\theta-3)\sin x-5\sin\theta$ 是偶函数, 得 $\tan\theta=\frac{3}{4}$, $\sin\theta=\pm\frac{3}{5}$, 再由函数 $f(x)$ 的最小值为 -6, 可得 $f(x)=3(\cos x-1)$.

所以 $f(x)$ 的最大值为 0, 且此时 x 的取值集合为 $\{2k\pi\mid k\in\mathbf{Z}\}$.

(2) $g(x)=\cdots=3\lambda\cos\omega x+3\sin\omega x+3-3\lambda$.

由曲线 $y=g(x)$ 关于直线 $x=\frac{\pi}{6}$ 对称, 得 $g\left(-\frac{\pi}{3}\right)=g\left(\frac{2}{3}\pi\right)=3-3\lambda$, 即 $3\lambda\cos\left(-\frac{\omega\pi}{3}\right)+3\sin\left(-\frac{\omega\pi}{3}\right)=0$, 且 $3\lambda\cos\frac{2\omega\pi}{3}+3\sin\frac{2\omega\pi}{3}=0$, 所以

$$\lambda=\tan\frac{\omega\pi}{3}=\tan\left(-\frac{2\omega\pi}{3}\right)=\tan\left(k\pi-\frac{2\omega\pi}{3}\right)$$

得 $\omega=k(k\in\mathbf{N}^*)$. 再由 $\lambda>0$, 得 $\omega=3l-2(l\in\mathbf{N}^*)$, 且 $\lambda=\sqrt{3}$.

当 $\omega=1$ 时, $g(x)=3\sqrt{3}\cos x+3\sin x+3-3\sqrt{3}$, 它在 $x=\frac{\pi}{6}$ 处取最大值而不是最小值, 所以此时不合题意.

当 $\omega=4$ 时, $g(x)=3\sqrt{3}\cos 4x+3\sin 4x+3-3\sqrt{3}$, 它在 $x=\frac{\pi}{6}$ 处取最大值而不是最小值, 所以此时也不合题意.

当 $\omega=7$ 时, $g(x)=3\sqrt{3}\cos 7x+3\sin 7x+3-3\sqrt{3}$, 它在 $x=\frac{\pi}{6}$ 处取最小值, 且点 $\left(\frac{2}{3}\pi,3-3\lambda\right)$ 是其图象的一个对称中心, 所以此时符合题意.

得 $\lambda+\omega$ 的最小值是 $7+\sqrt{3}$.

151. 可设三个交点分别为 $O(0,0)$, $A(\theta,\sin\theta)$, $B(\alpha,-\sin\alpha)$, 其中 $\theta\in\left(\frac{\pi}{2},\pi\right)$, $\alpha\in\left(\pi,\frac{3}{2}\pi\right)$, B 为切点.

当 $x \in \left(\pi, \dfrac{3}{2}\pi\right)$ 时,$f'(x) = -\cos x$. 所以

$$-\cos \alpha = -\dfrac{\sin \alpha}{\alpha}, \alpha = \tan \alpha$$

$$\dfrac{\cos \alpha}{\sin \alpha + \sin 3\alpha} = \dfrac{\cos \alpha}{2\sin 2\alpha \cos \alpha} = \dfrac{1}{4\sin \alpha \cos \alpha} = \dfrac{\cos^2 \alpha + \sin^2 \alpha}{4\sin \alpha \cos \alpha} =$$

$$\dfrac{1 + \tan^2 \alpha}{4\tan \alpha} = \dfrac{1 + \alpha^2}{4\alpha}$$

152. (1) $f(x) = \cdots = -2\sqrt{2}\cos x - 4\cos 2x$,所以 $f(x)$ 是偶函数且不是奇函数.

(2) $f(x) = \cdots = \dfrac{17}{4} - 8\left(\cos x + \dfrac{\sqrt{2}}{8}\right)^2$,可得当且仅当 $x = \dfrac{\pi}{2}$ 时 $f(x)$ 取到最小值 4;当且仅当 $\cos x = -\dfrac{\sqrt{2}}{8}$ 时 $f(x)$ 取到最大值 $\dfrac{17}{4}$.

153. 由题设可证点 A, B, C, D, E, F 共圆. 不妨设该圆的半径为 1,得

$$2S_{\triangle ABC} = \sin 2A + \sin 2B + \sin 2C$$
$$2S_{\triangle DEF} = \sin A + \sin B + \sin C$$

由

$$\sin 2A + \sin 2B + \sin 2C = \dfrac{1}{2}(\sin 2A + \sin 2B) + \dfrac{1}{2}(\sin 2B + \sin 2C) +$$
$$\dfrac{1}{2}(\sin 2C + \sin 2A) =$$
$$\sin(A+B)\sin(A-B) + \sin(B+C)\sin(B-C) +$$
$$\sin(C+A)\sin(C-A) <$$
$$\sin(A+B) + \sin(B+C) + \sin(C+A) =$$
$$\sin A + \sin B + \sin C$$

可得欲证成立.

154. (1) 由题设及正弦定理,得

$$\sin A\cos C + \dfrac{1}{2}\sin C = \sin(A+C) = \sin A\cos C + \cos A\sin C, A = \dfrac{\pi}{3}$$

(2) 由 $a = 1$,得

$$S_{\triangle ABC} = \dfrac{1}{2}r(a+b+c) = \dfrac{1}{2}bc\sin A = \dfrac{\sqrt{3}}{4}bc, r = \dfrac{\sqrt{3}}{2} \cdot \dfrac{bc}{1+b+c}$$

由余弦定理,得 $1 = b^2 + c^2 - bc, bc = \dfrac{1}{3}[(b+c)^2 - 1]$,所以 $r = \dfrac{\sqrt{3}}{6}(b+c-1)$.

又因为

$$\frac{1}{3}[(b+c)^2-1]=bc \leqslant \left(\frac{b+c}{2}\right)^2$$

所以 $0<b+c\leqslant 2$. 得 $r\leqslant \frac{\sqrt{3}}{6}$. 当且仅当 $b=c=1$ 时, r 取最大值, 且最大值是 $\frac{\sqrt{3}}{6}$.

155. 如图 10, 因为 $\frac{AB}{2\sin\angle ADB}=\frac{AC}{2\sin\angle ADC}$, 所以两外接圆的半径始终相等.

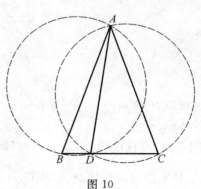

图 10

156. $S=\frac{1}{2}BC \cdot AC \cdot \sin C =$
$\frac{1}{2}BC\left(\frac{BC\sin B}{\sin A}\right)\sin C =$
$\frac{1}{2}BC^2\frac{\sin B\sin C}{\sin(B+C)}$

157. 得 $\sin\left(x+\frac{\pi}{3}\right)=-\frac{a}{2}$, $x+\frac{\pi}{3}\in\left(\frac{\pi}{3},\frac{7\pi}{3}\right)$, 作图后可得答案实数 a 的取值范围是 $(-2,-\sqrt{3})\cup(-\sqrt{3},2)$, 且 $a\in(-2,-\sqrt{3})$ 时 $\alpha+\beta=\frac{\pi}{3}$, $a\in(-\sqrt{3},2)$ 时 $\alpha+\beta=\frac{7\pi}{3}$.

158. 设 $\cos x=t$, 得原不等式为
$$t^2-2at+a^2+2a-3>0 \quad (-1\leqslant t\leqslant 1)$$
所以, 题意即"当 $-1\leqslant t\leqslant 1$ 时, 函数 $f(t)=t^2-2at+a^2+2a-3$ 的最小值是正数".

当 $a\leqslant -1$ 时, 可得 $a<-2-\sqrt{6}$;

当 $-1<a<1$ 时, 可得 $a\in\varnothing$;

当 $a\geqslant 1$ 时, 可得 $a>\sqrt{2}$.

所以所求实数 a 的取值范围是 $(-\infty,-2-\sqrt{6})\cup(\sqrt{2},+\infty)$.

159. 可得
$$2\cos\frac{\alpha+\beta}{2}\cos\frac{\alpha-\beta}{2}-2\cos^2\frac{\alpha+\beta}{2}+1-\frac{3}{2}=0$$
$$\cos^2\frac{\alpha+\beta}{2}-\cos\frac{\alpha+\beta}{2}\cos\frac{\alpha-\beta}{2}+\frac{1}{4}=0$$
$$\left(\cos\frac{\alpha+\beta}{2}-\frac{1}{2}\cos\frac{\alpha-\beta}{2}\right)^2-\frac{1}{4}\cos^2\frac{\alpha-\beta}{2}+\frac{1}{4}=0$$

$$\left(\cos\frac{\alpha+\beta}{2}-\frac{1}{2}\cos\frac{\alpha-\beta}{2}\right)^2+\frac{1}{4}\sin^2\frac{\alpha-\beta}{2}=0$$

$$\begin{cases}\cos\dfrac{\alpha+\beta}{2}=\dfrac{1}{2}\cos\dfrac{\alpha-\beta}{2}\\ \sin\dfrac{\alpha-\beta}{2}=0\end{cases}$$

$$\alpha=\beta=\frac{\pi}{3}$$

160. 因为 $0\leqslant 2\cos^2 x\leqslant 2$,所以 $[\cot x]$ 只能取值 $0,1,2$.

(1) 若 $2\cos^2 x=0$,得 $x=n\pi+\dfrac{\pi}{2}(n\in\mathbf{Z})$,且此时 $\cot x=0$,满足题意.

(2) 若 $2\cos^2 x=1$,得 $x=\dfrac{k\pi}{2}+\dfrac{\pi}{4}(k\in\mathbf{Z})$. 且 $x=k\pi+\dfrac{\pi}{4}(k\in\mathbf{Z})$,

$\cot x=1$,满足题意;$x=k\pi-\dfrac{\pi}{4}(k\in\mathbf{Z})$,$\cot x=-1$,不满足题意.

(3) 若 $2\cos^2 x=2$,得 $x=m\pi(m\in\mathbf{Z})$,但此时 $\cot x$ 无意义,不满足题意.

所以所求解集为 $\{x\mid x=n\pi+\dfrac{\pi}{2}$ 或 $n\pi+\dfrac{\pi}{4}(n\in\mathbf{Z})\}$.

161. $\dfrac{1}{\cos^2\alpha}+\dfrac{1}{\sin^2\alpha\sin^2\beta\cos^2\beta}=\dfrac{1}{\cos^2\alpha}+\dfrac{4}{\sin^2\alpha\sin^2 2\beta}\geqslant$

$\dfrac{1}{\cos^2\alpha}+\dfrac{4}{\sin^2\alpha}=$

$\tan^2\alpha+1+4(\cot^2\alpha+1)=$

$5+\tan^2\alpha+4\cot^2\alpha\geqslant$

$5+2\sqrt{\tan^2\alpha\cdot 4\cot^2\alpha}=9$

当且仅当 $\tan^2\alpha=2$,$\sin^2 2\beta=1$ 时取等号.

162. (1) $[-2\sqrt{5},2\sqrt{5}]$;(2) $[-2\sqrt{5},2\sqrt{5}]$.

(3) 可得

$$f(x)=2\sin x+4\cos x=2\sqrt{5}\left(\frac{1}{\sqrt{5}}\sin x+\frac{2}{\sqrt{5}}\cos x\right)=2\sqrt{5}\sin(x+\varphi)$$

其中

$$\sin\varphi=\frac{2}{\sqrt{5}},\cos\varphi=\frac{1}{\sqrt{5}},\varphi\in\left(0,\frac{\pi}{2}\right)$$

由 $x\in\left[\dfrac{\pi}{2},\pi\right]$,得 $x+\varphi$ 的取值范围是 $\left[\dfrac{\pi}{2}+\varphi,\pi+\varphi\right]$. 又由 $\varphi\in\left(0,\dfrac{\pi}{2}\right)$,得 $\left[\dfrac{\pi}{2}+\varphi,\pi+\varphi\right]\subseteq\left(\dfrac{\pi}{2},\dfrac{3\pi}{2}\right)$. 设 $u=x+\varphi$,而函数 $g(u)=2\sqrt{5}\sin u$ $\left(u\in\left(\dfrac{\pi}{2},\dfrac{3\pi}{2}\right)\right)$ 是减函数,所以函数 $f(x)=2\sin x+4\cos x=2\sqrt{5}\sin(x+\varphi)$

的最大值是 $2\sqrt{5}\sin\left(\frac{\pi}{2}+\varphi\right)=2\sqrt{5}\cos\varphi=2$，最小值是 $2\sqrt{5}\sin(\pi+\varphi)=-2\sqrt{5}\sin\varphi=-4$. 得所求值域是 $[-4,2]$.

(4) 可得 $f(x)=2\sqrt{5}\sin(x+\varphi)$，其中 $\sin\varphi=\frac{2}{\sqrt{5}}$，$\cos\varphi=\frac{1}{\sqrt{5}}$，$\varphi\in\left(0,\frac{\pi}{2}\right)$.

由 $x\in\left[\frac{\pi}{2},\frac{7\pi}{6}\right]$，得 $x+\varphi$ 的取值范围是 $\left[\frac{\pi}{2}+\varphi,\frac{7\pi}{6}+\varphi\right]$. 又由 $\varphi\in\left(0,\frac{\pi}{2}\right)$，得 $\frac{\pi}{2}+\varphi\in\left(\frac{\pi}{2},\pi\right)$，$\frac{7\pi}{6}+\varphi\in\left(\frac{7\pi}{6},\frac{13\pi}{6}\right)$. 下面要研究 $\frac{7\pi}{6}+\varphi\leqslant\frac{3\pi}{2}$ 还是 $\frac{7\pi}{6}+\varphi>\frac{3\pi}{2}$？

$$\frac{7\pi}{6}+\varphi>\frac{3\pi}{2}\Leftrightarrow\varphi>\frac{\pi}{3}\Leftrightarrow\cos\varphi<\frac{1}{2}$$

而 $\cos\varphi=\frac{1}{\sqrt{5}}<\frac{1}{2}$，所以 $\frac{7\pi}{6}+\varphi>\frac{3\pi}{2}$，还得 $\frac{3\pi}{2}<\frac{7\pi}{6}+\varphi<2\pi$.

设 $x+\varphi=u$，再结合 $y=2\sqrt{5}\sin u$ 的图象可得函数 $f(x)=2\sqrt{5}\sin(x+\varphi)\left(x\in\left[\frac{\pi}{2},\frac{7\pi}{6}\right]\right)$ 的最大值是 $2\sqrt{5}\sin\left(\frac{\pi}{2}+\varphi\right)=2\sqrt{5}\cos\varphi=2$，最小值是 $2\sqrt{5}\sin\frac{3\pi}{2}=-2\sqrt{5}$. 得所求值域是 $[-2\sqrt{5},2]$.

(3) 的导数解法 得 $f'(x)=2\cos x-4\sin x<0\left(x\in\left[\frac{\pi}{2},\pi\right]\right)$，所以函数 $f(x)=2\sin x+4\cos x\left(x\in\left[\frac{\pi}{2},\pi\right]\right)$ 是减函数，得 $f(x)$ 的最大值是 $f\left(\frac{\pi}{2}\right)=2$，最小值是 $f(\pi)=-4$. 得所求值域是 $[-4,2]$.

(4) 的导数解法 得 $f'(x)=2\cos x-4\sin x\left(x\in\left[\frac{\pi}{2},\frac{7\pi}{6}\right]\right)$，令 $f'(x)=0$，得其根 x_0 满足 $\tan x_0=\frac{1}{2}$，且有 $x_0\in\left(\pi,\frac{7\pi}{6}\right)$，所以 $\sin x_0=-\frac{1}{\sqrt{5}}$，$\cos x_0=-\frac{2}{\sqrt{5}}$，得 $f(x_0)=-2\sqrt{5}$.

又 $f'(x)=2\cos x-4\sin x\left(x\in\left[\frac{\pi}{2},\frac{7\pi}{6}\right]\right)$ $f\left(\frac{\pi}{2}\right)=2$，$f\left(\frac{7\pi}{6}\right)=-2\sqrt{3}-1$，$-2\sqrt{5}<-2\sqrt{3}-1<2$，所以所求最大值是 2，最小值是 $-2\sqrt{5}$. 得所求值域是 $[-2\sqrt{5},2]$.

163. 如图 11 左，设 $\angle A=\alpha$，可得 $\angle BDC=\alpha+\frac{5\pi}{12}$，$\angle DCB=\frac{\pi}{2}-\alpha$，$AC>$

$AD = BD$.

由 $S_{\triangle BCD} = S_{\triangle ACD}$，得 $5\sin\dfrac{\pi}{12} = AC\sin\alpha$.

还可得 $\triangle ACD$ 中 CD 边上的高与 $\triangle BCD$ 中 CD 边上的高相等，所以 $AC \cdot \sin\dfrac{5\pi}{12} = 5\sin\left(\dfrac{\pi}{2} - \alpha\right)$.

把得到的两式相乘，可得 $\sin\dfrac{\pi}{6} = \sin 2\alpha$.

由 $AC > AD$，得 $\dfrac{7\pi}{12} - \alpha > \dfrac{5\pi}{12}$，$0 < \alpha < \dfrac{\pi}{6}$，所以 $\alpha = \dfrac{\pi}{12}$.

所以 $CB = CA = 5$，$\angle ACB = \dfrac{5\pi}{6}$，得 $S_{\triangle ABC} = \dfrac{1}{2}CA \cdot CB \cdot \sin\dfrac{5\pi}{6} = \dfrac{25}{4}$.

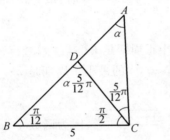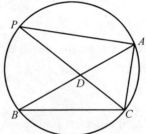

图 11

另解 如图 11 右，作 $\triangle ABC$ 的外接圆，延长 CD 交外接圆于点 P，连 AP，有 $\angle APC = \angle ABC = \dfrac{\pi}{12}$. 又 $\angle ACD = \dfrac{5\pi}{12}$，所以 $\angle PAC = \dfrac{\pi}{2}$，得 CP 为 $\triangle ABC$ 外接圆的直径.

因为点 D 为线段 AB 的中点，所以 $CP \perp AB$ 或者 AB 是直径.

若 $CP \perp AB$，得 $CA = CB = 5$，$\angle ACB = \dfrac{5}{6}\pi$（满足 $2AC > AB$），所以 $S_{\triangle ABC} = \dfrac{1}{2}AC \cdot BC \cdot \sin\angle ACB = \dfrac{1}{2} \times 5 \times 5 \times \dfrac{1}{2} = \dfrac{25}{4}$.

若 AB 是直径，可得不满足 $2AC > AB$.

所以 $S_{\triangle ABC} = \dfrac{25}{4}$.

164. 如图 12，可设 $QT = a$，$TS = 2a$，$\angle PQS = \theta$，$\angle TPS = 120° - \theta$.

在 $\triangle PQT$，$\triangle PST$ 中用正弦定理，得

$$\dfrac{PT}{\sin\theta} = \dfrac{a}{\sin 30°},\ \dfrac{PT}{\sin 30°} = \dfrac{2a}{\sin(120° - \theta)}$$

$$\dfrac{PT}{a} = \dfrac{\sin\theta}{\sin 30°} = \dfrac{2\sin 30°}{\sin(120° - \theta)}$$

可得 $\theta=30°$. 所以 $PS=PQ=2$.

在 $\triangle PST$ 中还可求得 $a=\dfrac{2}{\sqrt{3}}$.

还可得 $\angle SQR = \angle PSQ = 30°$, $\angle PRQ = \angle SPR = 90°$, $\angle STR = \angle QTP = 120°$. 在 Rt$\triangle TRQ$ 中,可求得 $TR=\dfrac{1}{\sqrt{3}}$.

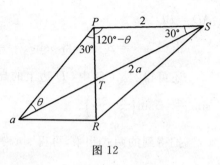

图 12

在 $\triangle STR$ 中,用余弦定理可求得 $RS=\sqrt{7}$.

即两腰 PQ,RS 的长度分别是 $2,\sqrt{7}$(满足不相等).

165. 当 $b=0$ 时,最小正周期是 $\dfrac{\pi}{|\omega|}$;当 $b\neq 0$ 时,最小正周期是 $\dfrac{2\pi}{|\omega|}$.

该结论等价于:

(1) 函数 $g(x)=|\sin x|$ 的最小正周期是 π;

(2) 函数 $h(x)=|\sin x+b|(b\neq 0)$ 的最小正周期是 2π.

证明如下:

(1) $g(x)=|\sin x|=\sqrt{\sin^2 x}=\sqrt{\dfrac{1-\cos 2x}{2}}$,因为函数 $y=\cos x$ 的最小正周期是 2π,所以函数 $g(x)$ 的最小正周期是 $\dfrac{2\pi}{2}=\pi$.

(2) 因为 $h(x+2\pi)=h(x)$ 恒成立,所以 2π 是函数 $h(x)$ 的一个正周期. 下面再证明当 $0<\theta<2\pi$ 时 $h(x+\theta)=h(x)$ 不能恒成立即可.

否则,得 $|\sin(x+\theta)+b|=|\sin x+b|$ 恒成立,但当 $x=-\dfrac{\theta}{2}$ 时该式不成立. 理由是:

否则,$\left|b+\sin\dfrac{\theta}{2}\right|=\left|b-\sin\dfrac{\theta}{2}\right|$. 由 $0<\theta<2\pi$ 得 $\sin\dfrac{\theta}{2}>0$,所以 $b+\sin\dfrac{\theta}{2}=\sin\dfrac{\theta}{2}-b$,得 $b=0$,这与 $b\neq 0$ 矛盾!

所以欲证成立.

166. (请读者自己画图)连 OD,OE,则 O,D,B,N 四点共圆,所以 $\angle KOD=\angle B$,$\angle KOE=\angle C$. 还得

$$\dfrac{DK}{KE}=\dfrac{S_{\triangle ODK}}{S_{\triangle OEK}}=\dfrac{OD\cdot OK\sin\angle DOK}{OE\cdot OK\sin\angle EOK}=\dfrac{\sin\angle DOK}{\sin\angle EOK}=\dfrac{\sin B}{\sin C}.$$

同理,有 $\dfrac{DK}{EK}=\dfrac{\sin\angle DAK}{\sin\angle EAK}$. 所以

$$\frac{BM}{CM}=\frac{AB\sin \angle BAM}{AC\sin \angle CAM}=\frac{AB\sin \angle DAK}{AC\sin \angle EAK}=\frac{AB\cdot DK}{AC\cdot EK}=$$
$$\frac{AB\sin B}{AC\sin C}=\frac{AB\cdot AC}{AC\cdot AB}=1$$

即 M 是 BC 的中点.

167. 由余弦定理 $a^2=b^2+c^2-2bc\cos A$ 可求得 $c=10(5\sqrt{3}\pm\sqrt{39})$,且均有 $c>0$,所以此三角形有两解.

当 $c=10(5\sqrt{3}+\sqrt{39})$ 时,可得 $a^2+b^2<c^2$,所以此时 $\triangle ABC$ 是钝角三角形;当 $c=10(5\sqrt{3}-\sqrt{39})$ 时,可得 $a^2+c^2<b^2$,所以此时 $\triangle ABC$ 也是钝角三角形. 总之,$\triangle ABC$ 是钝角三角形.

另解 由正弦定理可求得 $\sin B=\frac{5}{8}$.

当 B 是锐角时一定满足 $A+B<180°$,所以此时的 $\triangle ABC$ 存在,且还可求得 $\cos C=-\cos(A+B)=\sin A\sin B-\cos A\cos B=\frac{5-3\sqrt{13}}{16}<0$,所以 C 是钝角,此时 $\triangle ABC$ 是钝角三角形.

当 B 是钝角时,可证 $\sin B>\sin 30°$,所以 $B<150°$,得 $A+B<180°$,所以此时的 $\triangle ABC$ 也存在,此时 $\triangle ABC$ 也是钝角三角形.

总之,$\triangle ABC$ 是钝角三角形.

168. (1) 由 $\tan x,\tan 2x$ 均有意义且 $\tan 2x-\tan x\neq 0$,可求得函数 $f(x)$ 的定义域为 $\left\{x\mid x\neq \frac{k\pi}{4}, k\in \mathbf{Z}\right\}$.

用见切化弦,可得 $f(x)=2\sin\left(2x-\frac{\pi}{3}\right)$,所以当且仅当 $x=k\pi+\frac{5}{12}\pi(k\in \mathbf{Z})$ 时,$f(x)$ 取到最大值,且最大值是 2.

(2) 可不妨设 $a=1,b=2$,得 $1<c<3$. 用余弦定理可求得 $\cos A=\frac{1}{4}\left(c+\frac{3}{c}\right)$,所以 $\cos A\in\left[\frac{\sqrt{3}}{2},1\right)$,$A\in\left(0,\frac{\pi}{6}\right]$,进而可求得 $f(A)$ 的取值范围是 $(-\sqrt{3},0]$.

169. 先得 $f(x)=\frac{1}{2}\cos(2\omega x+2\varphi)+\frac{1}{2}$. 当 y 轴移到山峰处时(如图 13),得函数 $f(x)$ 的周期 T 变大了,所以 $T<2$;当 y 轴移到平衡位置时(如图 14),得函数 $f(x)$ 的周期 T 变小了,所以 $T>\frac{4}{3}$. 又 $T=\frac{2\pi}{2\omega}$,所以 $\frac{\pi}{2}<\omega<\frac{3\pi}{4}$,得正整数 $\omega=2$.

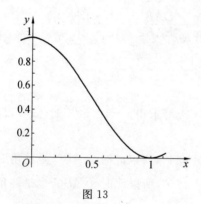

图 13　　　　　　　　　图 14

170. 由题设,得

$$\frac{\sec^3\theta}{\sec\alpha}-\frac{\tan^3\theta}{\tan\alpha}=\sec^2\theta-\tan^2\theta$$

$$\frac{\sec^2\theta(\sec\theta-\sec\alpha)}{\sec\alpha}=\frac{\tan^2\theta(\tan\theta-\tan\alpha)}{\tan\alpha} \quad ①$$

又由题设,得

$$\frac{\sec^3\theta}{\sec\alpha}-\frac{\tan^3\theta}{\tan\alpha}=\sec^2\alpha-\tan^2\alpha$$

$$\frac{\sec^3\theta-\sec^3\alpha}{\sec\alpha}=\frac{\tan^3\theta-\tan^3\alpha}{\tan\alpha} \quad ②$$

假设 $\alpha\neq\theta$,由 $\alpha,\theta\in\left(0,\frac{\pi}{2}\right)$ 知,可用 ②÷①,得

$$\frac{\sec^2\theta+\sec\theta\sec\alpha+\sec^2\alpha}{\sec^2\alpha}=\frac{\tan^2\theta+\tan\theta\tan\alpha+\tan^2\alpha}{\tan^2\alpha}$$

$$\frac{\sec^2\alpha}{\sec^2\theta}-\frac{\tan^2\alpha}{\tan^2\theta}+\frac{\sec\alpha}{\sec\theta}-\frac{\tan\alpha}{\tan\theta}=0$$

$$\left(\frac{\sec\alpha}{\sec\theta}-\frac{\tan\alpha}{\tan\theta}\right)\left(\frac{\sec\alpha}{\sec\theta}+\frac{\tan\alpha}{\tan\theta}+1\right)=0$$

由 $\alpha,\theta\in\left(0,\frac{\pi}{2}\right)$,得

$$\frac{\sec\alpha}{\sec\theta}=\frac{\tan\alpha}{\tan\theta}$$

$$\frac{\cos\theta}{\cos\alpha}-\frac{\sin\alpha}{\cos\alpha}\cdot\frac{\cos\theta}{\sin\theta}=0$$

$$\sin\alpha=\sin\theta$$

$$\alpha=\theta$$

171. 在 $\triangle ABC$ 与 $\triangle A'B'C'$ 中,由余弦定理得

$$c^2=a^2+b^2-2ab\cos C$$

$$c'^2 = a'^2 + b'^2 - 2a'b'\cos C$$

记欲证不等式的左边为 R,得
$$R = 2(a^2b'^2 + a'^2b^2 - 2aba'b'\sin C\sin C')$$

又因为 $16SS' = 4aba'b'\sin C\sin C'$,所以
$$R - 16SS' = 2[a^2b'^2 + a'^2b^2 - 2aba'b'\cos(C-C')] =$$
$$2\{(ab' - a'b)^2 + 2aba'b'[1 - \cos(C-C')]\} \geq 0$$

$R \geq 16SS'$ (当且仅当 $C = C'$, $\dfrac{a}{b} = \dfrac{a'}{b'}$ 即 $\triangle ABC \backsim \triangle A'B'C'$ 时取等号)

得欲证成立.

172. 在 $\triangle OAP$ 中,由余弦定理得
$$|AP|^2 = (1+\cos\theta)^2 + 2^2 - 2(1+\cos\theta)\cdot 2 \cdot \cos\theta =$$
$$-3\cos^2\theta - 2\cos\theta + 5$$

从而可得,当且仅当 $\cos\theta = -\dfrac{1}{3}$ 时

$|AP|$ 取到最大值,且最大值是 $\dfrac{4}{3}\sqrt{3}$.

173. 如图 15,连 OC,得
$$\angle AOC = \angle BOC = 60°$$

由 $CD^2 + CE^2 + DE^2 = 2$, $OC = 1$,得

$OD^2 + OC^2 - 2OD \cdot OC\cos 60° +$

$OE^2 + OC^2 - 2OE \cdot OC\cos 60° +$

$OD^2 + OE^2 - 2OD \cdot OE\cos 120° = 2$

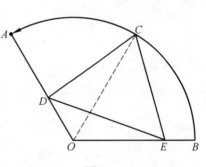

图 15

$$2OD^2 + 2OE^2 - OD - OE + OD \cdot OE = 0$$

$2(OD + OE)^2 - (OD + OE) = 3OD \cdot OE \leq$
$$3\left(\dfrac{OD + OE}{2}\right)^2 \quad (当且仅当 OD = OE 时取等号)$$

$$5(OD + OE)^2 \leq 4(OD + OE)$$

$$0 \leq OD + OE \leq \dfrac{4}{5}$$

所以 $OD + OE$ 的最大值是 $\dfrac{4}{5}$.

174. 由 $\overrightarrow{AB} \cdot \overrightarrow{AC} = 8$,得 $bc\cos A = 8$. 由 $4(2-\sqrt{3}) \leq S \leq 4\sqrt{3}$,得 $8(2-\sqrt{3})$
$\leq bc\sin A \leq 8\sqrt{3}$. 所以 $2 - \sqrt{3} \leq \tan A \leq \sqrt{3}$, $\dfrac{\pi}{12} \leq A \leq \dfrac{\pi}{3}$.

用降幂公式,得
$$f(A) = 2\sin\left(2A + \dfrac{\pi}{6}\right)$$

再由 $\frac{\pi}{12} \leqslant A \leqslant \frac{\pi}{3}$，得 $f(A)$ 的取值范围是 $[1,2]$.

175. 可得 $\sin x + \cos x = \sqrt{2}\sin\left(x + \frac{\pi}{4}\right) \leqslant \sqrt{2}$（当且仅当 $x = \frac{\pi}{4} + 2k\pi (k \in \mathbf{Z})$ 时取等号），$\sin x \cos x = \frac{1}{2}\sin 2x \leqslant \frac{1}{2}$（当且仅当 $x = \frac{\pi}{4} + l\pi (l \in \mathbf{Z})$ 时取等号），所以函数 $y = \sin x + \cos x + \sin x \cos x$ 的最大值是 $\sqrt{2} + \frac{1}{2}$，当且仅当 $x = \frac{\pi}{4} + 2k\pi (k \in \mathbf{Z})$ 时取到最大值.

176. 易知方程的解满足 $x > 1$，所以可设 $x = \frac{1}{\cos \alpha}$（$\alpha$ 是锐角），得

$$\frac{1}{\cos \alpha} + \frac{1}{\sin \alpha} = \frac{35}{12}$$

$$\frac{\sin \alpha + \cos \alpha}{2\sin \alpha \cos \alpha} = \frac{35}{24}$$

设 $\sin \alpha + \cos \alpha = t (1 < t \leqslant \sqrt{2})$，得

$$\frac{t}{t^2 - 1} = \frac{35}{24}$$

$$35t^2 - 24t - 35 = 0$$

$$(5t - 7)(7t + 5) = 0, t = \frac{7}{5}$$

$$\cos \alpha = \frac{3}{5} \text{ 或 } \frac{4}{5}$$

$$x = \frac{5}{3} \text{ 或 } \frac{5}{4}$$

177. (1) 当 $\sin 1°, \cos 1° \in \mathbf{Q}$ 时，得 $\tan 1° \in \mathbf{Q}$. 由此及公式 $\tan(n+1)° = \frac{\tan n° + \tan 1°}{1 - \tan n° \tan 1°}$ 可得 $\tan 30° \in \mathbf{Q}$，这与 $\tan 30° \notin \mathbf{Q}$ 矛盾！

(2) 当 $\sin 1° \notin \mathbf{Q}, \cos 1° \in \mathbf{Q}$ 时，用公式 $\sin 2\alpha = 2\sin \alpha \cos \alpha$，$\cos 2\alpha = 2\cos^2 \alpha - 1$ 及数学归纳法可证得，$\sin(2^k)° \notin \mathbf{Q}, \cos(2^k)° \in \mathbf{Q}$，其中 $k \in \mathbf{N}$. 所以 $\sin(2^{13})° \notin \mathbf{Q}, \cos 2° \in \mathbf{Q}$.

因为 $2^{13} = 8\,192 = 23 \cdot 360 - 88$，所以 $\sin(2^{13})° = \sin(-88°) = -\cos 2°$，这将与"$\sin(2^{13})° \notin \mathbf{Q}, \cos 2° \in \mathbf{Q}$"矛盾！

(3) 当 $\sin 1° \in \mathbf{Q}, \cos 1° \notin \mathbf{Q}$ 时，得 $\sin^2 1° \in \mathbf{Q}$，再由 $2(1 - \sin^2 1°) = 2\cos^2 1° = 1 + \cos 2°$ 知 $\cos 2° \in \mathbf{Q}$.

由棣莫佛（Abraham de Moivre, 1667—1754）公式

$$(\cos \alpha + i\sin \alpha)^n = \cos n\alpha + i\sin n\alpha \quad (n \in \mathbf{N}^*)$$

可得
$$\cos n\alpha = C_n^0 \cos^n\alpha - C_n^2 \cos^{n-2}\alpha \sin^2\alpha + C_n^4 \cos^{n-4}\alpha \sin^4\alpha - \cdots$$
再由 $\sin^2\alpha = 1 - \cos^2\alpha$ 及 $C_n^0 + C_n^2 + C_n^4 + \cdots = 2^{n-1}$,得
$$\cos n\alpha = C_n^0 \cos^n\alpha - C_n^2 \cos^{n-2}\alpha(1-\cos^2\alpha) + C_n^4 \cos^{n-4}\alpha(1-\cos^2\alpha)^2 - \cdots =$$
$$2^{n-1}\cos^n\alpha + a_{n-2}\cos^{n-2}\alpha +$$
$$a_{n-4}\cos^{n-4}\alpha + \cdots \quad (a_{n-2}, a_{n-4}, \cdots \in \mathbf{Z}) \qquad ①$$

由此可得结论:

若 $\cos n\alpha (n \in \mathbf{N}^*)$ 是无理数,则 $\cos \alpha$ 也是无理数 ②

由 $\cos 30° \notin \mathbf{Q}$,得 $\cos 2° \notin \mathbf{Q}$.前后矛盾!

得(1)(2)(3)均不成立,所以欲证成立.

另证 (1) 当 $\sin 1°, \cos 1° \in \mathbf{Q}$ 时,同证法 1 可得矛盾!

(2) 当 $\sin 1° \notin \mathbf{Q}, \cos 1° \in \mathbf{Q}$ 时:

可用数学归纳法及结论 ① 证得"$\sin n\alpha (n \in \mathbf{N}^*)$ 均能表示成 $\sin \alpha \cdot f(\cos \alpha)$ 的形式,其中 $f(x)$ 是 x 的整系数多项式",由此及结论 ① 可得: $\sin n° \notin \mathbf{Q}, \cos n° \in \mathbf{Q}(n \in N*)$,这与 $\sin 30° \in \mathbf{Q}$ 矛盾!

(3) 当 $\sin 1° \in \mathbf{Q}, \cos 1° \notin \mathbf{Q}$ 时,同证法 1 可得矛盾!

得(1)(2)(3)均不成立,所以欲证成立.

又证 若 $\sin 1° \in \mathbf{Q}$,得 $\cos 2° = 1 - 2\sin^2 1°$ 的值是有理数,而证法 1 的(3)中已证得 $\cos 2° \notin \mathbf{Q}$,所以 $\sin 1° \notin \mathbf{Q}$.由 $\cos 30° \notin \mathbf{Q}$,可得 $\cos 1° \notin \mathbf{Q}$.

再证 由结论 ② 及 $\cos 30° \notin \mathbf{Q}$ 知,$\cos 1°, \cos 2° \notin \mathbf{Q}$.

又 $\cos 182° = -\cos 2°$,所以 $\cos 182° \notin \mathbf{Q}$,得 $\cos 91° \notin \mathbf{Q}$,即 $\sin 1° \notin \mathbf{Q}$.

178. 得 $\sin x(1+\cos x) = \dfrac{3}{4}\sqrt{3} (\sin x > 0)$,两边平方得

$$(3 - 3\cos x)(1 + \cos x)^3 = \dfrac{81}{16}$$

由四元均值不等式,可得上式左边的值 $\leqslant \dfrac{81}{16}$(当且仅当 $3 - 3\cos x = 1 + \cos x$ 即 $\cos x = \dfrac{1}{2}$ 时取等号),再结合 $\sin x > 0$,得所求解集为 $\left\{x \mid x = 2k\pi + \dfrac{\pi}{3}, k \in \mathbf{Z}\right\}$.

另解 得 $4\sin x(1+\cos x) = 3\sqrt{3} (\sin x > 0)$,两边平方得
$$16(1-\cos x)(1+\cos x)^3 = 81$$
令 $\cos x = t$,得
$$16t^4 + 32t^3 - 32t^2 + 11 = 0$$
$$(2t-1)^2(4t^2 + 12t + 11) = 0$$

$$t = \frac{1}{2}$$
$$\cos x = \frac{1}{2}$$

再结合 $\sin x > 0$，得所求解集为 $\left\{x \mid x = 2k\pi + \frac{\pi}{3}, k \in \mathbf{Z}\right\}$.

179. 函数 y 是偶函数且以 π 为周期，所以只需要求该函数在 $\left(0, \frac{\pi}{2}\right)$ 上的最小值即可.

得
$$y = \frac{1}{\sin x} + \frac{1}{\cos x} + \frac{1}{\tan x} + \frac{1}{\cot x} = \frac{1 + \sin x + \cos x}{\sin x \cos x}$$

设 $t = \sin x + \cos x (1 < t \leqslant \sqrt{2})$，得 $\sin x \cos x = \frac{t^2 - 1}{2}$，所以 $y = \frac{2}{t-1} \geqslant \frac{2}{\sqrt{2}-1} = 2(\sqrt{2}+1)$，即 $y_{\min} = 2\sqrt{2} + 2$，当且仅当 $x = k\pi + \frac{\pi}{4} (k \in \mathbf{Z})$ 时取到最小值.

另解 由均值不等式，得 $y \geqslant \frac{2\sqrt{2}}{\sqrt{|\sin 2x|}} + 2 \geqslant 2\sqrt{2} + 2$，所以 $y_{\min} = 2\sqrt{2} + 2$，当且仅当 $x = k\pi + \frac{\pi}{4} (k \in \mathbf{Z})$ 时取到最小值.

平面向量

第 2 章

§1 一类三角形的面积比问题

定理 在 $\triangle ABC$ 中,点 P 满足 $\lambda\overrightarrow{PA}+\mu\overrightarrow{PB}+\nu\overrightarrow{PC}=\mathbf{0}$($\lambda,\mu,\nu\in\mathbf{R}$,且 $|\lambda|+|\mu|+|\nu|\neq0$),则 $\lambda+\mu+\nu\neq0$,$S_{\triangle PBC}:S_{\triangle PCA}:S_{\triangle PAB}=|\lambda|:|\mu|:|\nu|$(当 P,B,C 共线时,约定 $S_{\triangle PBC}=0$;当 P,C,A 共线时,约定 $S_{\triangle PCA}=0$;当 P,A,B 共线时,约定 $S_{\triangle PAB}=0$).

证明 以射线 AB 为 x 轴,线段 AB 的中垂线为 y 轴建立平面直角坐标系(如图 1),设 $A(-u,0)$,$B(u,0)$,$C(v,w)$,得 $uw\neq0$. 又设 $P(x,y)$,由 $\lambda\overrightarrow{PA}+\mu\overrightarrow{PB}+\nu\overrightarrow{PC}=\mathbf{0}$ 得 $\lambda\overrightarrow{AP}+\mu\overrightarrow{BP}+\nu\overrightarrow{CP}=\mathbf{0}$,所以

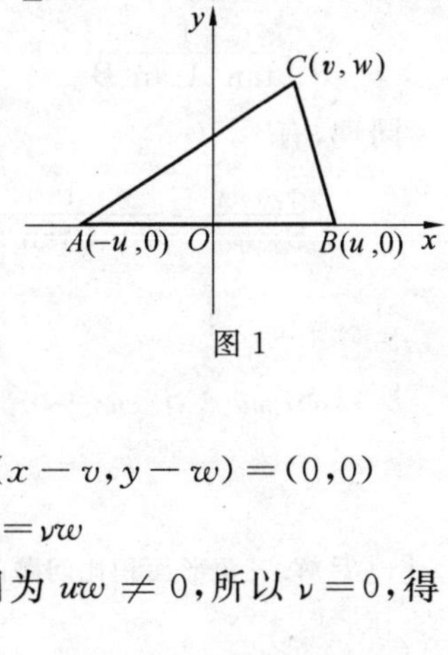

图 1

$$\lambda(x+u,y)+\mu(x-u,y)+\nu(x-v,y-w)=(0,0)$$
$$(\lambda+\mu+\nu)y=\nu w$$

若 $\lambda+\mu+\nu=0$,得 $\nu w=0$. 因为 $uw\neq0$,所以 $\nu=0$,得 $\lambda+\mu=\nu=0$.

再由 $\lambda\overrightarrow{PA}+\mu\overrightarrow{PB}+\nu\overrightarrow{PC}=\mathbf{0}$，得 $\lambda\overrightarrow{AB}=\mathbf{0}$，$\lambda=0$，所以 $\lambda=\mu=\nu=0$，这与题设 $|\lambda|+|\mu|+|\nu|\neq 0$ 矛盾！所以 $\lambda+\mu+\nu\neq 0$，得 $y=\dfrac{\nu w}{\lambda+\mu+\nu}$.

又 $C(v,w)$，所以 $\dfrac{S_{\triangle PAB}}{S_{\triangle ABC}}=\left|\dfrac{\nu}{\lambda+\mu+\nu}\right|$.

同理，有 $\dfrac{S_{\triangle PBC}}{S_{\triangle ABC}}=\left|\dfrac{\lambda}{\lambda+\mu+\nu}\right|$，$\dfrac{S_{\triangle PCA}}{S_{\triangle ABC}}=\left|\dfrac{\mu}{\lambda+\mu+\nu}\right|$.

所以 $S_{\triangle PBC}:S_{\triangle PCA}:S_{\triangle PAB}=|\lambda|:|\mu|:|\nu|$. 定理获证.

注 有很多文献(比如[1])也研究了以上定理的结论，但都限定了 $\lambda,\mu,\nu\in\mathbf{R}_+$.

推论 1 若点 P 在 $\triangle ABC$ 内，则 $S_{\triangle BPC}\overrightarrow{PA}+S_{\triangle CPA}\overrightarrow{PB}+S_{\triangle APB}\overrightarrow{PC}=0$.

推论 2 (1) 若点 G 是 $\triangle ABC$ 的重心，则 $\overrightarrow{GA}+\overrightarrow{GB}+\overrightarrow{GC}=0$；

(2) 若点 I 是 $\triangle ABC$ 的内心，则 $a\overrightarrow{IA}+b\overrightarrow{IB}+c\overrightarrow{IC}=0$；

(3) 若点 O 是锐角 $\triangle ABC$ 的外心，则 $\sin 2A\cdot\overrightarrow{OA}+\sin 2B\cdot\overrightarrow{OB}+\sin 2C\cdot\overrightarrow{OC}=0$；

(4) 若点 H 是锐角 $\triangle ABC$ 的垂心，则 $\tan A\cdot\overrightarrow{HA}+\tan B\cdot\overrightarrow{HB}+\tan C\cdot\overrightarrow{HC}=0$.

证明 只证(4).

如图 2，设 $CH\cap AB=M$，$BH\cap AC=N$，得

$$\dfrac{S_{\triangle AHB}}{S_{\triangle ABC}}=\dfrac{HM}{CM}=\dfrac{BM\tan\angle HBM}{BM\tan B}=\dfrac{1}{\tan A\tan B}$$

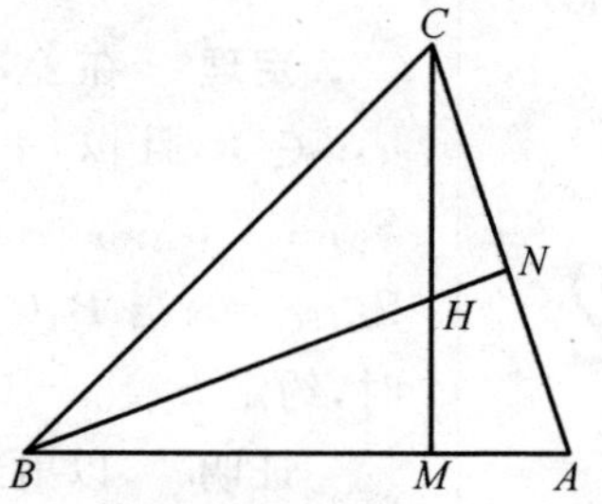

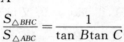

图 2

同理，有

$$\dfrac{S_{\triangle CHA}}{S_{\triangle ABC}}=\dfrac{1}{\tan C\tan A}$$

$$\dfrac{S_{\triangle BHC}}{S_{\triangle ABC}}=\dfrac{1}{\tan B\tan C}$$

所以 $S_{\triangle BHC}:S_{\triangle CHA}:S_{\triangle AHB}=\tan A:\tan B:\tan C$，再由推论 1 可得欲证.

参考文献

[1] 吕辉. 三角形面积比问题的解法探究[J]. 中学生数学，2010(4 上):21.

§2 对一道测试题的思考

题目 若向量 $a=(1,1)$,a 与 $a+2b$ 的方向相同,则 $a \cdot b$ 的取值范围是 _____.(见《数学通讯》2008 年第 12 期刊登的《高一年级期末复习测试题》(作者:朱建元,魏红星)第 14 题)

原作者给出的参考答案是 $(-1,+\infty)$,而笔者认为该题的答案应是 $[-1,+\infty)$.

我们知道,若 $a=\lambda b(\lambda \in \mathbf{R})$,则:当 $\lambda>0$ 时,a,b 方向相同;当 $\lambda<0$ 时,a,b 方向相反;当 $\lambda=0$ 时,$a=0$,可以说 a,b 方向相同,也可以说 a,b 方向相反(因为 0 的方向是任意的).所以,有:

定理 若 $a=\lambda b(\lambda \in \mathbf{R})$,则:$a$,$b$ 方向相同的充要条件是 $\lambda \geqslant 0$;a,b 方向相反的充要条件是 $\lambda \leqslant 0$.

下面用定理来解答开头的题目:

设 $b=(x,y)$,得 $a+2b=(2x+1,2y+1)$.再由 a 与 $a+2b$ 平行,得 $x=y$.

$$a+2b=(2x+1,2y+1)=(2x+1,2x+1)=(2x+1)a$$

由题设及定理可得 $2x+1 \geqslant 0$,$x \geqslant -\dfrac{1}{2}$.

所以 $a \cdot b=2x \geqslant -1$,即 $a \cdot b$ 的取值范围是 $[-1,+\infty)$.

顺便指出,《高一年级期末复习测试题》第 2 题的答案应为 C(原答案为 A),第 8 题应作改动.

§3 还是建系为好

2004年是湖北省自主命题的第一年,也是学习新教材(即大纲教材)后的第一年高考,这年高考湖北卷第19题(文理公用)的得分率相当低,我们先来看看这道题及其解法:

如图1,在 Rt△ABC 中,已知 $BC=a$,若长为 $2a$ 的线段 PQ 以点 A 为中点,问 $\overrightarrow{PQ}$ 与 $\overrightarrow{BC}$ 的夹角 θ 取何值时 $\overrightarrow{BP} \cdot \overrightarrow{CQ}$ 的值最大?并求出这个最大值.

解法1 如图2,由 $\overrightarrow{AB} \perp \overrightarrow{AC}$,得 $\overrightarrow{AB} \cdot \overrightarrow{AC}=0$.

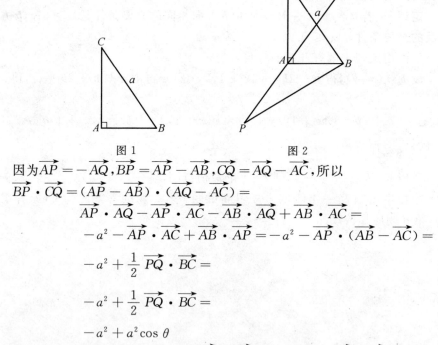

图1   图2

因为 $\overrightarrow{AP}=-\overrightarrow{AQ}, \overrightarrow{BP}=\overrightarrow{AP}-\overrightarrow{AB}, \overrightarrow{CQ}=\overrightarrow{AQ}-\overrightarrow{AC}$,所以

$\overrightarrow{BP} \cdot \overrightarrow{CQ}=(\overrightarrow{AP}-\overrightarrow{AB}) \cdot (\overrightarrow{AQ}-\overrightarrow{AC})=$

$\overrightarrow{AP} \cdot \overrightarrow{AQ}-\overrightarrow{AP} \cdot \overrightarrow{AC}-\overrightarrow{AB} \cdot \overrightarrow{AQ}+\overrightarrow{AB} \cdot \overrightarrow{AC}=$

$-a^2-\overrightarrow{AP} \cdot \overrightarrow{AC}+\overrightarrow{AB} \cdot \overrightarrow{AP}=-a^2-\overrightarrow{AP} \cdot (\overrightarrow{AB}-\overrightarrow{AC})=$

$-a^2+\dfrac{1}{2}\overrightarrow{PQ} \cdot \overrightarrow{BC}=$

$-a^2+\dfrac{1}{2}\overrightarrow{PQ} \cdot \overrightarrow{BC}=$

$-a^2+a^2\cos\theta.$

所以当 $\cos\theta=1$,即 $\theta=0$,也即 $\overrightarrow{PQ}$ 与 $\overrightarrow{BC}$ 方向相同时,$\overrightarrow{BP} \cdot \overrightarrow{CQ}$ 最大,且最大值为 0.

解法2 如图3,以直角顶点 A 为坐标原点,两直角边所在直线为坐标轴建立如图所示的平面直角坐标系.

设 $|AB|=c$,$|AC|=b$,则 $A(0,0), B(c,0), C(0,b), |PQ|=2a, |BC|=a$.

又设点 P 的坐标为 (x,y),则 $Q(-x,-y)$.

所以
$$\vec{BP}=(x-c,y), \vec{CQ}=(-x,-y-b)$$
$$\vec{BC}=(-c,b), \vec{PQ}=(-2x,-2y)$$
所以
$$\vec{BP} \cdot \vec{CQ}=(x-c)(-x)+y(-y-b)=$$
$$-(x^2+y^2)+cx-by$$

因为 $\cos\theta=\dfrac{\vec{PQ}\cdot\vec{BC}}{|\vec{PQ}|\cdot|\vec{BC}|}=\dfrac{cx-by}{a^2}$,所以 $cx-by=a^2\cos\theta$.

得 $\vec{BP}\cdot\vec{CQ}=-a^2+a^2\cos\theta$.

所以当 $\cos\theta=1$,即 $\theta=0$,也即 $\vec{PQ}$ 与 $\vec{BC}$ 方向相同时,$\vec{BC}\cdot\vec{CQ}$ 最大,且最大值为 0.

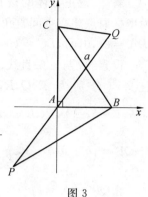

图 3

如果考生能根据题中图形(图 1)的特点,建立平面直角坐标系是不难给出解法 2 的正确解答的.说明我们在平时的教学及解题训练中,要重视建系的方法.

例 1 如图 4,已知矩形 $ORTM$ 内有 5 个全等的小正方形,其中的顶点 A,B,C,D 在矩形 $ORTM$ 的四条边上,若 $OR=7,OM=8$,求小正方形的边长.

解 以射线 AI,AD 的方向分别为 x 轴、y 轴的正向建立平面直角坐标系(请读者自己画图),设小正方形的边长为 a,得 $A(0,0),B(2a,-a),C(3a,a),D(0,2a)$,还可设

$$MDT: y=kx+2a \quad (k>0)$$
$$OBR: y=kx-a(2k+1)$$
$$MAO: y=-\dfrac{1}{k}x$$
$$TCR: y=-\dfrac{1}{k}x+a+\dfrac{3a}{k}$$

所以直线 MDT,OBR 之间的距离是 $\dfrac{a(2k+3)}{\sqrt{k^2+1}}=8$,直线 MAO,TCR 之间的距离是 $\dfrac{a\left(\dfrac{3}{k}+1\right)}{\sqrt{\dfrac{1}{k^2}+1}}=7$,从而可解得 $k=\dfrac{1}{2},a=\sqrt{5}$,即小正方形的边长为 $\sqrt{5}$.

例 2 E,F 分别为正方体 $ABCD-A_1B_1C_1D_1$ 的棱 AA_1,CC_1 的中点,则在空间中与三条直线 A_1D_1,EF,CD 都相交的直线有_____条.

解 设正方体的棱长为 1. 如图 5,以点 D 为坐标原点建立空间直角坐标系,得
$\overrightarrow{DA}=(1,0,0),\overrightarrow{DC}=(0,1,0),\overrightarrow{DD_1}=(0,0,1).$

设直线 l 与三条直线 A_1D_1,EF,CD 都相交,且交点分别为 P,Q,R,则可设 $P(a,0,1)$, $Q\left(b,1-b,\dfrac{1}{2}\right),R(0,c,0)(a,b,c\in\mathbf{R})$,所以

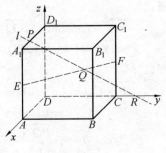

图 5

$\overrightarrow{QP}=\left(a-b,b-1,\dfrac{1}{2}\right),\overrightarrow{RP}=(a,-c,1)$

由 $\overrightarrow{QP}\parallel\overrightarrow{RP}$,得 $\begin{cases}a=2(a-b)\\-c=2(b-1)\end{cases}$,即 $\begin{cases}a=2b\\c=2-2b\end{cases}$,所以

$$P(2b,0,1),Q\left(b,1-b,\dfrac{1}{2}\right),R(0,2-2b,0)\quad(b\in\mathbf{R})$$

因为当 $b\in\mathbf{R}$ 时,均有 P,Q,R 三点共线,所以在空间中与三条直线 A_1D_1, EF,CD 都相交的直线有无数条.

注 在本题中还可得点 Q 是线段 PR 的中点.

例 3 (2010·全国 Ⅱ·理·11) 与正方体 $ABCD-A_1B_1C_1D_1$ 的三条棱 AB,CC_1,A_1D_1 所在直线的距离相等的点( ).

A. 有且只有 1 个   B. 有且只有 2 个   C. 有且只有 3 个   D. 有无数个

解 设正方体的棱长为 1. 如图 6,以点 D 为坐标原点建立空间直角坐标系.

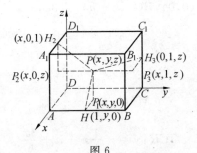

图 6

由点 $P(x,y,z)$ 到三条棱 AB,CC_1,A_1D_1 所在直线的距离相等,得

$$\sqrt{(x-1)^2+z^2}=\sqrt{x^2+(y-1)^2}=\sqrt{y^2+(z-1)^2}$$

所以选点 $P(a,a,a)(a\in\mathbf{R})$ 满足题意,所以选 D.

若选点 P 为 $(0,0,0),\left(\dfrac{1}{2},\dfrac{1}{2},\dfrac{1}{2}\right),(1,1,1)$,得点 P 分别为点 D、正方体的中心、B_1,它们均满足题意;还可得,直线 DB_1 上的点均满足题意(请问:还有别的点满足题意吗?).

例4 已知点 O 是 $\triangle ABC$ 的外心,求证:
$\sin 2B \cdot \overrightarrow{AB} + \sin 2C \cdot \overrightarrow{AC} = 4\sin A \sin B \sin C \cdot \overrightarrow{AO}$.

证明 如图7,以外心 O 为坐标原点,直线 OA 为 x 轴建立平面直角坐标系(点 A 在 x 轴的非负半轴上). 设 $\triangle ABC$ 的外接圆半径是 R,由同弧所对的圆心角是圆周角的2倍及三角函数的定义可得点 O, A, B, C 的坐标分别是 $O(0,0), A(R,0), B(R\cos 2C, R\sin 2C), C(R\cos(2\pi - 2B), R\sin(2\pi - 2B))$ 即
$$C(R\cos 2B, -R\sin 2B)$$

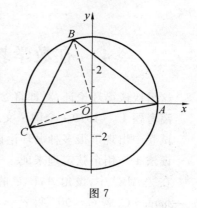

图7

所以
$(\sin 2B)\overrightarrow{AB} + (\sin 2C)\overrightarrow{AC} = (\sin 2B)(R\cos 2C - R, R\sin 2C) + (\sin 2C)(R\cos 2B - R, -R\sin 2C) = \cdots = 4\sin A \sin B \sin C \cdot \overrightarrow{AO}$

有时,人脑看来不是从事数学研究的好仪器。
——I. Kaplansky

§4 在数学教学中要谨防循环论证

这里谈谈循环论证,对即将参加高考的考生是有些益处的.

高考题 1 (1979·全国·文理·4) 叙述并且证明勾股定理.

试卷中出现了很多种循环论证,典型的有以下三种:

证法 1 用余弦定理来证.

在 $\triangle ABC$ 中,设角 A,B,C 的对边长分别为 a,b,c,有余弦定理:$c^2 = a^2 + b^2 - 2ab\cos C$. 若 $C = 90°$,得 $c^2 = a^2 + b^2$,此即勾股定理.

证法 2 用三角恒等式 $\sin^2\alpha + \cos^2\alpha = 1$ 来证.

在 $\triangle ABC$ 中,设角 A,B,C 的对边长分别为 a,b,c. 若 $C = 90°$,得 $a = c\sin A$, $b = c\cos A$. 再由三角恒等式 $\sin^2\alpha + \cos^2\alpha = 1$,得

$$a^2 + b^2 = (c\sin A)^2 + (c\cos A)^2 = c^2(\sin^2 A + \cos^2 A) = c^2 \cdot 1 = c^2$$

勾股定理获证.

证法 3 用两点间距离公式来证.

在 $\triangle ABC$ 中,设角 A,B,C 的对边长分别为 a,b,c. 若 $C = 90°$,则可以直线 CA、CB 分别为 x 轴、y 轴建立平面直角坐标系 xOy,得坐标 $A(b,0), B(0,a)$. 由两点间距离公式,得

$$c^2 = AB^2 = (b-0)^2 + (a-0)^2 = a^2 + b^2$$

勾股定理获证.

这三种证法所运用的定理(公式)虽各不相同,但在当时的数学知识体系中,有一点却是共同的:证明余弦定理、三角恒等式 $\sin^2\alpha + \cos^2\alpha = 1$ 及两点间距离公式都要用到勾股定理. 所以说,以上三种证法都犯了循环论证的错误.

笔者的注记 新千年伊始,高中数学教材中引入了"平面向量",并且一直学习至今. 比如普通高中课程标准实验教科书《数学 4·必修·A 版》(人民教育出版社,2007 年第 2 版)(下简称《必修 4》)中是这样证明余弦定理的(2011 年高考数学陕西卷文科理科第 18 题:叙述并证明余弦定理):

因为在 $\triangle ABC$ 中,有 $\vec{AC} = \vec{AB} + \vec{BC}$,两边平方得

$$\vec{AC}^2 = (\vec{AB} + \vec{BC})^2 = \vec{AB}^2 + 2\vec{AB} \cdot \vec{BC} + \vec{BC}^2 =$$
$$c^2 + 2ca\cos(\pi - B) + a^2 =$$
$$c^2 + a^2 - 2ca\cos B$$

该证明只用到了向量的数量积的运算律"$(a+b) \cdot c = a \cdot c + b \cdot c$"及向量的数量积的定义,而《必修 4》在证明该运算律时没有用到勾股定理,所以按照现在的高中数学知识体系,若用余弦定理来证明勾股定理,不应算是循环论证.

因为《必修4》中用向量知识证明了两点间距离公式：

设 $A(x_1,y_1),B(x_2,y_2)$，得 $\overrightarrow{AB}=(x_2-x_1,y_2-y_1)$，所以
$$|\overrightarrow{AB}|^2=\overrightarrow{AB}^2=(x_2-x_1,y_2-y_1)\cdot(x_2-x_1,y_2-y_1)=$$
$$[(x_2-x_1)\boldsymbol{i}+(y_2-y_1)\boldsymbol{j}]^2=$$
$$(x_2-x_1)^2+2(x_2-x_1)(y_2-y_1)\boldsymbol{i}\cdot\boldsymbol{j}+(y_2-y_1)^2=$$
$$(x_2-x_1)^2+(y_2-y_1)^2$$

（其中 $\boldsymbol{i},\boldsymbol{j}$ 分别为与 x 轴，y 轴正方向相同的单位向量），且
$$|AB|=\sqrt{(x_2-x_1)^2+(y_2-y_1)^2}$$

该证明中也没用到勾股定理，所以按照现在的高中数学知识体系，若用余弦定理来证明勾股定理，不应算是循环论证.

但是在《必修4》中证明三角恒等式 $\sin^2\alpha+\cos^2\alpha=1$ 时用到了勾股定理，所以按照现在的高中数学知识体系，若用余弦定理来证明勾股定理，应算是循环论证.

总之，要想避免循环论证不容易！只有弄清了各定理、公式、定义之间的关系，才能有效地避免犯循环论证的错误.

高考题 2 （1980·全国·理·4）证明对数换底公式：$\log_b N=\dfrac{\log_a N}{\log_a b}(a,b,N$ 都是正数，$a\neq1,b\neq1)$.

对于该题，有不少考生的证法如下：

证明 因为 $\log_b N=\dfrac{\lg N}{\lg b},\log_a N=\dfrac{\lg N}{\lg a},\log_a b=\dfrac{\lg b}{\lg a}$，所以
$$\frac{\log_a N}{\log_a b}=\frac{\dfrac{\lg N}{\lg a}}{\dfrac{\lg b}{\lg a}}=\frac{\lg N}{\lg b}=\log_b N$$
$$\log_b N=\frac{\log_a N}{\log_a b}$$

显然这种证法也是循环论证：$\log_b N=\dfrac{\lg N}{\lg b}$ 等这些等式是如何得到的？肯定使用了要证明的对数换底公式.

我们再来看两道例题的循环论证：

例1 证明：$\sin x<x\left(0<x<\dfrac{\pi}{2}\right)$.

有人这样给出证明：设 $f(x)=x-\sin x\left(0<x<\dfrac{\pi}{2}\right)$，得
$$f'(x)=x'-(\sin x)'=1-\cos x>0\quad\left(0<x<\dfrac{\pi}{2}\right)$$

所以 $f(x)$ 在 $\left(0, \dfrac{\pi}{2}\right)$ 上是增函数,得 $f(x) > f(0)$,即欲证成立!

这里的证明中使用了导数公式 $(\sin x)' = \cos x$,但此公式是如何推导出来的呢?全日制普通高级中学教科书《数学·第三册(选修 II)》(人民教育出版社,2006 年第 2 版)中未证,全日制高级中学课本(选修 II)《数学·第三册(理)》(北京师范大学出版社,2003 年第 2 版)给出了证明.证明这个公式要用到重要极限 $\lim\limits_{x \to 0} \dfrac{\sin x}{x} = 1$,而推导这个公式需要用两边夹法则及例 2 的结论,所以以上证明也是循环论证.例 2 的结论可使用传统的面积法证得.

例 2 求 $\lim\limits_{x \to 0} \dfrac{\sin x}{x}$.

有人运用导数的定义给出如下巧解:
$$\lim_{x \to 0} \frac{\sin x}{x} = \lim_{x \to 0} \frac{\sin x - \sin 0}{x - 0} = (\sin x)' \big|_{x=0} = \cos x \big|_{x=0} = \cos 0 = 1$$

此巧解中也犯了循环论证的错误:证明导数公式 $(\sin x)' = \cos x$ 要用到重要极限 $\lim\limits_{x \to 0} \dfrac{\sin x}{x} = 1$.

像例 2 这样的题本来就是大学《数学分析》中的内容,不适于让高中生做,必要时让他们记住结论并做好解释即可.

在权威的《数学》教科书中有时也会出现循环论证的疏漏,兹举两例.

1979 年上海的中学课本《数学·理科版》(第 4 册)中有一个关于 $\lim\limits_{x \to 0} \dfrac{\sin x}{x} = 1$ 的应用的例子:

已知半径为 R 的圆内接正 n 边形的边数无限增加时,它的周长 p_n 的极限是圆周长 l,求证:$l = 2\pi R$.

该书给出的证明是:如图 1,设 n 边形 $A_1 A_2 \cdots A_n$ 是边长为 a_n 圆内接正 n 边形,得 $p_n = n a_n$.

因为 $a_n = 2 A_1 H = 2R \sin \alpha = 2R \sin \dfrac{\pi}{n}$,所以

$$l = \lim_{n \to \infty} p_n = \lim_{n \to \infty} \left(n \cdot 2R \sin \frac{\pi}{n} \right) = 2\pi R \lim_{n \to \infty} \frac{\sin \dfrac{\pi}{n}}{\dfrac{\pi}{n}} = 2\pi R \cdot 1 = 2\pi R$$

该证明中用到了 $\alpha = \dfrac{\pi}{n}$,即用到了周角是 2π 弧度.为什么周角是 2π 弧度呢?这是根据弧度的定义:因为圆周长是 $2\pi R$,所以整个圆周所对的圆心角的弧度数是 $\dfrac{2\pi R}{R} = 2\pi$.这样一来,在以上证明"$l = 2\pi R$"时用到了公式"$l = 2\pi R$",

所以该证明是循环论证.

以上《必修4》第108页第4题是:

求证:$(\lambda a)\cdot b=\lambda(a\cdot b)=a\cdot(\lambda b)$.

与《必修4》配套使用的《教师教学用书》第97页给出的该题的证法二也是循环论证[1].

亲爱的老师,你的学生知道何谓循环论证吗? 应当给他们适当的介绍一点,以免他们犯了这样的错误却不知道.

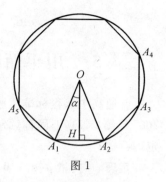

图 1

参考文献

[1] 甘志国. 对人教版教科书《数学·A版·必修④》的几点建议[J]. 中学数学杂志, 2010(3):13-17.

剑桥大学圣体学院

> Hermann Weyl 提出过警告说,我们长期以来搞抽象与推广,今后的数学需要发现新的有趣的例子. 有些数学地象的主要公共性质实在单调,找到其公共的推广并无多大益处.
>
> ——E. J. Macshane

§5 用平面向量共线基本定理简解一类题

普通高中课程标准实验教科书《数学 4·必修·A 版》(人民教育出版社,2007 年第 2 版)(下简称《必修 4》)第 89 页头两行给出的定理就是向量共线基本定理:

定理 向量 $a(a \neq 0)$ 与 b 共线,当且仅当有唯一一个实数 λ,使 $b = \lambda a$.

该定理中的 λ 能用 b, a 表示出来吗?

由 $b = \lambda a$,得 $|b| = |\lambda||a|$.

又 $a \neq 0$,得 $|a| > 0$,所以 $|\lambda| = \dfrac{|b|}{|a|}$,$\lambda = \pm\dfrac{|b|}{|a|}$.

从而得到以上定理的伴随结论:

结论 若向量 $a(a \neq 0)$ 与 b 共线,则 $b = \pm\dfrac{|b|}{|a|}a$,且 b, a 同向时取 "+",b, a 反向时取 "−"(下同);若 $b = 0$,则 $b = 0a$.

推论 1 与非零向量 a 共线的单位向量是 $\pm\dfrac{a}{|a|}$.

推论 2 与非零向量 a 共线且模为 m 的向量是 $\pm\dfrac{ma}{|a|}$.

例 1 (全日制普通高级中学教科书(必修)《数学·第一册(下)》(人民教育出版社,2006 年)(下简称教科书(第一册(下))第 162 页第 17 题)求与向量 $a = (6, 8)$ 共线的单位向量.

解 由推论 1 立得答案为 $\pm\dfrac{a}{|a|} = \pm\dfrac{1}{10}(6, 8) = \left(\pm\dfrac{3}{5}, \pm\dfrac{4}{5}\right)$(这里 "+,−" 的取法一致,下同).

注 若不用以上方法,则需设所求向量的坐标是 (x, y),通过解方程组求解,这样运算量会大很多.

例 2 若向量 b 与 $a = (1, -2)$ 反向,且 $|b| = 3\sqrt{5}$,求 b 的坐标.

解 由推论 2 得 $b = \dfrac{-3\sqrt{5}a}{|a|} = -3\sqrt{5}\left(\dfrac{1}{\sqrt{5}}, -\dfrac{2}{\sqrt{5}}\right) = (-3, 6)$.

例 3 (《必修 4》第 108 页第 10 题)已知 $|a| = 3, b = (1, 2)$,且 $a \parallel b$,求 a 的坐标.

解 由推论 2 立得答案为 $a = \pm\dfrac{3b}{|b|} = \pm\dfrac{3(1, 2)}{\sqrt{5}} = \left(\pm\dfrac{3}{5}\sqrt{5}, \pm\dfrac{6}{5}\sqrt{5}\right)$.

例 4 已知 $|a| = 10, b = (3, -4), a, b$ 共线,求 a 的坐标.

解 由推论2立得 $a=\pm\dfrac{10b}{|b|}=\pm 2(3,-4)=(\pm 6,\mp 8)$(这里"+,—"的取法不一致,下同).

例5 已知点 $A(1,-2)$,若向量 $\overrightarrow{AB}$ 与 $a=(2,3)$ 同向,$|\overrightarrow{AB}|=2\sqrt{13}$,求点 B 的坐标.

解 由推论2得 $\overrightarrow{AB}=\dfrac{2\sqrt{13}\,a}{|a|}=2\sqrt{13}\left(\dfrac{2}{\sqrt{13}},\dfrac{3}{\sqrt{13}}\right)=(4,6)$,所以点 B 的坐标是 $(5,4)$.

例6 已知点 $O(0,0)$,$A(0,1)$,$B(-3,4)$,点 C 在 $\angle AOB$ 的平分线上,且 $|\overrightarrow{OC}|=2$,求向量 $\overrightarrow{OC}$ 的坐标.

解 $\overrightarrow{OA}=(0,1)$. 设 $\overrightarrow{OB'}=\dfrac{\overrightarrow{OB}}{|\overrightarrow{OB}|}=\left(-\dfrac{3}{5},\dfrac{4}{5}\right)$, 得 $\overrightarrow{OA}+\overrightarrow{OB'}=\left(-\dfrac{3}{5},\dfrac{9}{5}\right)$.

设 $\overrightarrow{OD}=\left(-\dfrac{3}{5},\dfrac{9}{5}\right)$,由 $|\overrightarrow{OA}|=|\overrightarrow{OB'}|=1$,得点 D 在 $\angle AOB$ 的平分线上,所以 $\overrightarrow{OC},\overrightarrow{OD}$ 同向.

再由 $|\overrightarrow{OC}|=2$ 及推论2,得 $\overrightarrow{OC}=\dfrac{2\overrightarrow{OD}}{|\overrightarrow{OD}|}=\dfrac{2}{\dfrac{3}{5}\sqrt{10}}\left(-\dfrac{3}{5},\dfrac{9}{5}\right)=\left(-\dfrac{\sqrt{10}}{5},\dfrac{3}{5}\sqrt{10}\right)$.

例7 已知 $\triangle ABC$ 各顶点的坐标分别是 $A(-1,-1)$,$B(4,-13)$,$C(-4,4)$,求 $\angle A$ 的平分线所在直线的方程.

解 得 $\overrightarrow{AB}=(5,-12)$,$\overrightarrow{AC}=(-3,4)$,与 $\overrightarrow{AB}$,$\overrightarrow{AC}$ 方向相同的单位向量分别是

$$e_1=\dfrac{\overrightarrow{AB}}{|\overrightarrow{AB}|}=\left(\dfrac{5}{13},-\dfrac{12}{13}\right),\ e_2=\dfrac{\overrightarrow{AC}}{|\overrightarrow{AC}|}=\left(-\dfrac{3}{5},\dfrac{4}{5}\right)$$

设 $\triangle ABC$ 中 $\angle A$ 的平分线是 AD,则 $\overrightarrow{AD}$ 与 $e_1+e_2=\left(-\dfrac{14}{65},-\dfrac{8}{65}\right)$ 共线(因为菱形的对角线平分每一组内角).

设直线 AD 上的动点是 $M(x,y)$,得 $\overrightarrow{AM}=(x+1,y+1)$. 由 $\overrightarrow{AM}\,/\!/\,\overrightarrow{AD}$,得 $4x-7y-3=0$,这就是 $\angle A$ 的平分线所在直线的方程.

例8 (全日制普通高级中学教科书(必修)《数学·(第二册(上)》(人民教育出版社,2006年)复习参考题A组的第1题)已知 $\triangle ABC$ 顶点的坐标是 $A(2,3)$,$B(5,3)$,$C(2,7)$,求 $\angle A$ 的平分线长及所在直线的方程.

解 得 $\overrightarrow{AB}=(3,0)$,$\overrightarrow{AC}=(0,4)$,与 $\overrightarrow{AB}$,$\overrightarrow{AC}$ 方向相同的单位向量分别是

$$e_1 = \frac{\overrightarrow{AB}}{|\overrightarrow{AB}|} = (1,0), e_2 = \frac{\overrightarrow{AC}}{|\overrightarrow{AC}|} = (0,1)$$

设 $\triangle ABC$ 中 $\angle A$ 的平分线是 AD，则 $\overrightarrow{AD}$ 与 $e_1 + e_2 = (1,1)$ 共线（因为菱形的对角线平分每一组内角）.

设直线 AD 上的动点是 $M(x,y)$，得 $\overrightarrow{AM} = (x-2, y-3)$. 由 $\overrightarrow{AM} \parallel \overrightarrow{AD}$，得 $x - y + 1 = 0$，这就是 $\angle A$ 的平分线所在直线的方程.

又可求得直线 BC 的方程是 $4x + 3y - 29 = 0$，它与直线 AD 的交点 D 的坐标是 $\left(\frac{26}{7}, \frac{33}{7}\right)$. 用两点的距离公式可求得 $\angle A$ 的平分线长 $|AD| = \frac{12}{7}\sqrt{2}$.

例 9 已知 $\triangle ABC$ 各顶点的坐标分别是 $A(-1,-1), B(1,3), C(-2,1)$，求 $\angle A$ 的平分线所在直线的方程.

参考答案 $x = -1$.

> 不要再相信这种神话，说什么理解数学的方式和出租汽车司机理解汽车一样。
> ——E. E. Moise

三角与平面向量

§6 介绍两道类题

题1 (普通高中课程标准实验教科书《数学4·必修·A版》(人民教育出版社,2007年第2版)第112页的例4) 如图1,一条河的两岸平行,河的宽度 $d=500$ m,一艘船从 A 处出发到河对岸.已知船的速度 $|v_1|=10$ km/h,水流速度 $|v_2|=2$ km/h,问行驶航程最短时,所用时间是多少(精确到 0.1 min)?

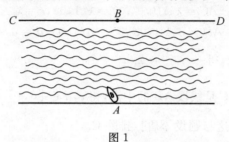

图1

参考答案 3.1 min.

本文将解决其伴随问题:

类题1 (渡河时间最短问题) 如图2,一条河的两岸平行,一艘船从 A 处出发到河对岸.已知船的速度为 v_1,水流速度为 v_2,当船行到对岸所花的时间最短时,求 $<v_1,v_2>$.

解 如图2,设 $v_1+v_2=v$,在 $\triangle AEF$ 中,有

$$\frac{|v_1|}{\sin\beta}=\frac{|v|}{\sin\alpha}$$

设河宽为 d,可得当 $\beta\in(0,\pi)$ 时均有 $\sin\beta=\dfrac{d}{AG}$,所以船行的路程 $AG=\dfrac{d}{\sin\beta}$.

由 $2S_{\triangle AEF}=|v||v_2|\sin\beta=|v_1||v_2|\sin\alpha$,得船行到对岸所花的时间为

$$t=\frac{AG}{|v|}=\frac{d}{|v|\sin\beta}=\frac{d}{|v_1|\sin\alpha}$$

所以 t 最小 $\Leftrightarrow \alpha=\dfrac{\pi}{2}\Leftrightarrow <v_1,v_2>=\dfrac{\pi}{2}$.

即当船行到对岸所花的时间最短时,$<v_1,v_2>=\dfrac{\pi}{2}$.

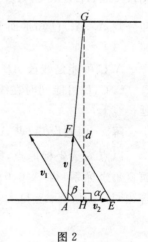

图2

题2 (2011年高考山东卷理科第12题) 设 A_1,A_2,A_3,A_4 是平面直角坐标

系中两两不同的四点,若$\overrightarrow{A_1A_3}=\lambda\overrightarrow{A_1A_2}(\lambda\in\mathbf{R}),\overrightarrow{A_1A_4}=\mu\overrightarrow{A_1A_2}(\mu\in\mathbf{R})$,且$\frac{1}{\lambda}+\frac{1}{\mu}=2$,则称$A_3,A_4$调和分割$A_1,A_2$.已知平面上的点$C(c,0),D(d,0)$调和分割点$A(0,0),B(1,0)$,则下面说法正确的是( ).

A. C可能是线段AB的中点　　　　B. D可能是线段AB的中点

C. C,D可能同时在线段AB上　　D. C,D不可能同时在线段AB的延长线上

解 由点$C(c,0),D(d,0)$调和分割点$A(0,0),B(1,0)$,得
$$\overrightarrow{AC}=\lambda\overrightarrow{AB},(c,0)=\lambda(1,0),c=\lambda$$
$$\overrightarrow{AD}=\mu\overrightarrow{AB},(d,0)=\mu(1,0),d=\mu$$

再由$\frac{1}{\lambda}+\frac{1}{\mu}=2$,得$\frac{1}{c}+\frac{1}{d}=2$.

对于选项A,若C是线段AB的中点,得$c,d\in[0,1]$.由$\frac{1}{c}+\frac{1}{d}=2$,得$c=d=1$,点$C,D$重合,这与题设矛盾! 排除C.

所以选D.若C,D均在线段AB的延长线上,得$c>1,d>1$,所以$\frac{1}{c}+\frac{1}{d}<2$,这与$\frac{1}{c}+\frac{1}{d}=2$矛盾! 所以选项D正确.

类题2 设A_1,A_2,A_3,A_4是平面直角坐标系中两两不同的四点,若$\overrightarrow{A_1A_3}=\lambda\overrightarrow{A_1A_2}(\lambda\in\mathbf{R}),\overrightarrow{A_1A_4}=\mu\overrightarrow{A_1A_2}(\mu\in\mathbf{R})$,且$\frac{1}{\lambda}+\frac{1}{\mu}=2$,则称$A_3,A_4$调和分割$A_1,A_2$.已知平面上的点$C,D$调和分割点$A,B$,则下面说法正确的是( ).

A. C可能是线段AB的中点　　　　B. D可能是线段AB的中点

C. C,D可能同时在线段AB上　　D. C,D不可能同时在线段AB的延长线上

解 由题设知,点A_1,A_2,A_3,A_4共线,所以A,B,C,D四点共线.

以点A为坐标原点,射线AB的方向为正方向建立x轴,$|\overrightarrow{AB}|=1$,建立平面直角坐标系,得$A(0,0),B(1,0)$,还可设$C(c,0),D(d,0)$,而后得到与原解答题同样的解答,选D.

§7 《平面向量》练习题

1. 已知 O 是 $\triangle ABC$ 所在平面上的一点，若 $\overrightarrow{OA}^2=\overrightarrow{OB}^2=\overrightarrow{OC}^2$，则点 O 是 $\triangle ABC$ 的（　　）.
   A. 内心　　　　B. 外心　　　　C. 重心　　　　D. 垂心

2. 已知 O 是 $\triangle ABC$ 所在平面上的一点，若 $\overrightarrow{OA}+\overrightarrow{OB}+\overrightarrow{OC}=\mathbf{0}$，则点 O 是 $\triangle ABC$ 的（　　）.
   A. 内心　　　　B. 外心　　　　C. 重心　　　　D. 垂心

3. 已知 O 是 $\triangle ABC$ 所在平面上的一点，若 $\overrightarrow{OA}^2+\overrightarrow{BC}^2=\overrightarrow{OB}^2+\overrightarrow{CA}^2=\overrightarrow{OC}^2+\overrightarrow{AB}^2$，则点 O 是 $\triangle ABC$ 的（　　）.
   A. 内心　　　　B. 外心　　　　C. 重心　　　　D. 垂心

4. 已知 O 是 $\triangle ABC$ 所在平面上的一点，若 $\overrightarrow{OP}=\overrightarrow{OA}+\lambda(\overrightarrow{AB}+\dfrac{1}{2}\overrightarrow{BC})$（$\lambda\in\mathbf{R}$），则动点 P 的轨迹通过 $\triangle ABC$ 的（　　）.
   A. 内心　　　　B. 外心　　　　C. 重心　　　　D. 垂心

5. 若 P 为 $\triangle ABC$ 所在平面上一点，且 $\overrightarrow{PA}\cdot\overrightarrow{PB}=\overrightarrow{PB}\cdot\overrightarrow{PC}=\overrightarrow{PC}\cdot\overrightarrow{PA}$，则点 P 是 $\triangle ABC$ 的（　　）.
   A. 内心　　　　B. 外心　　　　C. 重心　　　　D. 垂心

6. 已知 O 为平面上的一定点，A,B,C 是该平面上不共线的三点，点 P 满足 $\overrightarrow{OP}=\overrightarrow{OA}+\lambda\left(\dfrac{\overrightarrow{AB}}{|\overrightarrow{AB}|}+\dfrac{\overrightarrow{AC}}{|\overrightarrow{AC}|}\right)$（$\lambda\in\mathbf{R}$），则动点 P 的轨迹通过 $\triangle ABC$ 的（　　）.
   A. 内心　　　　B. 外心　　　　C. 重心　　　　D. 垂心

7. 已知 O 是 $\triangle ABC$ 所在平面上的一点，角 A,B,C 所对的边长分别为 a,b,c，若 $a\overrightarrow{OA}+b\overrightarrow{OB}+c\overrightarrow{OC}=\mathbf{0}$，则点 O 是 $\triangle ABC$ 的（　　）.
   A. 内心　　　　B. 外心　　　　C. 重心　　　　D. 垂心

8. 已知非零向量 $\overrightarrow{AB},\overrightarrow{AC}$ 满足 $\left(\dfrac{\overrightarrow{AB}}{|\overrightarrow{AB}|}+\dfrac{\overrightarrow{AC}}{|\overrightarrow{AC}|}\right)\cdot\overrightarrow{BC}=0$，且 $\dfrac{\overrightarrow{AB}}{|\overrightarrow{AB}|}\cdot\dfrac{\overrightarrow{AC}}{|\overrightarrow{AC}|}=\dfrac{1}{2}$，则 $\triangle ABC$ 为（　　）.
   A. 不等边三角形　　　　　　B. 直角三角形
   C. 非等边的等腰三角形　　　D. 等边三角形

9. 已知三个不共线的向量 $\overrightarrow{OA},\overrightarrow{OB},\overrightarrow{OC}$ 满足 $\overrightarrow{OA}\cdot\left(\dfrac{\overrightarrow{AB}}{|\overrightarrow{AB}|}+\dfrac{\overrightarrow{CA}}{|\overrightarrow{CA}|}\right)=\overrightarrow{OB}\cdot$

$\left(\dfrac{\overrightarrow{BA}}{|\overrightarrow{BA}|}+\dfrac{\overrightarrow{CB}}{|\overrightarrow{CB}|}\right)=\overrightarrow{OC}\cdot\left(\dfrac{\overrightarrow{CA}}{|\overrightarrow{CA}|}+\dfrac{\overrightarrow{BC}}{|\overrightarrow{BC}|}\right)=0$,则点 O 是 $\triangle ABC$ 的（　　）．

A．内心　　　　B．外心　　　　C．重心　　　　D．垂心

10．若点 P 满足 $\overrightarrow{OP}=\overrightarrow{OA}+\lambda\left(\dfrac{\overrightarrow{AB}}{|\overrightarrow{AB}|\sin B}+\dfrac{\overrightarrow{AC}}{|\overrightarrow{AC}|\sin C}\right)(\lambda\in\mathbf{R})$ 则动点 P 的轨迹通过 $\triangle ABC$ 的（　　）．

A．内心　　　　B．外心　　　　C．重心　　　　D．垂心

11．若点 P 满足 $\overrightarrow{OP}=\overrightarrow{OA}+\lambda\left(\dfrac{\overrightarrow{AB}}{|\overrightarrow{AB}|\cos B}+\dfrac{\overrightarrow{AC}}{|\overrightarrow{AC}|\cos C}\right)(\lambda\in\mathbf{R})$，则动点 P 的轨迹通过 $\triangle ABC$ 的（　　）．

A．内心　　　　B．外心　　　　C．重心　　　　D．垂心

12．若点 P 满足 $\overrightarrow{OP}=\dfrac{\overrightarrow{OB}+\overrightarrow{OC}}{2}+\lambda\left(\dfrac{\overrightarrow{AB}}{|\overrightarrow{AB}|\sin B}+\dfrac{\overrightarrow{AC}}{|\overrightarrow{AC}|\sin C}\right)(\lambda\in\mathbf{R})$，则动点 P 的轨迹通过 $\triangle ABC$ 的（　　）．

A．内心　　　　B．外心　　　　C．重心　　　　D．垂心

13．若点 P 满足 $\overrightarrow{OP}=\dfrac{\overrightarrow{OB}+\overrightarrow{OC}}{2}+\lambda\left(\dfrac{\overrightarrow{AB}}{|\overrightarrow{AB}|\cos B}+\dfrac{\overrightarrow{AC}}{|\overrightarrow{AC}|\cos C}\right)(\lambda\in\mathbf{R})$，则动点 P 的轨迹通过 $\triangle ABC$ 的（　　）．

A．内心　　　　B．外心　　　　C．重心　　　　D．垂心

14．已知 $x^2\overrightarrow{OA}+x\overrightarrow{OB}-\overrightarrow{OC}=\mathbf{0}(x\in\mathbf{R})$，且 A,B,C 三点共线，则满足条件的 x（　　）．

A．不存在　　　　　　　　B．仅有一个
C．仅有两个　　　　　　　D．以上情况均有可能

15．已知非零向量 $\overrightarrow{AB}$ 和 $\boldsymbol{a}$，过点 A 和 B 分别作向量 $\boldsymbol{a}$ 所在直线 l 的垂线，垂足分别为 C,D，则向量 $\overrightarrow{CD}$ 叫作向量 $\overrightarrow{AB}$ 在向量 $\boldsymbol{a}$ 方向上的射影，若向量 $\overrightarrow{AB}=\boldsymbol{b}$，则向量 $\overrightarrow{AB}$ 在向量 $\boldsymbol{a}$ 方向上的射影为（　　）．

A．$\dfrac{\boldsymbol{a}\cdot\boldsymbol{b}}{\boldsymbol{a}^2}\boldsymbol{a}$　　　B．$\dfrac{\boldsymbol{a}\cdot\boldsymbol{b}}{|\boldsymbol{a}|\cdot|\boldsymbol{b}|}\boldsymbol{a}$　　　C．$\dfrac{\boldsymbol{a}\cdot\boldsymbol{b}}{\boldsymbol{b}^2}\boldsymbol{a}$　　　D．$\dfrac{\boldsymbol{a}\cdot\boldsymbol{b}}{\boldsymbol{a}^2}\boldsymbol{b}$

16．下列命题中真命题的个数是_____．

(1) 若 $\boldsymbol{a},\boldsymbol{b}$ 共线，$\boldsymbol{b},\boldsymbol{c}$ 共线，则 $\boldsymbol{a},\boldsymbol{c}$ 共线．

(2) 在 $\square ABCD$ 中，有 $\overrightarrow{AB}=\overrightarrow{CD},\overrightarrow{BC}=\overrightarrow{DA}$．

(3) $\boldsymbol{a}=\boldsymbol{b}$ 的充要条件是 $|\boldsymbol{a}|=|\boldsymbol{b}|$ 且 $\boldsymbol{a}\parallel\boldsymbol{b}$．

(4) 若 $\lambda,\mu\in\mathbf{R},\lambda\boldsymbol{a}=\mu\boldsymbol{b}$，则 $\boldsymbol{a},\boldsymbol{b}$ 共线．

17．在正 $\triangle ABC$ 所在平面上有三点 P,Q,R 满足 $\overrightarrow{PA}+\overrightarrow{PB}+\overrightarrow{PC}=\overrightarrow{AB}$，$\overrightarrow{QA}+\overrightarrow{QB}+\overrightarrow{QC}=\overrightarrow{BC},\overrightarrow{RA}+\overrightarrow{RB}+\overrightarrow{RC}=\overrightarrow{CA}$，则 $\triangle PQR$ 与 $\triangle ABC$ 的面积之比为_____．

18. 已知点 O 为 $\triangle ABC$ 的外心，且 $\overrightarrow{OA}+\overrightarrow{OB}+\overrightarrow{CO}=\mathbf{0}$，则 $\angle BAC=$ _____.

19. 在 $\triangle ABC$ 中，$\overrightarrow{AB}\cdot\overrightarrow{AC}=|\overrightarrow{AB}-\overrightarrow{AC}|=2$.
(1) 求 $|\overrightarrow{AB}|^2+|\overrightarrow{AC}|^2$ 的值；
(2) 当 $\triangle ABC$ 的面积 S 最大时，求角 A 的大小.

20. 已知两点 $M(-1,0), N(1,0)$，且点 P 使 $\overrightarrow{MP}\cdot\overrightarrow{MN}, \overrightarrow{PM}\cdot\overrightarrow{PN}, \overrightarrow{NM}\cdot\overrightarrow{NP}$ 成递减的等差数列.
(1) 求点 P 的轨迹方程；
(2) 已知点 P 的坐标为 (x_0, y_0)，记 $<\overrightarrow{PM},\overrightarrow{PN}>=\theta$，求 $\tan\theta$.

21. 求函数 $f(x)=\sqrt{1+\sin x}+\sqrt{1-\sin x}+\sqrt{2+\sin x}+\sqrt{2-\sin x}+\sqrt{3+\sin x}+\sqrt{3-\sin x}$ 的最大值.

22. 已知 $\triangle ABC$ 内接于以 O 为圆心，1 为半径的圆，且 $3\overrightarrow{OA}+4\overrightarrow{OB}+5\overrightarrow{OC}=0$.
(1) 求 $\overrightarrow{OA}\cdot\overrightarrow{OB}, \overrightarrow{OB}\cdot\overrightarrow{OC}, \overrightarrow{OC}\cdot\overrightarrow{OA}$；
(2) 求 $\triangle ABC$ 的面积 S.

23. 如果射线 BA 与平面 α 相交于点 B，且与 α 内过点 B 的三条射线 BC, BD, BE 所成的角都相等，求证：$AB\perp\alpha$.

24. 若一个空间六边形（六个顶点不在同一平面内）的三组对边平行，求证：这三组对边的长分别相等.

25. (1) 在平面凸四边形 $ABCD$ 中，$\overrightarrow{AB}=a, \overrightarrow{BC}=b, \overrightarrow{CD}=c, \overrightarrow{DA}=d$，且 $a\cdot b=b\cdot c=c\cdot d=d\cdot a$，请判断四边形 $ABCD$ 的形状；
(2) 设 A, B, C, D 是平面上两两不重合的四个点，$\overrightarrow{AB}=a, \overrightarrow{BC}=b, \overrightarrow{CD}=c, \overrightarrow{DA}=d$，且 $a\cdot b=b\cdot c=c\cdot d=d\cdot a$，则四边形 $ABCD$ 或 $ABDC$ 或 $ACBD$ 是矩形.

26. 在周长为 16 的 $\triangle PMN$ 中，$MN=6$，求 $\overrightarrow{PM}\cdot\overrightarrow{PN}$ 的取值范围.

27. 在 $\triangle ABC$ 中，已知 $\overrightarrow{AB}^2=\overrightarrow{AB}\cdot\overrightarrow{AC}+\overrightarrow{BA}\cdot\overrightarrow{BC}+\overrightarrow{CA}\cdot\overrightarrow{CB}$，请按角判断 $\triangle ABC$ 的形状.

28. 设点 O 为坐标原点，点 A, B 分别在第一、二象限，非零向量 $\overrightarrow{OA}, \overrightarrow{OB}$ 与 x 轴正半轴的夹角分别为 $\dfrac{\pi}{6}$ 和 $\dfrac{2}{3}\pi$，且 $\overrightarrow{OA}+\overrightarrow{OB}+\overrightarrow{OC}=\mathbf{0}$，求 $\overrightarrow{OC}$ 与 x 轴正半轴的夹角的取值范围.

29. 已知向量 $\boldsymbol{a}=\left(\cos\dfrac{3}{2}x, \sin\dfrac{3}{2}x\right), \boldsymbol{b}=\left(\cos\dfrac{x}{2}, -\sin\dfrac{x}{2}\right), \boldsymbol{c}=(1,-1)$，其中 $x\in\left[-\dfrac{\pi}{2}, \dfrac{\pi}{2}\right]$. 求函数 $f(x)=(|\boldsymbol{a}+\boldsymbol{c}|^2-3)(|\boldsymbol{b}+\boldsymbol{c}|^2-3)$ 的最大值和最小值.

30. (1) 如图 1 所示, E 是 $\triangle ABC$ 的边 BC 的中点, 点 O 满足 $\overrightarrow{OA}+2\overrightarrow{OB}+3\overrightarrow{OC}=\mathbf{0}$, 求 $\triangle AEC$, $\triangle AOC$ 的面积之比;

(2) 如图 1 所示, D, E 分别是 $\triangle ABC$ 的边 AC, BC 的中点, 点 O 是线段 DE 的靠近点 E 的三等分点, 求 $\triangle AEC$, $\triangle AOC$ 的面积之比.

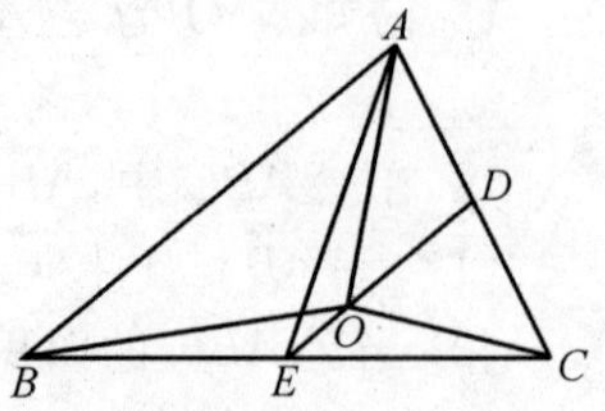

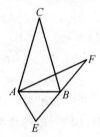

图 1

31. 设点 O 在 $\triangle ABC$ 内, 求证: $S_{\triangle BOC}\overrightarrow{OA}+S_{\triangle COA}\overrightarrow{OB}+S_{\triangle AOB}\overrightarrow{OC}=\mathbf{0}$.

32. 若 x, y 为共轭复数, 且 $(x+y)^2-3xyi=4-6i$, 求 $|x|+|y|$.

33. 已知点 O 是 $\triangle ABC$ 的外心, $AB=2, AC=3$, 若 $\overrightarrow{AO}=x\overrightarrow{AB}+y\overrightarrow{AC}, x+2y=1$, 求 $\cos\angle BAC, x, y$.

34. 如图 2, 在 $\triangle ABC$ 和 $\triangle AEF$ 中, B 是 EF 的中点, $AB=EF=1, CA=CB=2$. 若 $\overrightarrow{AB}\cdot\overrightarrow{AE}+\overrightarrow{AC}\cdot\overrightarrow{AF}=2$, 求 $\overrightarrow{EF}$ 与 $\overrightarrow{BC}$ 的夹角.

35. 已知非零向量 $\boldsymbol{a}, \boldsymbol{b}$ 满足 $|\boldsymbol{b}|=1, \boldsymbol{b}$ 与 $\boldsymbol{b}-\boldsymbol{a}$ 的夹角为 $30°$, 求 $|\boldsymbol{a}|$ 的取值范围.

36. 证明: (1) 若向量 $\boldsymbol{a}\parallel\boldsymbol{b}, \boldsymbol{c}\parallel\boldsymbol{d}, \boldsymbol{a}, \boldsymbol{c}$ 不共线, 且 $\boldsymbol{a}+\boldsymbol{c}=\boldsymbol{b}+\boldsymbol{d}$, 则 $\boldsymbol{a}=\boldsymbol{b}, \boldsymbol{c}=\boldsymbol{d}$;

(2) 三角形的三条中线交于一点, 且该点是中线的一个三等分点(远离三角形的顶点).

图 2

37. 圆心为 O 的圆上有两弦 AB 与 CD 垂直相交于点 P, 已知 $\overrightarrow{OP}=\boldsymbol{a}$, 求 $\overrightarrow{PA}+\overrightarrow{PB}+\overrightarrow{PC}+\overrightarrow{PD}$.

38. 已知 A, B 为半径为 1 的圆 O 上的定点, $\angle AOB$ 的大小为定值 $\alpha(0<\alpha<\pi)$, C 为圆 O 上的动点, $\overrightarrow{OC}=x\overrightarrow{OA}+y\overrightarrow{OB}(x,y\in\mathbf{R})$, 求 $x+y$ 的最大值.

39. (由 2011 年高考全国大纲卷理科第 12 题改编) 设向量 $\boldsymbol{a}, \boldsymbol{b}, \boldsymbol{c}$ 满足 $|\boldsymbol{a}|=|\boldsymbol{b}|=1, \boldsymbol{a}\cdot\boldsymbol{b}=-\dfrac{1}{2}, <\boldsymbol{a}-\boldsymbol{c}, \boldsymbol{b}-\boldsymbol{c}>=60°$, 求 $|\boldsymbol{c}|$ 的取值范围.

参考答案与提示

1. B.

2. C. 得 $\overrightarrow{AO}=\overrightarrow{OB}+\overrightarrow{OC}$, 作平行四边形 $BOCD$. 又设 BC 的中点为 E, 则 $\overrightarrow{AO}=2\overrightarrow{OE}$, 得 A, O, E 共线, 即点 O 在 $\triangle ABC$ 的中线 AE 所在的直线上.

同理, 点 O 也在 $\triangle ABC$ 的各边中线所在的直线上.

所以点 O 是 $\triangle ABC$ 的重心.

3. D. 设 $\overrightarrow{OA}=\boldsymbol{a}, \overrightarrow{OB}=\boldsymbol{b}, \overrightarrow{OC}=\boldsymbol{c}$, 得

$$a^2+(c-b)^2=b^2+(a-c)^2$$
$$c\cdot b=a\cdot c, c\cdot(b-a)=0, \overrightarrow{OC}\perp\overrightarrow{AB}$$

说明点 C 在 AB 边的高线上.

同理可得点 C 是 $\triangle ABC$ 三边上的高线的交点,即垂心.

4. C. 在 $\triangle ABC$ 中,设 BC 的中点为 E,则已知的向量式,即 $\overrightarrow{AP}=\lambda\overrightarrow{AE}$,得 A,P,E 共线,动点 P 的轨迹是 $\triangle ABC$ 的中线 AE 所在的直线.

5. D. 由 $\overrightarrow{PA}\cdot\overrightarrow{PB}=\overrightarrow{PB}\cdot\overrightarrow{PC}$,得 $\overrightarrow{PB}\cdot(\overrightarrow{PA}-\overrightarrow{PC})=\overrightarrow{PB}\cdot\overrightarrow{CA}=0,\overrightarrow{PB}\perp\overrightarrow{CA}$. 同理,有 $\overrightarrow{PC}\perp\overrightarrow{AB},\overrightarrow{PA}\perp\overrightarrow{BC}$. 所以选 D.

6. A. 已知的向量式,即

$$\overrightarrow{AP}=\lambda\left(\frac{\overrightarrow{AB}}{|\overrightarrow{AB}|}+\frac{\overrightarrow{AC}}{|\overrightarrow{AC}|}\right)\quad(\lambda\in\mathbf{R})$$

再注意到 $\dfrac{\overrightarrow{AB}}{|\overrightarrow{AB}|}$ 是与 $\overrightarrow{AB}$ 方向相同的单位向量,从而可得动点 P 的轨迹是 $\triangle ABC$ 的 $\angle A$ 的平分线所在的直线.

7. A. 由 $a\overrightarrow{OA}+b\overrightarrow{OB}+c\overrightarrow{OC}=\mathbf{0}, \overrightarrow{OB}=\overrightarrow{OA}+\overrightarrow{AB}, \overrightarrow{OC}=\overrightarrow{OA}+\overrightarrow{AC}$,得

$$(a+b+c)\overrightarrow{OA}+b\overrightarrow{AB}+c\overrightarrow{AC}=\mathbf{0}$$

$$\overrightarrow{AO}=\frac{bc}{a+b+c}\left(\frac{\overrightarrow{AB}}{|\overrightarrow{AB}|}+\frac{\overrightarrow{AC}}{|\overrightarrow{AC}|}\right)$$

可得点 O 在 $\triangle ABC$ 的 $\angle A$ 的平分线所在的直线上.

同理可得点 O 在 $\triangle ABC$ 的 $\angle B, \angle C$ 的平分线所在的直线上.

8. D. 由 $\left(\dfrac{\overrightarrow{AB}}{|\overrightarrow{AB}|}+\dfrac{\overrightarrow{AC}}{|\overrightarrow{AC}|}\right)\cdot\overrightarrow{BC}=0$ 知,$\triangle ABC$ 的 $\angle A$ 的平分线与 BC 垂直,所以 $|\overrightarrow{AB}|=|\overrightarrow{AC}|$.

又 $\cos A=\dfrac{\overrightarrow{AB}}{|\overrightarrow{AB}|}\cdot\dfrac{\overrightarrow{AC}}{|\overrightarrow{AC}|}=\dfrac{1}{2}, A=\dfrac{\pi}{3}$,得等边 $\triangle ABC$.

9. A. 因为向量 $\dfrac{\overrightarrow{AB}}{|\overrightarrow{AB}|}+\dfrac{\overrightarrow{CA}}{|\overrightarrow{CA}|}$ 与 $\triangle ABC$ 的 $\angle A$ 的外角平分线平行. 再由 $\overrightarrow{OA}\cdot\left(\dfrac{\overrightarrow{AB}}{|\overrightarrow{AB}|}+\dfrac{\overrightarrow{CA}}{|\overrightarrow{CA}|}\right)=0$ 知,点 O 在 $\triangle ABC$ 的 $\angle A$ 的平分线所在的直线上. 从而可知选 A.

10. C. 在 $\triangle ABC$ 中,作 $AD\perp BC$ 于点 D,设 BC 的中点为 E,则

$$\frac{\overrightarrow{AB}}{|\overrightarrow{AB}|\sin B}+\frac{\overrightarrow{AC}}{|\overrightarrow{AC}|\sin C}=\frac{\overrightarrow{AB}+\overrightarrow{AC}}{|\overrightarrow{AD}|}=\frac{2\overrightarrow{AE}}{|\overrightarrow{AD}|}$$

再由题设,得 $\overrightarrow{AP}=\dfrac{2\lambda\overrightarrow{AE}}{|\overrightarrow{AD}|}(\lambda\in\mathbf{R}), A,P,E$ 共线,可得动点 P 的轨迹是 $\triangle ABC$ 的中线 AE 所在的直线. 所以选 C.

11. D. 得 $\overrightarrow{AP} = \lambda \left(\dfrac{\overrightarrow{AB}}{|\overrightarrow{AB}|\cos B} + \dfrac{\overrightarrow{AC}}{|\overrightarrow{AC}|\cos C} \right) (\lambda \in \mathbf{R})$，又

$$\overrightarrow{AP} \cdot \overrightarrow{BC} = \lambda \left(\dfrac{\overrightarrow{AB}}{|\overrightarrow{AB}|\cos B} + \dfrac{\overrightarrow{AC}}{|\overrightarrow{AC}|\cos C} \right) \cdot \overrightarrow{BC} =$$

$$\lambda \left(\dfrac{|\overrightarrow{AB}| \cdot |\overrightarrow{BC}|\cos(\pi - B)}{|\overrightarrow{AB}|\cos B} + \dfrac{|\overrightarrow{AC}| \cdot |\overrightarrow{BC}|\cos C}{|\overrightarrow{AC}|\cos C} \right) =$$

$$-|\overrightarrow{BC}| + |\overrightarrow{BC}| = 0$$

所以 $\overrightarrow{AP} \perp \overrightarrow{BC}$，选 D.

12. C. 在 $\triangle ABC$ 中，作 $AD \perp BC$ 于点 D，设边 BC 的中点为 E，则

$$\overrightarrow{OP} - \dfrac{\overrightarrow{OB} + \overrightarrow{OC}}{2} = \overrightarrow{OP} - \overrightarrow{OE} = \overrightarrow{EP}$$

$$\dfrac{\overrightarrow{AB}}{|\overrightarrow{AB}|\sin B} + \dfrac{\overrightarrow{AC}}{|\overrightarrow{AC}|\sin C} = \dfrac{\overrightarrow{AB} + \overrightarrow{AC}}{|\overrightarrow{AD}|} = \dfrac{2\overrightarrow{AE}}{|\overrightarrow{AD}|}$$

所以 $\overrightarrow{EP} \parallel \overrightarrow{AE}$，点 P 的轨迹是 $\triangle ABC$ 的中线 AE 所在的直线，选 C.

13. B. 可证 $\left(\dfrac{\overrightarrow{AB}}{|\overrightarrow{AB}|\cos B} + \dfrac{\overrightarrow{AC}}{|\overrightarrow{AC}|\cos C} \right) \perp \overrightarrow{BC}$，再得 $\overrightarrow{EP} \perp \overrightarrow{BC}$（其中 E 是边 BC 的中点），说明点 P 的轨迹是边 BC 的中垂线，选 B.

14. C. 由题设得 $x^2 + x - 1 = 0, x = \dfrac{-1 \pm \sqrt{5}}{2}$.

15. A. 向量 $\overrightarrow{AB}$ 在向量 $\boldsymbol{a}$ 方向上的投影为 $|\boldsymbol{b}| \cdot \dfrac{\boldsymbol{a} \cdot \boldsymbol{b}}{|\boldsymbol{a}| \cdot |\boldsymbol{b}|} = \dfrac{\boldsymbol{a} \cdot \boldsymbol{b}}{|\boldsymbol{a}|}$，射影为 $\dfrac{\boldsymbol{a} \cdot \boldsymbol{b}}{|\boldsymbol{a}|} \cdot \dfrac{\boldsymbol{a}}{|\boldsymbol{a}|} = \dfrac{\boldsymbol{a} \cdot \boldsymbol{b}}{\boldsymbol{a}^2} \boldsymbol{a}$.

16. 0.

17. 1∶3. 由 $\overrightarrow{PA} + \overrightarrow{PB} + \overrightarrow{PC} = \overrightarrow{AB}$，得 $\overrightarrow{PA} + \overrightarrow{PC} = \overrightarrow{AP}$，$\overrightarrow{PC} = 2\overrightarrow{AP}$. 同理还可得 $\overrightarrow{QA} = 2\overrightarrow{BQ}$，$\overrightarrow{RB} = 2\overrightarrow{CR}$. 所以

$$\dfrac{S_{\triangle APQ}}{S_{\triangle ABC}} = \dfrac{\frac{1}{2} AP \cdot AQ \sin 60°}{\frac{1}{2} AB \cdot AC \sin 60°} = \dfrac{AP}{AC} \cdot \dfrac{AQ}{AB} = \dfrac{1}{3} \cdot \dfrac{2}{3} = \dfrac{2}{9}, S_{\triangle APQ} = \dfrac{2}{9} S_{\triangle ABC}$$

同理，有 $S_{\triangle BQR} = \dfrac{2}{9} S_{\triangle ABC}$，$S_{\triangle CPR} = \dfrac{2}{9} S_{\triangle ABC}$，所以 $\dfrac{S_{\triangle PQR}}{S_{\triangle ABC}} = 1 - \dfrac{2}{9} \times 3 = \dfrac{1}{3}$.

18. 30°. 得 $\overrightarrow{OA} + \overrightarrow{OB} = \overrightarrow{OC}$，再得菱形 $OACB$，又正 $\triangle OAC$，所以 $\angle BAC = \dfrac{1}{2} \angle OAC = 30°$.

19. (1) 得 $4 = |\overrightarrow{AB} - \overrightarrow{AC}|^2 = |\overrightarrow{AB}|^2 + |\overrightarrow{AC}|^2 - 2\overrightarrow{AB} \cdot \overrightarrow{AC} = |\overrightarrow{AB}|^2 + |\overrightarrow{AC}|^2 - 4, |\overrightarrow{AB}|^2 + |\overrightarrow{AC}|^2 = 8$.

(2) 可得 $2 = \overrightarrow{AB} \cdot \overrightarrow{AC} = |\overrightarrow{AB}| \cdot |\overrightarrow{AC}| \cos A$, $|\overrightarrow{AB}| \cdot |\overrightarrow{AC}| = \dfrac{2}{\cos A}$, $S = \dfrac{1}{2}|\overrightarrow{AB}| \cdot |\overrightarrow{AC}| \sin A = \tan A$.

又 $8 = |\overrightarrow{AB}|^2 + |\overrightarrow{AC}|^2 \geqslant 2|\overrightarrow{AB}| \cdot |\overrightarrow{AC}|$, $4 \geqslant |\overrightarrow{AB}| \cdot |\overrightarrow{AC}| = \dfrac{2}{\cos A}$, $\cos A \geqslant \dfrac{1}{2}$, $0 < A \leqslant \dfrac{\pi}{3}$, 所以当 S 最大时,求角 $A = \dfrac{\pi}{3}$.

20. (1) 设 $P(x,y)$,可得 $\overrightarrow{MP} \cdot \overrightarrow{MN} = 2(1+x)$, $\overrightarrow{PM} \cdot \overrightarrow{PN} = x^2 + y^2 - 1$, $\overrightarrow{NM} \cdot \overrightarrow{NP} = 2(1-x)$.

再由题设可求得点 P 的轨迹方程是 $x^2 + y^2 = 3(x > 0)$.

(2) 得 $\overrightarrow{PM} = (-1-x_0, -y_0)$, $\overrightarrow{PN} = (1-x_0, -y_0)$. 再由 $x_0^2 + y_0^2 = 3$ 可求得

$$\cos \theta = \cdots = \dfrac{x_0^2 - 1 + y_0^2}{\sqrt{[(1+x_0)^2 + y_0^2][(1-x_0)^2 + y_0^2]}} = \dfrac{\cdot 2}{\sqrt{(4+2x_0)(4-2x_0)}} = \dfrac{1}{\sqrt{4-x_0^2}}$$

由 $0 < x_0 \leqslant \sqrt{3}$ 可得 $\dfrac{1}{2} < \cos \theta \leqslant 1$, $0 \leqslant \theta < \dfrac{\pi}{3}$,所以

$$\sin \theta = \sqrt{1 - \cos^2 \theta} = \sqrt{\dfrac{3 - x_0^2}{4 - x_0^2}}, \tan \theta = \dfrac{\sin \theta}{\cos \theta} = \sqrt{3 - x_0^2} = |y_0|$$

21. 设
$$\boldsymbol{a}_1 = (\sqrt{1+\sin x}, \sqrt{1-\sin x})$$
$$\boldsymbol{a}_2 = (\sqrt{1-\sin x}, \sqrt{1+\sin x})$$
$$\boldsymbol{a}_3 = (\sqrt{2+\sin x}, \sqrt{2-\sin x})$$
$$\boldsymbol{a}_4 = (\sqrt{2-\sin x}, \sqrt{2+\sin x})$$
$$\boldsymbol{a}_5 = (\sqrt{3+\sin x}, \sqrt{3-\sin x})$$
$$\boldsymbol{a}_6 = (\sqrt{3-\sin x}, \sqrt{3+\sin x})$$

则
$$\boldsymbol{a}_1 + \boldsymbol{a}_2 + \boldsymbol{a}_3 + \boldsymbol{a}_4 + \boldsymbol{a}_5 + \boldsymbol{a}_6 = (f(x), f(x))$$
$$|\boldsymbol{a}_1 + \boldsymbol{a}_2 + \boldsymbol{a}_3 + \boldsymbol{a}_4 + \boldsymbol{a}_5 + \boldsymbol{a}_6| = f(x) \cdot \sqrt{2}$$
$$|\boldsymbol{a}_1| + |\boldsymbol{a}_2| + |\boldsymbol{a}_3| + |\boldsymbol{a}_4| + |\boldsymbol{a}_5| + |\boldsymbol{a}_6| = 2(\sqrt{2} + 2 + \sqrt{6}) \geqslant f(x) \cdot \sqrt{2}$$
$$f(x) \leqslant 2(1 + \sqrt{2} + \sqrt{3})$$

并且当且仅当

$$\dfrac{\sqrt{1+\sin x}}{\sqrt{1-\sin x}} = \dfrac{\sqrt{1-\sin x}}{\sqrt{1+\sin x}} = \dfrac{\sqrt{2+\sin x}}{\sqrt{2-\sin x}} = \dfrac{\sqrt{2-\sin x}}{\sqrt{2+\sin x}} =$$

$$\frac{\sqrt{3+\sin x}}{\sqrt{3-\sin x}} = \frac{\sqrt{3-\sin x}}{\sqrt{3+\sin x}}$$

即 $\sin x = 0$ 也即 $x = k\pi (k \in \mathbf{Z})$ 时取等号. 所以所求最大值为 $2(1+\sqrt{2}+\sqrt{3})$.

22. (1) 可得 $3\overrightarrow{OA} + 4\overrightarrow{OB} = -5\overrightarrow{OC}$, 两边平方, 得
$$9\overrightarrow{OA}^2 + 24\overrightarrow{OA} \cdot \overrightarrow{OB} + 16\overrightarrow{OB}^2 = 25\overrightarrow{OC}^2$$

又 $\overrightarrow{OA}^2 = \overrightarrow{OB}^2 = \overrightarrow{OC}^2 = 1$, 所以 $\overrightarrow{OA} \cdot \overrightarrow{OB} = 0$.

同理, 可求得 $\overrightarrow{OB} \cdot \overrightarrow{OC} = -\frac{4}{5}, \overrightarrow{OC} \cdot \overrightarrow{OA} = -\frac{3}{5}$.

(2) 因为 $\overrightarrow{OA} \cdot \overrightarrow{OB} = 0$, 所以 $\overrightarrow{OA} \perp \overrightarrow{OB}, S_{\triangle OAB} = \frac{1}{2}|\overrightarrow{OA}||\overrightarrow{OB}| = \frac{1}{2}$.

由 $\overrightarrow{OB} \cdot \overrightarrow{OC} = -\frac{4}{5}$, 可得

$$\cos \angle BOC = -\frac{4}{5}, \sin \angle BOC = \frac{3}{5}, S_{\triangle OBC} = \frac{1}{2}|\overrightarrow{OB}||\overrightarrow{OC}|\sin \angle BOC = \frac{3}{10}.$$

同理, 可求得 $S_{\triangle OCA} = \frac{2}{5}$.

又因为 $\angle BOC, \angle COA$ 均为钝角, $\angle AOB$ 为直角, 所以点 O 在 $\triangle ABC$ 的内部, 得

$$S = S_{\triangle OAB} + S_{\triangle OBC} + S_{\triangle OCA} = \frac{6}{5}.$$

23. 可不妨设 $|\overrightarrow{BC}| = |\overrightarrow{BD}| = |\overrightarrow{BE}|$, 得
$$\overrightarrow{BA} \cdot \overrightarrow{BC} = \overrightarrow{BA} \cdot \overrightarrow{BD} = \overrightarrow{BA} \cdot \overrightarrow{BE}$$
$$\overrightarrow{BA} \cdot (\overrightarrow{BC} - \overrightarrow{BD}) = 0, \overrightarrow{BA} \cdot \overrightarrow{DC} = 0, BA \perp DC.$$

同理, 有 $BA \perp ED$, 所以 $BA \perp$ 面 EDC, 即 $AB \perp \alpha$.

另证 可不妨设 $BC = BD = BE$, 得以 B 为圆心, BC 为半径的圆过点 C, D, E.

易证 $\triangle ABC \cong \triangle ABD \cong \triangle ABE$, 所以 $AC = AD = AE$.

作 $AO \perp \alpha$ 于点 O, 由 $AC = AD = AE$, 得 $OC = OD = OE$, 所以以 O 为圆心, OC 为半径的圆过点 C, D, E.

这样, 不在同一直线上的三点 C, D, E 在上面的两个圆上, 所以这两个圆重合, 得点 B, O 重合, 所以 $AB \perp \alpha$.

24. 设该空间六边形的六条边对应的向量依次为 a, b, c, d, e, f (它们首尾顺次相接), 得 $a + b + c + d + e + f = \mathbf{0}$. 因为 $a \parallel d, b \parallel e, c \parallel f$, 所以存在非零实数 k, l, m, 使 $d = ka, e = lb, f = mc$, 所以 $(k+1)a + (l+1)b + (m+1)c = \mathbf{0}$.

可用反证法证得 a, b, c 不共面, 所以 $k = l = m = -1, |d| = |a|, |e| =$

$|b|$,$|f|=|c|$,即欲证成立.

25.(1) 由 $a \cdot b = b \cdot c$,得 $b \cdot (a-c) = 0$.同理,有 $d \cdot (a-c) = 0$.

若 $a-c=0$,得 $a=c$,即 $\overrightarrow{AB}=\overrightarrow{CD}$,这将与"平面凸四边形 ABCD"矛盾!所以 $a-c \neq 0$.

又 $b \perp (a-c)$, $d \perp (a-c)$,所以 $b \mathbin{/\mkern-6mu/} d$.同理,有 $a \mathbin{/\mkern-6mu/} c$.得平行四边形 ABCD.

由 $a \mathbin{/\mkern-6mu/} c, b \perp (a-c)$,得 $b \perp a$,所以平面凸四边形 ABCD 是矩形.

(1) 的另解   由 $a \cdot b = b \cdot c = c \cdot d = d \cdot a$,得

$$a \cdot b = b \cdot c = c \cdot d = d \cdot a = \frac{a \cdot b + b \cdot c + c \cdot d + d \cdot a}{4} =$$

$$\frac{(a+c) \cdot (b+d)}{4} =$$

$$-\frac{(a+c)^2}{4} \leqslant 0 \quad (因为 a+b+c+d=0)$$

因为 $a \cdot b \leqslant 0$,所以 $\angle B \leqslant 90°$.

同理,可得平面凸四边形 ABCD 的四个内角均不大于 $90°$,它们的和不大于 $360°$.

而平面凸四边的内角和等于 $360°$,所以其各角均为 $90°$,平面凸四边形 ABCD 是矩形.

(2)① 若 $a=c$,得平行四边形 ABDC.

由 $b \cdot c = c \cdot d$,得 $c \cdot (b-d) = 0$,即

$$\overrightarrow{CD} \cdot (\overrightarrow{BD} + \overrightarrow{DC} + \overrightarrow{AB} + \overrightarrow{BD}) = \overrightarrow{CD} \cdot 2\overrightarrow{BD} = 0, \overrightarrow{CD} \perp \overrightarrow{BD}$$

所以有矩形 ABDC.

② 若 $b=d$,同理可得矩形 ACBD.

③ 若 $a \neq c$ 且 $b \neq d$,同原题目的证明,可得得矩形 ABCD.

26. 由余弦定理,得

$$2\overrightarrow{PM} \cdot \overrightarrow{PN} = 2|\overrightarrow{PM}||\overrightarrow{PN}| \cos P = |\overrightarrow{PM}|^2 + |\overrightarrow{PN}|^2 - |\overrightarrow{MN}|^2 =$$
$$(10 - |\overrightarrow{PN}|)^2 + |\overrightarrow{PN}|^2 - 6^2$$
$$\overrightarrow{PM} \cdot \overrightarrow{PN} = (|\overrightarrow{PN}| - 5)^2 + 7$$

可不妨设 $|\overrightarrow{PM}| \geqslant |\overrightarrow{PN}|$,得 $0 < |\overrightarrow{PN}| \leqslant 5$.三边 $|\overrightarrow{PM}|, |\overrightarrow{PN}|, |\overrightarrow{MN}|$ 能组成三角形的充要条件是 $|\overrightarrow{PN}| + |\overrightarrow{MN}| > |\overrightarrow{PM}|$,即 $|\overrightarrow{PN}| + 6 > 10 - |\overrightarrow{PN}|$,得 $|\overrightarrow{PN}|$ 的取值范围是 $(2,5]$.

从而可求得 $\overrightarrow{PM} \cdot \overrightarrow{PN}$ 的取值范围是 $[7,16)$.

另解   因为 $|PM| + |PN| = 10 > |MN| = 6$,所以点 P 的轨迹是以点 M, N 为焦点,10 为长轴长的椭圆(但点 P 不能在直线 MN 上).

以有向线段 MN 所在的直线为 x 轴,线段 MN 的中垂线为 y 轴,建立平面

直角坐标系,得 $M(-3,0)$,$N(3,0)$,点 P 的轨迹方程是 $\dfrac{x^2}{25}+\dfrac{y^2}{16}=1(y\neq 0)$,所以可设 $P(5\cos\alpha,4\sin\alpha)(\sin\alpha\neq 0)$,得

$$\overrightarrow{PM}\cdot\overrightarrow{PN}=\overrightarrow{MP}\cdot\overrightarrow{NP}=\cdots=16-9\sin^2\alpha$$

从而可求得 $\overrightarrow{PM}\cdot\overrightarrow{PN}$ 的取值范围是 $[7,16)$.

27. 设 $|\overrightarrow{BC}|=a$,$|\overrightarrow{CA}|=b$,$|\overrightarrow{AB}|=c$,得题设即

$$2c^2=2bc\cos A+2ca\cos B+2ab\cos C$$

再由余弦定理,得

$$2c^2=(b^2+c^2-a^2)+(c^2+a^2-b^2)+(a^2+b^2-c^2)$$
$$a^2+b^2=c^2$$

所以 $\triangle ABC$ 是直角三角形.

28. 可不妨设 $|\overrightarrow{OA}|=2$,$|\overrightarrow{OB}|=2k(k>0)$,得 $A(\sqrt{3},1)$,$B(-k,\sqrt{3}k)$. 再由 $\overrightarrow{OA}+\overrightarrow{OB}+\overrightarrow{OC}=\mathbf{0}$,得 $C(k-\sqrt{3},-\sqrt{3}k-1)$. 设 $\overrightarrow{OC}$ 与 x 轴正半轴的夹角为 θ.

(1) 当 $k=\sqrt{3}$ 时,$\theta=\dfrac{\pi}{2}$.

(2) 当 $k>0$ 且 $k\neq\sqrt{3}$ 时,$\tan\theta=\dfrac{-\sqrt{3}k-1}{k-\sqrt{3}}=-\sqrt{3}-\dfrac{4}{k-\sqrt{3}}$,得

$$\tan\theta\in(-\infty,-\sqrt{3})\cup\left(\dfrac{\sqrt{3}}{3},+\infty\right),\theta\in\left(\dfrac{\pi}{2},\dfrac{2}{3}\pi\right)\cup\left(\dfrac{\pi}{6},\dfrac{\pi}{2}\right)$$

所以 $\overrightarrow{OC}$ 与 x 轴正半轴的夹角的取值范围是 $\left(\dfrac{\pi}{6},\dfrac{2}{3}\pi\right)$.

29. $|\boldsymbol{a}+\boldsymbol{c}|^2=\boldsymbol{a}^2+\boldsymbol{c}^2+2\boldsymbol{a}\cdot\boldsymbol{c}=3+2\left(\cos\dfrac{3}{2}x-\sin\dfrac{3}{2}x\right)$

$$|\boldsymbol{b}+\boldsymbol{c}|^2=3+2\left(\cos\dfrac{x}{2}+\sin\dfrac{x}{2}\right)$$

$f(x)=4\left(\cos\dfrac{3}{2}x-\sin\dfrac{3}{2}x\right)\left(\cos\dfrac{x}{2}+\sin\dfrac{x}{2}\right)=$

$4\left(\cos\dfrac{3}{2}x\cos\dfrac{x}{2}-\sin\dfrac{3}{2}x\sin\dfrac{x}{2}+\sin\dfrac{x}{2}\cos\dfrac{3}{2}x-\cos\dfrac{x}{2}\sin\dfrac{3}{2}x\right)=$

$4(\cos 2x-\sin x)=$

$4(-2\sin^2 x-\sin x+1)$

从而可得,函数 $f(x)$ 的最大值和最小值分别是 $\dfrac{9}{2}$ 和 -8.

30. (1) 如图3,作 $\overrightarrow{OB'}=2\overrightarrow{OB}$,$\overrightarrow{OC'}=3\overrightarrow{OC}$,得 $\overrightarrow{OA}+\overrightarrow{OB'}+\overrightarrow{OC'}=\mathbf{0}$,所以点 O 是 $\triangle ABC$ 的重心,得 $S_{\triangle OAB'}=S_{\triangle OB'C'}=S_{\triangle OAC'}$,即 $2S_{\triangle OAB}=6S_{\triangle OBC}=3S_{\triangle OAC}$. 设 $S_{\triangle OAC}=2$,得

$$S_{\triangle OAB}=3, S_{\triangle OBC}=1, S_{\triangle OBE}=S_{\triangle OCE}=\frac{1}{2}$$

所以

$$S_{\triangle AEC}=\frac{1}{2}S_{\triangle ABC}=3, \frac{S_{\triangle AEC}}{S_{\triangle AOC}}=\frac{3}{2}$$

(2) 如图 4,作 $OH \perp AC$ 于点 H,$EH' \perp AC$ 于点 H',可得

$$\frac{S_{\triangle AEC}}{S_{\triangle AOC}}=\frac{EH'}{OH}=\frac{ED}{OD}=\frac{3}{2}$$

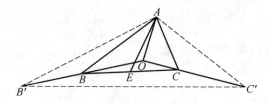
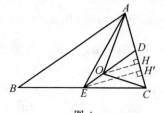

图 3　　　　　　　　　图 4

31. 设与 $\overrightarrow{OA},\overrightarrow{OB},\overrightarrow{OC}$ 方向相同的单位向量分别是 a,b,c,得
$2(S_{\triangle BOC}\overrightarrow{OA}+S_{\triangle COA}\overrightarrow{OB}+S_{\triangle AOB}\overrightarrow{OC})=$
$|\overrightarrow{OB}|\cdot|\overrightarrow{OC}|\cdot|\overrightarrow{OA}|a\sin\angle BOC+$
$|\overrightarrow{OC}|\cdot|\overrightarrow{OA}|\cdot|\overrightarrow{OB}|b\sin\angle COA+|\overrightarrow{OA}|\cdot|\overrightarrow{OB}|\cdot|\overrightarrow{OC}|c\sin\angle AOB=$
$|\overrightarrow{OB}|\cdot|\overrightarrow{OC}|\cdot|\overrightarrow{OA}|(a\sin\angle BOC+b\sin\angle COA+c\sin\angle AOB)$

设 $a\sin\angle BOC+b\sin\angle COA+c\sin\angle AOB=x$,得
$x\cdot a=\sin\angle BOC+\cos\angle AOB\sin\angle COA+\cos\angle COA\sin\angle AOB=$
$\sin\angle BOC+\sin(2\pi-\angle BOC)=0$

同理有 $x\cdot b=0$. 又 a,b 不共线,所以可设 $x=\lambda a+\mu b(\lambda,\mu\in \mathbf{R})$,得
$$x^2=(\lambda a+\mu b)\cdot x=\lambda a\cdot x+\mu b\cdot x=0, x=\mathbf{0}$$

所以欲证成立.

32. 可得 $x+y=\pm 2, xy=2$,解得
$(x,y)=(1+\mathrm{i},1-\mathrm{i}),(1-\mathrm{i},1+\mathrm{i}),(-1+\mathrm{i},-1-\mathrm{i}),(-1-\mathrm{i},-1+\mathrm{i})$
所以均有 $|x|+|y|=2\sqrt{2}$.

33. (1) 当 $x=0$ 时,$y=\frac{1}{2}$,$\angle B=90°$,$\cos\angle BAC=\frac{2}{3}$.

(2) 当 $x\neq 0$ 时,由 $\overrightarrow{AO}=\overrightarrow{AC}+\overrightarrow{CO}=x\overrightarrow{AB}+y\overrightarrow{AC}$,得 $\overrightarrow{CO}=x\overrightarrow{AB}+(y-1)\overrightarrow{AC}$,所以
$|\overrightarrow{AO}|^2=x^2|\overrightarrow{AB}|^2+y^2|\overrightarrow{AC}|^2+2xy|\overrightarrow{AB}|\cdot|\overrightarrow{AC}|\cos\angle BAC$
$|\overrightarrow{CO}|^2=x^2|\overrightarrow{AB}|^2+(y-1)^2|\overrightarrow{AC}|^2+$
$\qquad 2x(y-1)|\overrightarrow{AB}|\cdot|\overrightarrow{AC}|\cos\angle BAC$

再由 $|\overrightarrow{AO}|=|\overrightarrow{CO}|$，$|\overrightarrow{AB}|=2$，$|\overrightarrow{AC}|=3$，$x+2y=1$，$x\neq 0$，可得 $\cos\angle BAC=\frac{3}{4}$.

由余弦定理，可求得 $BC=2$. 再由正弦定理，可求得 $OA=OC=\frac{4}{\sqrt{7}}$. 再解方程组，可求得 $(x,y)=\left(\frac{1}{7},\frac{3}{7}\right)$ 或 $\left(-\frac{1}{7},\frac{4}{7}\right)$.

34. 如图 5 建立平面直角坐标系. 得各点的坐标为 $A(-1,0)$, $B(0,0)$, $C\left(-\frac{1}{2},\frac{\sqrt{15}}{2}\right)$, 设 $F(a,b)$, 得 $E(-a,-b)$. 由题设的向量等式，可得 $-\frac{a}{2}+\frac{\sqrt{15}b}{2}=\frac{1}{2}$.

再由 $\overrightarrow{BF}\cdot\overrightarrow{BC}=|\overrightarrow{BF}|\cdot|\overrightarrow{BC}|\cos<\overrightarrow{EF},\overrightarrow{BC}>$, 得 $-\frac{a}{2}+\frac{\sqrt{15}b}{2}=\frac{1}{2}\cdot 2\cos<\overrightarrow{EF},\overrightarrow{BC}>$, 即

$$\cos<\overrightarrow{EF},\overrightarrow{BC}>=\frac{1}{2}$$

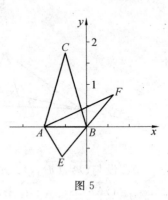

图 5

所以 $<\overrightarrow{EF},\overrightarrow{BC}>=\frac{\pi}{3}$.

35. 设 $|\boldsymbol{b}-\boldsymbol{a}|=t$，在 $\boldsymbol{a},\boldsymbol{b},\boldsymbol{b}-\boldsymbol{a}$ 组成的三角形中使用余弦定理，得 $|\boldsymbol{a}|^2=t^2+1-\sqrt{3}t$，由此可求得 $|\boldsymbol{a}|$ 的取值范围是 $\left[\frac{1}{2},+\infty\right)$.

36. (1) 可设 $\boldsymbol{b}=\lambda\boldsymbol{a}$，$\boldsymbol{d}=\mu\boldsymbol{c}$，且得 $\boldsymbol{a}+\boldsymbol{c}=\boldsymbol{b}+\boldsymbol{d}=\lambda\boldsymbol{a}+\mu\boldsymbol{c}$. 由平面向量基本定理，得 $\boldsymbol{a}=\lambda\boldsymbol{a}$，$\boldsymbol{c}=\mu\boldsymbol{c}$，即 $\lambda=\mu=1$，所以 $\boldsymbol{a}=\boldsymbol{b}$，$\boldsymbol{c}=\boldsymbol{d}$.

(2) 如图 6，可设 $\triangle ABC$ 的中线 BE，CF 交于点 G，有
$$\overrightarrow{BC}=\overrightarrow{BG}+\overrightarrow{GC}$$
$$\overrightarrow{BC}=2\overrightarrow{FE}=2\overrightarrow{FG}+2\overrightarrow{GE}$$

所以 $\overrightarrow{BG}+\overrightarrow{GC}=2\overrightarrow{FG}+2\overrightarrow{GE}$，由结论(1)，得 $\overrightarrow{BG}=2\overrightarrow{GE}$，$\overrightarrow{GC}=2\overrightarrow{FG}$，即三角形任意两条中线的交点是每条中线的一个三等分点(远离三角形的顶点)，由此可得三角形的三条中线交于一点，即欲证成立.

37. 如图 7，在弦 AB，CD 上分别截取 $EB=AP$，$GD=CP$，过点 E，G 分别作弦 $GK\parallel CD$，$HI\parallel AB$，得矩形 $EFGP$，且其中心为圆心 O，所以
$$\overrightarrow{PA}+\overrightarrow{PB}+\overrightarrow{PC}+\overrightarrow{PD}=(\overrightarrow{PA}+\overrightarrow{PB})+(\overrightarrow{PC}+\overrightarrow{PD})=\overrightarrow{PE}+\overrightarrow{PG}=$$
$$2\overrightarrow{PO}=-2\boldsymbol{a}$$

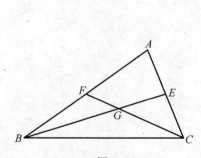
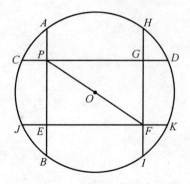

图6   图7

38. 如图8,设直线 AB,OC 交于点 D,可设 $\lambda\overrightarrow{OD}=\overrightarrow{OC}=x\overrightarrow{OA}+y\overrightarrow{OB}$,所以 $\overrightarrow{OD}=\dfrac{x}{\lambda}\overrightarrow{OA}+\dfrac{y}{\lambda}\overrightarrow{OB}$. 因为三点 A,B,D 共线,所以 $\dfrac{x}{\lambda}+\dfrac{y}{\lambda}=1, x+y=\lambda=\pm\dfrac{|\overrightarrow{OC}|}{|\overrightarrow{OD}|}=\pm\dfrac{1}{|\overrightarrow{OD}|}$.

所以,若 $x+y$ 取到最大值,则 $x+y=\dfrac{1}{|\overrightarrow{OD}|}$ 且 $|\overrightarrow{OD}|$ 取到最小值 $\cos\dfrac{\alpha}{2}$ (垂线段最短). 得 $x+y$ 的最大值是 $\sec\dfrac{\alpha}{2}$.

39. 设 $\overrightarrow{OA}=\boldsymbol{a},\overrightarrow{OB}=\boldsymbol{b},\overrightarrow{OC}=\boldsymbol{c}$,由图9可知:点 C 可在两段优弧上(但不包括端点),所以 $|\boldsymbol{c}|$ 的取值范围是 $[1,2]$.

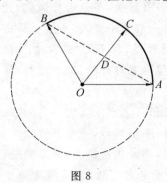
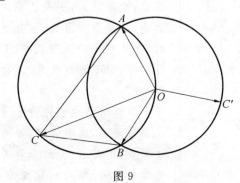

图8   图9

◎ 编辑手记

谁是甘志国，凭什么给他出这么多书？

红学家周汝昌在其《献芹集》之《椽笔谁能写雪芹》中对曹雪芹是这样评价的：

"……曹雪芹，前无古人，后无来者：家门显赫，不是纨袴膏粱；文采风流，不是江南才子．却召辞荣，不是山林高隐；诗朋酒侣，不是措大穷酸．他异乎所有一般儒士文人．不同于得志当时、弯弓耀马的满洲武勇．他思想叛逆，但不是'造反者'；他生计穷愁，但不是叫化儿．其为"类型"，颇称奇特；欲加理解，实费揣摩．"

仿此笔者也来评价一下甘志国：

甘志国，前有古人，后有来者：学识渊博，不是书香门第；著述等身，不是名校高才；奇思妙想，不是民间隐士；课业精进，不为升官发财．他是一位逐渐由青涩走向成熟，由偏隅走向中心的一位优秀中青年数学教师．那么他写的书到底好在哪里？

文革期间林彪的女儿林豆豆有一篇文章广为流传，文章名为《爸爸教我怎样学会写文章》．想想"文化大革命"时期全国都流行甚至现在仍有"流毒"的林氏语录．我们不得不承认，林彪还是有些文章之道的．其中有两段，给人留下深刻印象．

第一段:"不要写那些又臭又长,干干巴巴的文章,这种文章像机器造出来的一样,只有零度的感情,就会使人感到没有兴趣."

第二段:"为什么(苏绣)那么漂亮呢?就是因为丝线的品种很多,听说有4 800多种,光红色的就有几十样.颜色的花样很多,所以绣出来的东西好看,逼真.写文章也是一样,词汇好比丝线,掌握词汇越多,就能运用自如,变化无穷,随手拈来就能选出那些浓淡相宜的颜色,'织成'最美好的作品."

甘志国的作品首先是短小精悍,言之有物.虽不顶天但总是立地.素材皆取自中学数学教学实际,绝无凌波微步.每一篇小文章都是有感而发,每一道例题都是就地取材,没有一点八股痕迹.虽然早几年笔者曾劝过他不要在一块薄板上钻许多眼,而要想办法在厚板上钻一个眼.但这是爱因斯坦的人才观,要求一位中学教师不合适.做为一位基层的数学教师,能至于此,更复何求?在此笔者郑重地向甘志国老师说:另听我那些"高论",坚持做最好的自己.

其次,甘志国先生的作品引用的例题非常之多.恰似苏绣之丝线远不止4 800个.而且都是从一些我们熟视无睹的问题中看出问题来.西谚说:"魔鬼藏在细节之中."对这些教材、教参、试题中大量细节的处理才是最能体现出一位优秀中学教师的功力.从这些小文章中我们也同时看到了一位中学教师对理想的追求.有人说:在物质主义盛行的今天,理想早已褪去了一分纯粹,增添了更多世俗;少了一分为人瞻仰的深刻,多了几分人所共驱的浅薄.

因为工作的关系,笔者也接触到很多中学数学教师.令笔者吃惊的很少是因为他们的敬业与操守,更多的是为他们的所谓"社会化".现在说一个人很社会相当于赞扬一个人很成熟.它的反义词一定含有书生气.中学教师因其职业原因会接触到社会各阶层人士,可谓见多识广,沾染上不良社会习气也难免.但以能混社会,吃得开引以自豪就是大问题了.甘志国老师与笔者素未谋面(只有一次有机会在北京站约好见面也因故未成),但笔者敢断定,他一定是个书生气很重的人,甚至是书呆子.因为无法想象一个没有书生气的人几十年如一日,孜孜以求,自甘寂寞,发表如此之多的作品.

沈从文在20世纪30年代就看到,很多青年偷懒,缺少主见,投机取巧,媚世悦俗.他说:"右倾革命的也罢,革右倾命的也罢,一切世俗热闹皆有他们的份.就由于应世技巧的圆熟,他们的工作常常容易见好,也容易成功,这种人在作家中就不少."

编辑的核心能力是价值判断,什么书好什么书差.但书的后面是人,所以对作者的选择是重要的.有些人的书挣钱也不出,有些人的书赔钱也要出.出版甘志国先生这一系列作品,是想借此渲染一个青年数学教师的成材之路.不是投机取巧,媚世悦俗,而是脚踏实地,岗位成材,不要去营营苟苟,汲汲以求.刚有一点小成绩就想升官发财,多想想老一辈教育家的教诲."要想着干大事,不要想着当大官."如果中国的中学数学界有千万个甘志国出现,则学生幸甚.

波兰裔社会学家和哲学家齐格蒙·鲍曼在描述现代世界时说:"今天看上去确凿无疑又恰如其分的事情,明天可能就徒劳无用了,只是流于臆想或令人懊悔不迭的失误."

对于本套书的出版,笔者相信今天、明天都是有价值的.

刘培杰

2013 年 10 月 24 日

于哈工大

哈尔滨工业大学出版社刘培杰数学工作室已出版(即将出版)图书目录

书　名	出版时间	定　价	编号
新编中学数学解题方法全书(高中版)上卷	2007—09	38.00	7
新编中学数学解题方法全书(高中版)中卷	2007—09	48.00	8
新编中学数学解题方法全书(高中版)下卷(一)	2007—09	42.00	17
新编中学数学解题方法全书(高中版)下卷(二)	2007—09	38.00	18
新编中学数学解题方法全书(高中版)下卷(三)	2010—06	58.00	73
新编中学数学解题方法全书(初中版)上卷	2008—01	28.00	29
新编中学数学解题方法全书(初中版)中卷	2010—07	38.00	75
新编中学数学解题方法全书(高考复习卷)	2010—01	48.00	67
新编中学数学解题方法全书(高考真题卷)	2010—01	38.00	62
新编中学数学解题方法全书(高考精华卷)	2011—03	68.00	118
新编平面解析几何解题方法全书(专题讲座卷)	2010—01	18.00	61
新编中学数学解题方法全书(自主招生卷)	2013—08	88.00	261
数学眼光透视	2008—01	38.00	24
数学思想领悟	2008—01	38.00	25
数学应用展观	2008—01	38.00	26
数学建模导引	2008—01	28.00	23
数学方法溯源	2008—01	38.00	27
数学史话览胜	2008—01	28.00	28
数学思维技术	2013—09	38.00	260
从毕达哥拉斯到怀尔斯	2007—10	48.00	9
从迪利克雷到维斯卡尔迪	2008—01	48.00	21
从哥德巴赫到陈景润	2008—05	98.00	35
从庞加莱到佩雷尔曼	2011—08	138.00	136
数学解题中的物理方法	2011—06	28.00	114
数学解题的特殊方法	2011—06	48.00	115
中学数学计算技巧	2012—01	48.00	116
中学数学证明方法	2012—01	58.00	117
数学趣题巧解	2012—03	28.00	128
三角形中的角格点问题	2013—01	88.00	207
含参数的方程和不等式	2012—09	28.00	213

哈尔滨工业大学出版社刘培杰数学工作室
已出版(即将出版)图书目录

书　　名	出版时间	定　价	编号
数学奥林匹克与数学文化(第一辑)	2006—05	48.00	4
数学奥林匹克与数学文化(第二辑)(竞赛卷)	2008—01	48.00	19
数学奥林匹克与数学文化(第二辑)(文化卷)	2008—07	58.00	36
数学奥林匹克与数学文化(第三辑)(竞赛卷)	2010—01	48.00	59
数学奥林匹克与数学文化(第四辑)(竞赛卷)	2011—08	58.00	87
发展空间想象力	2010—01	38.00	57
走向国际数学奥林匹克的平面几何试题诠释(上、下)(第1版)	2007—01	68.00	11,12
走向国际数学奥林匹克的平面几何试题诠释(上、下)(第2版)	2010—02	98.00	63,64
平面几何证明方法全书	2007—08	35.00	1
平面几何证明方法全书习题解答(第1版)	2005—10	18.00	2
平面几何证明方法全书习题解答(第2版)	2006—12	18.00	10
平面几何天天练上卷·基础篇(直线型)	2013—01	58.00	208
平面几何天天练中卷·基础篇(涉及圆)	2013—01	28.00	234
平面几何天天练下卷·提高篇	2013—01	58.00	237
平面几何专题研究	2013—07	98.00	258
最新世界各国数学奥林匹克中的平面几何试题	2007—09	38.00	14
数学竞赛平面几何典型题及新颖解	2010—07	48.00	74
初等数学复习及研究(平面几何)	2008—09	58.00	38
初等数学复习及研究(立体几何)	2010—06	38.00	71
初等数学复习及研究(平面几何)习题解答	2009—01	48.00	42
世界著名平面几何经典著作钩沉——几何作图专题卷(上)	2009—06	48.00	49
世界著名平面几何经典著作钩沉——几何作图专题卷(下)	2011—01	88.00	80
世界著名平面几何经典著作钩沉(民国平面几何老课本)	2011—03	38.00	113
世界著名解析几何经典著作钩沉——平面解析几何卷	2014—01	38.00	273
世界著名数论经典著作钩沉(算术卷)	2012—01	28.00	125
世界著名数学经典著作钩沉——立体几何卷	2011—02	28.00	88
世界著名三角学经典著作钩沉(平面三角卷Ⅰ)	2010—06	28.00	69
世界著名三角学经典著作钩沉(平面三角卷Ⅱ)	2011—01	38.00	78
世界著名初等数论经典著作钩沉(理论和实用算术卷)	2011—07	38.00	126
几何学教程(平面几何卷)	2011—03	68.00	90
几何学教程(立体几何卷)	2011—07	68.00	130
几何变换与几何证佐	2010—06	88.00	70
计算方法与几何证题	2011—06	28.00	129
立体几何技巧与方法	2014—04	88.00	293
几何瑰宝——平面几何500名题暨1000条定理(上、下)	2010—07	138.00	76,77
三角形的解法与应用	2012—07	18.00	183
近代的三角形几何学	2012—07	48.00	184
一般折线几何学	即将出版	58.00	203
三角形的五心	2009—06	28.00	51
三角形趣谈	2012—08	28.00	212
解三角形	2014—01	28.00	265
圆锥曲线习题集(上)	2013—06	68.00	255

哈尔滨工业大学出版社刘培杰数学工作室
已出版（即将出版）图书目录

书　名	出版时间	定　价	编号
俄罗斯平面几何问题集	2009—08	88.00	55
俄罗斯立体几何问题集	2014—03	58.00	283
俄罗斯几何大师——沙雷金论数学及其他	2014—01	48.00	271
来自俄罗斯的5000道几何习题及解答	2011—03	58.00	89
俄罗斯初等数学问题集	2012—05	38.00	177
俄罗斯函数问题集	2011—03	38.00	103
俄罗斯组合分析问题集	2011—01	48.00	79
俄罗斯初等数学万题选——三角卷	2012—11	38.00	222
俄罗斯初等数学万题选——代数卷	2013—08	68.00	225
俄罗斯初等数学万题选——几何卷	2014—01	68.00	226
463个俄罗斯几何老问题	2012—01	28.00	152
近代欧氏几何学	2012—03	48.00	162
罗巴切夫斯基几何学及几何基础概要	2012—07	28.00	188
超越吉米多维奇——数列的极限	2009—11	48.00	58
Barban Davenport Halberstam均值和	2009—01	40.00	33
初等数论难题集（第一卷）	2009—05	68.00	44
初等数论难题集（第二卷）（上、下）	2011—02	128.00	82,83
谈谈素数	2011—03	18.00	91
平方和	2011—03	18.00	92
数论概貌	2011—03	18.00	93
代数数论（第二版）	2013—08	58.00	94
代数多项式	2014—05	38.00	289
初等数论的知识与问题	2011—02	28.00	95
超越数论基础	2011—03	28.00	96
数论初等教程	2011—03	28.00	97
数论基础	2011—03	18.00	98
数论基础与维诺格拉多夫	2014—03	18.00	292
解析数论基础	2012—08	28.00	216
解析数论基础（第二版）	2014—01	48.00	287
数论入门	2011—03	38.00	99
数论开篇	2012—07	28.00	194
解析数论引论	2011—03	48.00	100
复变函数引论	2013—10	68.00	269
无穷分析引论（上）	2013—04	88.00	247
无穷分析引论（下）	2013—04	98.00	245

哈尔滨工业大学出版社刘培杰数学工作室
已出版(即将出版)图书目录

书 名	出版时间	定 价	编号
数学分析	2014—04	28.00	338
数学分析中的一个新方法及其应用	2013—01	38.00	231
数学分析例选:通过范例学技巧	2013—01	88.00	243
三角级数论(上册)(陈建功)	2013—01	38.00	232
三角级数论(下册)(陈建功)	2013—01	48.00	233
三角级数论(哈代)	2013—06	48.00	254
基础数论	2011—03	28.00	101
超越数	2011—03	18.00	109
三角和方法	2011—03	18.00	112
谈谈不定方程	2011—05	28.00	119
整数论	2011—05	38.00	120
随机过程(Ⅰ)	2014—01	78.00	224
随机过程(Ⅱ)	2014—01	68.00	235
整数的性质	2012—11	38.00	192
初等数论 100 例	2011—05	18.00	122
初等数论经典例题	2012—07	18.00	204
最新世界各国数学奥林匹克中的初等数论试题(上、下)	2012—01	138.00	144,145
算术探索	2011—12	158.00	148
初等数论(Ⅰ)	2012—01	18.00	156
初等数论(Ⅱ)	2012—01	18.00	157
初等数论(Ⅲ)	2012—01	28.00	158
组合数学	2012—04	28.00	178
组合数学浅谈	2012—03	28.00	159
同余理论	2012—05	38.00	163
丢番图方程引论	2012—03	48.00	172
平面几何与数论中未解决的新老问题	2013—01	68.00	229

历届美国中学生数学竞赛试题及解答(第一卷)1950—1954	2014—06	18.00	277
历届美国中学生数学竞赛试题及解答(第二卷)1955—1959	2014—04	18.00	278
历届美国中学生数学竞赛试题及解答(第三卷)1960—1964	2014—06	18.00	279
历届美国中学生数学竞赛试题及解答(第四卷)1965—1969	2014—04	28.00	280
历届美国中学生数学竞赛试题及解答(第五卷)1970—1972	2014—06	18.00	281

哈尔滨工业大学出版社刘培杰数学工作室
已出版(即将出版)图书目录

书 名	出版时间	定 价	编号
历届 IMO 试题集(1959—2005)	2006—05	58.00	5
历届 CMO 试题集	2008—09	28.00	40
历届加拿大数学奥林匹克试题集	2012—08	38.00	215
历届美国数学奥林匹克试题集:多解推广加强	2012—08	38.00	209
历届国际大学生数学竞赛试题集(1994—2010)	2012—01	28.00	143
全国大学生数学夏令营数学竞赛试题及解答	2007—03	28.00	15
全国大学生数学竞赛辅导教程	2012—07	28.00	189
全国大学生数学竞赛复习全书	2014—04	48.00	340
历届美国大学生数学竞赛试题集	2009—03	88.00	43
前苏联大学生数学奥林匹克竞赛题解(上编)	2012—04	28.00	169
前苏联大学生数学奥林匹克竞赛题解(下编)	2012—04	38.00	170
历届美国数学邀请赛试题集	2014—01	48.00	270
整函数	2012—08	18.00	161
多项式和无理数	2008—01	68.00	22
模糊数据统计学	2008—03	48.00	31
模糊分析学与特殊泛函空间	2013—01	68.00	241
受控理论与解析不等式	2012—05	78.00	165
解析不等式新论	2009—06	68.00	48
反问题的计算方法及应用	2011—11	28.00	147
建立不等式的方法	2011—03	98.00	104
数学奥林匹克不等式研究	2009—08	68.00	56
不等式研究(第二辑)	2012—02	68.00	153
初等数学研究(Ⅰ)	2008—09	68.00	37
初等数学研究(Ⅱ)(上、下)	2009—05	118.00	46,47
中国初等数学研究 2009卷(第1辑)	2009—05	20.00	45
中国初等数学研究 2010卷(第2辑)	2010—05	30.00	68
中国初等数学研究 2011卷(第3辑)	2011—07	60.00	127
中国初等数学研究 2012卷(第4辑)	2012—07	48.00	190
中国初等数学研究 2014卷(第5辑)	2014—02	48.00	288
数阵及其应用	2012—02	28.00	164
绝对值方程—折边与组合图形的解析研究	2012—07	48.00	186
不等式的秘密(第一卷)	2012—02	28.00	154
不等式的秘密(第一卷)(第2版)	2014—02	38.00	286
不等式的秘密(第二卷)	2014—01	38.00	268

哈尔滨工业大学出版社刘培杰数学工作室
已出版(即将出版)图书目录

书　名	出版时间	定价	编号
初等不等式的证明方法	2010—06	38.00	123
数学奥林匹克问题集	2014—01	38.00	267
数学奥林匹克不等式散论	2010—06	38.00	124
数学奥林匹克不等式欣赏	2011—09	38.00	138
数学奥林匹克超级题库(初中卷上)	2010—01	58.00	66
数学奥林匹克不等式证明方法和技巧(上、下)	2011—08	158.00	134,135
近代拓扑学研究	2013—04	38.00	239
新编640个世界著名数学智力趣题	2014—01	88.00	242
500个最新世界著名数学智力趣题	2008—06	48.00	3
400个最新世界著名数学最值问题	2008—09	48.00	36
500个世界著名数学征解问题	2009—06	48.00	52
400个中国最佳初等数学征解老问题	2010—01	48.00	60
500个俄罗斯数学经典老题	2011—01	28.00	81
1000个国外中学物理好题	2012—04	48.00	174
300个日本高考数学题	2012—05	38.00	142
500个前苏联早期高考数学试题及解答	2012—05	28.00	185
546个早期俄罗斯大学生数学竞赛题	2014—03	38.00	285
博弈论精粹	2008—03	58.00	30
数学 我爱你	2008—01	28.00	20
精神的圣徒　别样的人生——60位中国数学家成长的历程	2008—09	48.00	39
数学史概论	2009—06	78.00	50
数学史概论(精装)	2013—03	158.00	272
斐波那契数列	2010—02	28.00	65
数学拼盘和斐波那契魔方	2010—07	38.00	72
斐波那契数列欣赏	2011—01	28.00	160
数学的创造	2011—02	48.00	85
数学中的美	2011—02	38.00	84
王连笑教你怎样学数学——高考选择题解题策略与客观题实用训练	2014—01	48.00	262
最新全国及各省市高考数学试卷解法研究及点拨评析	2009—02	38.00	41
高考数学的理论与实践	2009—08	38.00	53
中考数学专题总复习	2007—04	28.00	6
向量法巧解数学高考题	2009—08	28.00	54
高考数学核心题型解题方法与技巧	2010—01	28.00	86
高考思维新平台	2014—03	38.00	259
数学解题——靠数学思想给力(上)	2011—07	38.00	131
数学解题——靠数学思想给力(中)	2011—07	48.00	132
数学解题——靠数学思想给力(下)	2011—07	38.00	133
我怎样解题	2013—01	48.00	227

哈尔滨工业大学出版社刘培杰数学工作室
已出版(即将出版)图书目录

书　名	出版时间	定　价	编号
2011年全国及各省市高考数学试题审题要津与解法研究	2011-10	48.00	139
2013年全国及各省市高考数学试题解析与点评	2014-01	48.00	282
新课标高考数学——五年试题分章详解(2007～2011)(上、下)	2011-10	78.00	140,141
30分钟拿下高考数学选择题、填空题	2012-01	48.00	146
全国中考数学压轴题审题要津与解法研究	2013-04	78.00	248
新编全国及各省市中考数学压轴题审题要津与解法研究	2014-05	58.00	342
高考数学压轴题解题诀窍(上)	2012-02	78.00	166
高考数学压轴题解题诀窍(下)	2012-03	28.00	167
格点和面积	2012-07	18.00	191
射影几何趣谈	2012-04	28.00	175
斯潘纳尔引理——从一道加拿大数学奥林匹克试题谈起	2014-01	18.00	228
李普希兹条件——从几道近年高考数学试题谈起	2012-10	18.00	221
拉格朗日中值定理——从一道北京高考试题的解法谈起	2012-10	18.00	197
闵科夫斯基定理——从一道清华大学自主招生试题谈起	2014-01	28.00	198
哈尔测度——从一道冬令营试题的背景谈起	2012-08	28.00	202
切比雪夫逼近问题——从一道中国台北数学奥林匹克试题谈起	2013-04	38.00	238
伯恩斯坦多项式与贝齐尔曲面——从一道全国高中数学联赛试题谈起	2013-03	38.00	236
卡塔兰猜想——从一道普特南竞赛试题谈起	2013-06	18.00	256
麦卡锡函数和阿克曼函数——从一道前南斯拉夫数学奥林匹克试题谈起	2012-08	18.00	201
贝蒂定理与拉姆贝克莫斯尔定理——从一个拣石子游戏谈起	2012-08	18.00	217
皮亚诺曲线和豪斯道夫分球定理——从无限集谈起	2012-08	18.00	211
平面凸图形与凸多面体	2012-10	28.00	218
斯坦因豪斯问题——从一道二十五省市自治区中学数学竞赛试题谈起	2012-07	18.00	196
纽结理论中的亚历山大多项式与琼斯多项式——从一道北京市高一数学竞赛试题谈起	2012-07	28.00	195
原则与策略——从波利亚"解题表"谈起	2013-04	38.00	244
转化与化归——从三大尺规作图不能问题谈起	2012-08	28.00	214
代数几何中的贝祖定理(第一版)——从一道IMO试题的解法谈起	2013-08	38.00	193
成功连贯理论与约当块理论——从一道比利时数学竞赛试题谈起	2012-04	18.00	180
磨光变换与范·德·瓦尔登猜想——从一道环球城市竞赛试题谈起	即将出版		
素数判定与大数分解	即将出版	18.00	199
置换多项式及其应用	2012-10	18.00	220
椭圆函数与模函数——从一道美国加州大学洛杉矶分校(UCLA)博士资格考题谈起	2012-10	38.00	219
差分方程的拉格朗日方法——从一道2011年全国高考理科试题的解法谈起	2012-08	28.00	200

哈尔滨工业大学出版社刘培杰数学工作室
已出版(即将出版)图书目录

书 名	出版时间	定 价	编号
力学在几何中的一些应用	2013—01	38.00	240
高斯散度定理、斯托克斯定理和平面格林定理——从一道国际大学生数学竞赛试题谈起	即将出版		
康托洛维奇不等式——从一道全国高中联赛试题谈起	2013—03	28.00	337
西格尔引理——从一道第18届IMO试题的解法谈起	即将出版		
罗斯定理——从一道前苏联数学竞赛试题谈起	即将出版		
拉克斯定理和阿廷定理——从一道IMO试题的解法谈起	2014—01	58.00	246
毕卡大定理——从一道美国大学数学竞赛试题谈起	即将出版		
贝齐尔曲线——从一道全国高中联赛试题谈起	即将出版		
拉格朗日乘子定理——从一道2005年全国高中联赛试题谈起	即将出版		
雅可比定理——从一道日本数学奥林匹克试题谈起	2013—04	48.00	249
李天岩—约克定理——从一道波兰数学竞赛试题谈起	即将出版		
整系数多项式因式分解的一般方法——从克朗耐克算法谈起	即将出版		
布劳维不动点定理——从一道前苏联数学奥林匹克试题谈起	2014—01	38.00	273
压缩不动点定理——从一道高考数学试题的解法谈起	即将出版		
伯恩赛德定理——从一道英国数学奥林匹克试题谈起	即将出版		
布查特—莫斯特定理——从一道上海市初中竞赛试题谈起	即将出版		
数论中的同余数问题——从一道普特南竞赛试题谈起	即将出版		
范·德蒙行列式——从一道美国数学奥林匹克试题谈起	即将出版		
中国剩余定理——从一道美国数学奥林匹克试题的解法谈起	即将出版		
牛顿程序与方程求根——从一道全国高考试题解法谈起	即将出版		
库默尔定理——从一道IMO预选试题谈起	即将出版		
卢丁定理——从一道冬令营试题的解法谈起	即将出版		
沃斯滕霍姆定理——从一道IMO预选试题谈起	即将出版		
卡尔松不等式——从一道莫斯科数学奥林匹克试题谈起	即将出版		
信息论中的香农熵——从一道近年高考压轴题谈起	即将出版		
约当不等式——从一道希望杯竞赛试题谈起	即将出版		
拉比诺维奇定理	即将出版		
刘维尔定理——从一道《美国数学月刊》征解问题的解法谈起	即将出版		
卡塔兰恒等式与级数求和——从一道IMO试题的解法谈起	即将出版		
勒让德猜想与素数分布——从一道爱尔兰竞赛试题谈起	即将出版		
天平称重与信息论——从一道基辅市数学奥林匹克试题谈起	即将出版		

哈尔滨工业大学出版社刘培杰数学工作室
已出版(即将出版)图书目录

书　名	出版时间	定　价	编号
艾思特曼定理——从一道CMO试题的解法谈起	即将出版		
一个爱尔特希问题——从一道西德数学奥林匹克试题谈起	即将出版		
有限群中的爱丁格尔问题——从一道北京市初中二年级数学竞赛试题谈起	即将出版		
贝克码与编码理论——从一道全国高中联赛试题谈起	即将出版		
帕斯卡三角形	2014—03	18.00	294
蒲丰投针问题——从2009年清华大学的一道自主招生试题谈起	2014—01	38.00	295
斯图姆定理——从一道"华约"自主招生试题的解法谈起	2014—01	18.00	296
许瓦兹引理——从一道加利福尼亚大学伯克利分校数学系博士生试题谈起	2014—01		297
拉格朗日中值定理——从一道北京高考试题的解法谈起	2014—01		298
拉姆塞定理——从王诗宬院士的一个问题谈起	2014—01		299
坐标法	2013—12	28.00	332
数论三角形	2014—04	38.00	341
中等数学英语阅读文选	2006—12	38.00	13
统计学专业英语	2007—03	28.00	16
统计学专业英语(第二版)	2012—07	48.00	176
幻方和魔方(第一卷)	2012—05	68.00	173
尘封的经典——初等数学经典文献选读(第一卷)	2012—07	48.00	205
尘封的经典——初等数学经典文献选读(第二卷)	2012—07	38.00	206
实变函数论	2012—06	78.00	181
非光滑优化及其变分分析	2014—01	48.00	230
疏散的马尔科夫链	2014—01	58.00	266
初等微分拓扑学	2012—07	18.00	182
方程式论	2011—03	38.00	105
初级方程式论	2011—03	28.00	106
Galois理论	2011—03	18.00	107
古典数学难题与伽罗瓦理论	2012—11	58.00	223
伽罗华与群论	2014—01	28.00	290
代数方程的根式解及伽罗瓦理论	2011—03	28.00	108
线性偏微分方程讲义	2011—03	18.00	110
N体问题的周期解	2011—03	28.00	111
代数方程式论	2011—05	18.00	121
动力系统的不变量与函数方程	2011—07	48.00	137
基于短语评价的翻译知识获取	2012—02	48.00	168
应用随机过程	2012—04	48.00	187
概率论导引	2012—04	18.00	179
矩阵论(上)	2013—06	58.00	250
矩阵论(下)	2013—06	48.00	251

哈尔滨工业大学出版社刘培杰数学工作室
已出版(即将出版)图书目录

书　名	出版时间	定　价	编号
抽象代数:方法导引	2013—06	38.00	257
闵嗣鹤文集	2011—03	98.00	102
吴从炘数学活动三十年(1951～1980)	2010—07	99.00	32
吴振奎高等数学解题真经(概率统计卷)	2012—01	38.00	149
吴振奎高等数学解题真经(微积分卷)	2012—01	68.00	150
吴振奎高等数学解题真经(线性代数卷)	2012—01	58.00	151
高等数学解题全攻略(上卷)	2013—06	58.00	252
高等数学解题全攻略(下卷)	2013—06	58.00	253
高等数学复习纲要	2014—01	18.00	384
钱昌本教你快乐学数学(上)	2011—12	48.00	155
钱昌本教你快乐学数学(下)	2012—03	58.00	171
数贝偶拾——高考数学题研究	2014—04	28.00	274
数贝偶拾——初等数学研究	2014—04	38.00	275
数贝偶拾——奥数题研究	2014—04	48.00	276
集合、函数与方程	2014—01	28.00	300
数列与不等式	2014—01	38.00	301
三角与平面向量	2014—01	28.00	302
平面解析几何	2014—01	38.00	303
立体几何与组合	2014—01	28.00	304
极限与导数、数学归纳法	2014—01	38.00	305
趣味数学	2014—03	28.00	306
教材教法	2014—04	68.00	307
自主招生	2014—05	58.00	308
高考压轴题(上)	即将出版		309
高考压轴题(下)	即将出版		310
从费马到怀尔斯——费马大定理的历史	2013—10	198.00	I
从庞加莱到佩雷尔曼——庞加莱猜想的历史	2013—10	298.00	II
从切比雪夫到爱尔特希(上)——素数定理的初等证明	2013—07	48.00	III
从切比雪夫到爱尔特希(下)——素数定理100年	2012—12	98.00	III
从高斯到盖尔方特——虚二次域的高斯猜想	2013—10	198.00	IV
从库默尔到朗兰兹——朗兰兹猜想的历史	2014—01	98.00	V
从比勃巴赫到德布朗斯——比勃巴赫猜想的历史	2014—02	298.00	VI
从麦比乌斯到陈省身——麦比乌斯变换与麦比乌斯带	2014—02	298.00	VII
从布尔到豪斯道夫——布尔方程与格论漫谈	2013—10	198.00	VIII
从开普勒到阿诺德——三体问题的历史	2014—05	298.00	IX
从华林到华罗庚——华林问题的历史	2013—10	298.00	X

哈尔滨工业大学出版社刘培杰数学工作室
已出版(即将出版)图书目录

书 名	出版时间	定 价	编号
三角函数	2014—01	38.00	311
不等式	2014—01	28.00	312
方程	2014—01	28.00	314
数列	2014—01	38.00	313
排列和组合	2014—01	28.00	315
极限与导数	2014—01	28.00	316
向量	2014—01	38.00	317
复数及其应用	2014—01	28.00	318
函数	2014—01	38.00	319
集合	即将出版		320
直线与平面	2014—01	28.00	321
立体几何	2014—04	28.00	322
解三角形	即将出版		323
直线与圆	2014—01	18.00	324
圆锥曲线	2014—01	38.00	325
解题通法(一)	2014—01	38.00	326
解题通法(二)	2014—01	38.00	327
解题通法(三)	2014—05	38.00	328
概率与统计	2014—01	28.00	329
信息迁移与算法	即将出版		330
第19~23届"希望杯"全国数学邀请赛试题审题要津详细评注(初一版)	2014—03	28.00	333
第19~23届"希望杯"全国数学邀请赛试题审题要津详细评注(初二、初三版)	2014—03	38.00	334
第19~23届"希望杯"全国数学邀请赛试题审题要津详细评注(高一版)	2014—03	28.00	335
第19~23届"希望杯"全国数学邀请赛试题审题要津详细评注(高二版)	2014—03	38.00	336
物理奥林匹克竞赛大题典——力学卷	即将出版		
物理奥林匹克竞赛大题典——热学卷	2014—04	28.00	339
物理奥林匹克竞赛大题典——电磁学卷	即将出版		
物理奥林匹克竞赛大题典——光学与近代物理卷	2014—06	28.00	

联系地址:哈尔滨市南岗区复华四道街 10 号　哈尔滨工业大学出版社刘培杰数学工作室
网　　址:http://lpj.hit.edu.cn/
邮　　编:150006
联系电话:0451—86281378　　13904613167
E-mail:lpj1378@163.com